大数据技术与应用

城市交通大数据

何　承　朱扬勇

主编

上海科学技术出版社

图书在版编目(CIP)数据

城市交通大数据 / 何承,朱扬勇主编. —上海：
上海科学技术出版社,2015.1(2021.1 重印)
(大数据技术与应用)
ISBN 978 - 7 - 5478 - 2372 - 9

Ⅰ.①城… Ⅱ.①何… ②朱… Ⅲ.①城市交通系统
-研究 Ⅳ.①U491.2

中国版本图书馆 CIP 数据核字(2014)第 219932 号

城市交通大数据

何 承 朱扬勇 主编

上海世纪出版股份有限公司
上 海 科 学 技 术 出 版 社 出版
(上海钦州南路 71 号 邮政编码 200235)
上海世纪出版股份有限公司发行中心发行
200001 上海福建中路 193 号 www.ewen.co
当纳利(上海)信息技术有限公司印刷
开本 787×1092 1/16 印张 20.75 插页 1
字数 500 千字
2015 年 1 月第 1 版 2021 年 1 月第 6 次印刷
ISBN 978 - 7 - 5478 - 2372 - 9/TP·32
定价:120.00 元

内容提要

  本书从城市交通大数据的基本概念和研究应用现状出发,分析了大数据背景下的城市交通需求、城市交通大数据中各类数据资源,介绍了一系列适合城市交通大数据组织、描述、管理、处理、分析挖掘和可视化等技术与方法,并给出了城市交通大数据应用开发的框架、方案选型、平台设计等参考建议,提出了若干项具有代表性的典型城市交通大数据服务。

  本书立足于城市交通信息技术研究、应用开发和交通信息服务实际工作及成果,理论与实际结合紧密,内容丰富,条理清晰,点面结合,覆盖面广。本书适合城市交通大数据领域的相关技术人员阅读,同时也可以作为城市交通决策、管理和研究人员的参考书。

本书的研究开发成果获得下列项目的支持：
国家自然科学基金重点基金：编号 71331005
上海市科学技术委员会科研计划项目：编号 12511509600,14511107300
上海市青年科技启明星计划项目：编号 14QB1403700

大数据技术与应用

学术顾问

大数据技术与应用

编撰委员会

本书编委会

主　编

上海市城乡建设和交通发展研究院　**何　承**

复旦大学　**朱扬勇**

编　委

上海市城乡建设和交通发展研究院　**顾承华**

复旦大学　**廖志成**

同济大学　**杨东援**

上海市城乡建设和交通发展研究院　**张　扬**

上海市城乡建设和交通发展研究院　**翟　希**

同济大学　**段征宇**

上海电科智能系统股份有限公司　**陈红洁**

上海美慧软件有限公司　**冉　斌**

上海电科智能系统股份有限公司　**虞　鸿**

上海电科智能系统股份有限公司　**林　瑜**

上海美慧软件有限公司　**应俊杰**

上海电科智能系统股份有限公司　**吴超腾**

上海双杨电脑高科技开发公司　**宋汝良**

上海双杨电脑高科技开发公司　**王永朋**

上海市城乡建设和交通发展研究院　**刘　振**

上海城市地理信息系统发展有限公司　**吴　俊**

上海城市地理信息系统发展有限公司　**林益平**

序

一个城市的交通系统是这个城市的重要形象,是检验城市管理水平的试金石。城市交通特别是大城市的交通是一个庞大而复杂的系统,交通日益拥堵、交通事故频发等问题影响着城市运行效率,困扰着交通管理部门。大数据意味着新的管理方法,使得交通管理部门有可能利用手机数据、交通卡等数据获得人员流向情况,可以根据重大活动、天气预报和节假日等数据来预测未来的拥堵情况,也可能根据某大型商业区开盘、大型居住区的入住等数据判断其周边道路或重要路口交通状况的重大变化,甚至还可能通过微博、微信、电话等互动数据,来了解道路监控系统的一些盲点区域的路况和突发事件。大数据有望从技术手段上提升城市交通管理的管理水平和服务质量。

对于现代城市交通管理,建立一个可用的大数据资源储备,开发一个大数据管理、分析和服务平台,提升交通规划和管理的水平、提高城市交通应急能力、提供精细化和个性化的交通服务,是城市交通大数据研究与开发的目标。城市交通大数据的开发应用面临以下问题:城市交通大数据包括哪些数据?如果获得这些数据?如何管理这些数据?如何使用这些数据?纵观本书,对这些问题的理解和解释是合理的、可行的、系统的。上海作为国内规模较大、交通管理信息化水平较高的城市,从20世纪80年代就迈开了交通信息化建设的步伐,在城市交通信息化规划和建设、交通信息管理和服务等方面积累了丰富的经验,在城市交通大数据理论、技术和应用方面率先进行探索。本书立足于这些实际工作,既有对上海实践经验的总结,也有通用理论和技术的介绍,还包括对城市交通信息化发展的展望,客观、系统、科学地介绍了城市交通大数据的有关概念、大数据资源组成、大数据技术、大数据应用和服务等内容。

　　本书编撰团队长期从事城市交通信息技术研究、应用开发和交通信息服务工作,其研究成果和实际经验凝练成书,对城市交通信息化理论研究和交通大数据应用都具有重要的参考价值。

江绵康

前　言

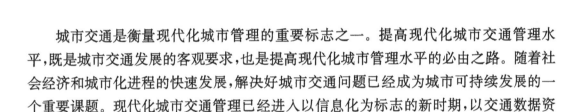

　　城市交通是衡量现代化城市管理的重要标志之一。提高现代化城市交通管理水平，既是城市交通发展的客观要求，也是提高现代化城市管理水平的必由之路。随着社会经济和城市化进程的快速发展，解决好城市交通问题已经成为城市可持续发展的一个重要课题。现代化城市交通管理已经进入以信息化为标志的新时期，以交通数据资源和信息技术为支撑的城市交通决策和服务是现代化城市交通的重要标志和举措。

　　随着信息技术的发展，城市交通信息化，以及智慧城市建设的不断深入，各种城市交通运行管理直接产生的数据、相关行业和领域的数据，以及公众互动提供的数据都对城市交通的管理和运行产生着直接作用或间接影响。这些数据不仅包含来自交通信息化系统、其他行业系统中的结构化数据，也包含按特定数据交换规范组织的半结构化数据，更包含视频、图像、语音、文字、微博、微信等非结构化数据。这些数据汇聚在一起，形成了城市交通大数据。城市交通大数据的产生是在大数据技术促进下城市交通信息化发展到一定阶段的必然结果。可以预见，城市交通大数据将在现代化城市交通规划决策、交通组织管理和社会公众服务等方面体现重要作用。

　　上海的交通信息化经历了"两个阶段和一个转折点"。从 20 世纪 80 年代的起步阶段开始，经过"十一五"快速发展阶段，形成了覆盖全市干线公路、快速路、地面道路三张路网的交通信息采集、发布和运行状况监控，实现一个平台（上海市交通综合信息平台）管理发布道路交通、公共交通、对外交通综合交通信息数据，形成了交通行业信息整体整合、互联共享的管理机制，初步形成了信息化技术在轨道交通、地面公交、静态交通、对外交通枢纽、航运等交通行业广泛应用的局面，初步形成面向政府决策管理和公众出行的交通信息服务，以及特大型活动交通信息服务保障的能力。借助上海世博交通信息服务保障契机，实现由信息化向智能化发展的转折。虽然上海城市综合交通信息化发展取得了一定的成就,但与上海建设"四个中心"、实现"四个率先"的目标,满足现代化国际大都市综合交通体系信息服务保障需求来看,还存在进一步发展的迫切性,集中体现在上海的交通信息化发展要进一步支撑交通管理和城市规划的决策,为公众提供多样化的服务内容和形式,以及随着信息采集范围和内容的扩大所带来的大数据挑战。

上海作为国内信息化普及率较高的城市,较早看到了大数据带来的挑战和机遇,在行动上也走在全国的前列。上海市科学技术委员会于 2012 年下半年在医疗和交通这两个基础较好的领域特别设立了大数据专项课题,并于 2013 年 7 月 12 日率先发布了《上海推进大数据研究与发展三年行动计划(2013—2015 年)》,同时宣布了"上海大数据产业技术创新战略联盟"正式成立。截至 2014 年 5 月,上海市科委已经基本完成了"三年行动计划"所制定的大数据战略布局,上海大数据产业技术创新战略联盟也已正常运转。作为大数据成果的集中展示,同时也作为普及大数据技术、推广大数据应用的手段之一,《大数据技术与应用》丛书正是在这样的背景下诞生。

本书作为丛书的一个分册,立足上海交通信息化发展的已有成果和经验,基于上海市科委大数据课题《城市交通大数据应用关键技术研究与示范》的研究工作,由何承、朱扬勇研究确定内容结构,并组织上海市城乡建设和交通发展研究院上海交通信息中心、复旦大学、同济大学、上海电科智能系统股份有限公司、上海美慧软件有限公司、上海双杨电脑高科技开发公司、上海城市地理信息系统发展有限公司等单位合作组织编写。其中,第 1 章、第 9 章由顾承华、廖志成编写;第 2 章、第 4 章 4.2 节、4.3 节、4.5 节、第 8 章 8.1 节、8.2 节由杨东援、段征宇编写;第 3 章 3.1 节、3.3 节、3.4 节由张扬编写,3.2 节由翟希编写;第 4 章 4.1 节、4.4 节由冉斌编写;第 5 章、第 6 章 6.3.5 节由廖志成编写;第 6 章 6.1 节、6.2 节、6.3.1 节到 6.3.4 节、第 7 章 7.1 节、7.2.1 节、7.2.3 节、7.2.4 节、7.3 节到 7.5 节由林瑜、吴超腾、李玉展、高霄、王环、潘志毅编写;第 6 章 6.3.6 节由宋汝良编写,6.3.7 节到 6.3.11 节、第 7 章 7.6.1 节到 7.6.4 节到由吴俊、尤洁云、林益平编写;第 7 章 7.2.2 节由孟华编写,7.6.5 节由王永朋编写;第 8 章 8.3 节由应俊杰编写;附录由顾承华编写。全书由何承、朱扬勇统稿,廖志成、张扬、翟希协助。张兵、李玮峰、陈敏等博士研究生和马超、孙硕、杨一蛟、贾凤娇、罗江邻等硕士研究生,以及刘振参与了部分资料的收集、整理、录入等工作。此外,本书的编写过程得到了上海市科学技术委员会肖菁的大力支持和指导,在百忙之中审阅全稿并提出宝贵意见,上海大数据产业技术创新战略联盟的组织协调也使得本书能够顺利出版,在此一并表示衷心感谢。

城市交通问题是一个相当复杂的系统问题,不能期望某个新技术的出现可以彻底解决,也不存在一劳永逸的方法。城市交通大数据作为城市交通信息化与大数据技术的具体结合,在增强交通决策能力、提高交通管理水平、满足公众服务需求等方面会带来可以预见的好处,也会成为城市交通信息化和智能化加速发展的动力。本书是在总结经验的同时进行一次努力尝试,受限于作者的学识和水平、课题的研究范围等因素,尽管尽了最大努力,但仍难免存在疏漏或不足之处,诚望读者不吝赐教,以利再版时修订完善。

作 者

2014 年 6 月

目　录

第9章　展望

附录　城市交通综合信息平台简介

缩略语表

索引

第1章

绪论

1.1 城市交通中的数据

如果要用几个词来描绘城市交通，马上能想到的可能是汽车、自行车、红绿灯、人行横道线、公交车、地铁、过街天桥、电子警察摄像头……如果再发散一些，类似堵车、早高峰晚高峰、停车换乘(Park and Ride,P+R)、导航、车牌识别这样的词语也能映入脑海。如果是一位研究城市交通信息化的专家，想到的可能会是地面线圈、卡口、断面、可变信息标志等专业词汇。

现代城市交通管理已经离不开交通信息系统。很难想象一个城市的交通秩序可以完全依靠车辆驾驶员、行人等交通参与者的自觉或是交警准确无误的指挥来保障。退一步说，即使所有交通参与者能够完全遵守交通法规，交警对瞬时交通状况的判断和指挥也完全无误，依然无法避免交通拥堵的产生。例如，在一个既无交通信号灯控制也没有主次干道之分的十字路口，从东南西北四个方向同时驶来四辆车，每个方向一辆车，均要直行通过路口。按照我国的规定，应该让右侧车辆先行，即东向西行驶的车辆要让北向南行驶的车辆先通过路口，北向南行驶的车辆要让西向东行驶的车辆先行，西向东的车辆要让南向北的车辆先行，而南向北的车辆要等待东向西的车辆先通过路口后才能继续前行。于是四辆车均因遵守交通法规，而在路口分别等待右侧车辆先行，从而导致了四辆车谁也走不了的尴尬地步，而后各个方向的后续车辆也遵守法规排队等候依次通行，道路因此产生了拥堵。此时如果有交警在现场指挥，可以打破僵局，化解拥堵。但是交警只能孤立地管理单个路口或路段，如果不综合考虑相邻路口、路段、车流增量等因素，很难做出正确的判断，而这些数据无法通过人工的方式获得，需要借助信息系统，通过线圈、摄像头等设备采集，通过计算机系统进行快速处理，然后通过后端管理系统对这些数据进行综合加工，再将计算结果反馈给相应的交通控制系统，控制交通信号、可变标志等设施，合理分配道路资源，诱导车辆行驶路线，预防交通拥堵的发生。

随着城市规模的不断扩大，道路上车辆数量的不断增多，以及城市交通信息化的不断发展，交通信息系统产生的数据越来越多，对交通精细管理的要求也越来越高。同时，这些交通数据不仅仅能用在日常的交通管理上，还能对公众出行、交通建设、城市规划等提供服务。例如，如果某人早上出门前已经知道某段必经道路已经拥堵不堪，那么他可能会选择不开车而改为搭乘地铁，或是绕道而行。

影响城市交通的因素不仅仅来自交通本身，其他因素也会直接或间接地影响交通状况。例如下雨天道路通行状况要比晴天糟糕，歌星开演唱会的前后几个小时场馆周边的道路几乎无法通行,春节期间道路畅通不堵车,新建商业区开张后周边道路会堵车等。这些气象、文体活动、节假日安排、城市规划,以及其他相关领域的信息,并不直接反映在交通信息系统中,但却又对城市交通产生了影响。

另一方面,仅依靠线圈、卡口这样的交通信息设施,并不能做到很精细的管理,主要原因是这些设施的布设不密集,而且一些设备长期放置在露天环境下,受设备本身寿命、通信线路等因素的影响,也不能保证时刻有效。在这种情况下,一些其他领域的数据就成为评估交通状况的有益补充。例如可以利用城市人群平均每人都有一部手机的特点,通过统计特定道路或区域内的手机信令位置信息和基站切换速度,来大致估算出该路段或区域的交通通行状况,再和交通信息系统相互验证,能为快速预判交通状况提供更精准有力的支撑。

现代城市交通管理已经不再单纯依赖交通控制系统的数据,来自不同领域、不同行业的数据,与交通系统自身产生的数据一起为交通控制和交通管理服务。随着声讯电话、公共短信平台、微博、微信等信息技术手段的多样化,公众的参与度也越来越高。例如很多出租车驾驶员会主动将当前拥堵路段报给交通广播电台,私家车司机也会把路上看到的交通事故通过微博或微信进行发布。这些数据放在一起,恰好能用一个当下最热门的词来描述——大数据。

1.2 城市交通大数据定义与分类

提起大数据,人们第一个反应就是数据量要大。其实大数据并不仅仅指数据量大。主题为"数据科学与大数据的科学原理及发展前景"的香山科学会议第 462 次学术讨论会上,科学家们在科学层面定义大数据为"来源多样、类型多样、大而复杂、具有潜在价值,但难以在期望时间内处理和分析的数据集;通俗地讲,大数据是数字化生存时代的新型战略资源,是驱动创新的重要因素,正在改变人类的生产和生活方式"[1]。上海市科学技术委员会发布的《上海推进大数据研究与发展三年行动计划(2013—2015 年)》中,认为"大数据是一个大而复杂的、难以用现有数据库管理工具处理的数据集。广义上,大数据有三层内涵:一是数据量巨大、来源多样和类型多样的数据集;二是新型的数据处理和分析技术;三是运用数据分析形成价值。大数据对科学研究、经济建设、社会发展和文化生活等各个领域正在产生革命性的影响"[2]。

各个领域都有具有领域特点的大数据。提及城市交通大数据,人们的第一反应可能是许多与交通直接相关的数据——探头数据、全球定位系统(Global Positioning System, GPS)数据、可变信息提示板上绿橙红色显示的拥堵程度等,汇聚在一起形成 TB 级甚至是 PB 级体量庞大的数据集。正如前文所述,在城市交通大数据中,除了交通领域直接产生的数据资源外,还有许多相关领域的数据资源、公众互动的数据资源,这些数据资源共同构成了城市交通大数据,通过大数据的技术方法,为交通建设、交通管理和交通服务提供决策支持。

1) 城市交通大数据定义

城市交通大数据是指由城市交通运行管理直接产生的数据(包括各类道路交通、公共交通、对外交通的线圈、GPS、视频、图片等数据)、城市交通相关的行业和领域导入的数据(气象、环境、人口、规划、移动通信手机信令等数据),以及来自公众互动提供的交通状况数据(通过微博、微信、论坛、广播电台等提供的文字、图片、音视频等数据)构成的,用传统技术难以在合理时间内管理、处理和分析的数据集。可见城市交通大数据中同时包含了来自交通行业的和交通行业之外的格式化和非格式化数据。

从城市交通大数据的定义不难看出,城市交通大数据具有以下特点:

(1) **数据量巨大**　城市交通时时刻刻产生大量的数据,各类数据的汇聚,尤其是视频、图片等非结构化数据,以及气象、环境等数据,直接导致城市交通大数据的数据量巨大。对于像上海这样的大城市,仅每天产生的结构化交通数据就达到了 30 GB 以上,如果再算上道路监控视频和卡口照片等非结构化数据,数据量更是巨大。此外,相关行业和领域导入的数据和公众互动提供的数据,数据量也是非常巨大的。

(2) **数据种类多样**　从数据来源上看,城市交通直接产生的数据本身就包含了道路交通、公共交通、对外交通等数据,还汇聚和整合了气象、环境、人口、规划、移动通信等多个相关行业的数据,以及政治、经济、社会、人文等领域重大活动关联数据;从数据类型上看,既有结构化数据,也有各种类型的非结构化数据、半结构化数据;从数据形式上看,既有传感器、线圈等产生的流数据,也有以文件形式保存的数据,还有保存在数据库数据表中的记录,以及互联网上的网页文字和图片等。城市交通直接产生的数据超过 30 大类,再算上其他行业的各类相关数据,种类就更多了。

(3) **蕴含丰富的价值**　城市交通大数据可以实现智慧交通公共信息服务的实时传递,满足出行者实时准确获取交通出行信息服务的需求;为交通管理部门的交通应急决策系统提供有力的数据分析处理层面的支撑,实现对交通紧急突发状况的快速反应及应急指挥,对维护社会稳定和减少经济损失有重大意义;为城市规划和功能区设置、政府跨部门协同管理提供决策依据,通过城市交通大数据技术来预测规划,例如功能区设置后是否会导致交通拥堵、发生拥堵后是否可以进行有效疏导等;为交通管理及相关产业的科学研究提供数据,例如交通管理措施的效果模拟、深度挖掘影响交通拥堵程度的因素和作用、交通信息服务和产品的研发测试等。

(4) **具有明显的时效性**　利用城市交通大数据,在可能发生拥堵之前通过提示板、交通信号灯控制等手段提前进行分流和疏导;在极端天气状况发生前提前预警;在重大活动进行过程中实时干预,保证交通通畅,防止人群滞留、挤踏;在公众出行时根据用户所在地点、附近的交通流量等信息,通过移动终端应用实时给出出行建议和路径规划等。这些都需要在获取到数据后能够及时准确地处理,尤其是对车辆通过线圈、卡口等数据的分析以及利用手机信令来分析交通状态,都需要毫秒级的响应速度。此外,随着城市交通的发展,交通管理和城市规划等决策的更注重分析近期数据,历史数据尤其是几年前的历史数据的权重较低,也是时效性的一种体现,亦即历史数据对于交通管理和城市规划决策的参考价值远不如近期数据高。

2) 城市交通大数据分类

一般而言,大数据要做的是融合汇聚,将不同来源尤其是不同领域的数据集进行整合,本身就需要打破数据已有的分类,因此大数据是可以不需要分类的,或者说经过整合后的数据已经不再体现出单一的类别特性。但是对城市交通大数据中的数据可以从某些角度进行划分,便于更好地分析、理解和使用城市交通大数据。

(1) 按照数据与交通管理和交通信息服务的关联度划分　城市交通大数据可以分为交通直接产生的数据、公众互动交通状况数据、相关行业数据和重大社会经济活动关联数据四类。这四类数据与交通管理、交通信息服务的关联度依次降低。

① 交通直接产生的数据包括了各类交通设施如线圈、摄像头等产生的数据,以及车载GPS产生的车辆位置信息等数据,这些数据能够反映出总体的交通状态和局部的交通状况,与城市交通最直接相关。

② 公众互动交通状况数据包括公众通过微博、微信、论坛、广播电台等提供交通状况相关的文字、图片、音视频等数据。例如哪个路段上刚刚发生车祸,这些信息未必会被交通设施直接捕获到,但它们能够直接反映局部的交通状况,因此和城市交通的关联程度也很紧密。

③ 相关行业数据包含了气象、环境、人口、规划、移动通信手机信令以及其他与交通间接相关的数据,这些数据能够用于更准确地分析和预测交通状况和总体交通状态,与城市交通有一定的关系。

④ 重大社会经济活动信息对交通状况也会产生一定的影响。例如大型文体活动会对场馆周边道路的交通产生短时的拥堵、电商促销活动可能会因物流增加对高速公路的流量产生影响等,但总体而言这些活动对交通的影响结果是局部的,而且是可以预见的,在特定场景下与城市交通有关联。

(2) 按照数据类型划分　城市交通大数据可以分为结构化数据、非结构化数据和半结构化数据。

① 结构化数据是指数据记录通过确定的数据属性集定义,同一个数据集中的数据记录具有相同的模式。结构化数据具有数据模式规范清晰,数据处理方便等特点。结构化数据通常以关系型数据库或格式记录文件的形式保存,例如传统的智能交通信息系统采集、加工过的数据。线圈等传感器产生的数据一般来说具有固定的比特流格式,各字段的比特长度和含义固定,可以是视作为比特尺度下的结构化数据。

② 非结构化数据是指数据记录一般无法用确定的数据属性集定义,在同一个数据集中各数据记录不要求具有明显的、统一的数据模式。非结构化数据能够提供非常自由的信息表达方式,但数据处理复杂。非结构化数据通常以原始文件或非关系型数据库的形式保

存,例如摄像头采集的视频、公众发布在微博上的图片或是微信上的语音信息等。

③ 半结构化数据是指数据记录在形式上具有确定的属性集定义,但同一个数据集中的不同数据可以具有不同的模式,即不同的属性集。半结构化数据具有较好的数据模式扩展性,但需要数据提供方提供额外的数据之间关联性描述。半结构化数据通常以可扩展标记语言(eXtensible Markup Language,XML)文件或其他用标记语言描述数据记录的文件保存,例如在超文本标记语言(HyperText Markup Language,HTML)文件中以＜table＞标签形式保存的数据、资源描述框架(Resource Description Framework,RDF)格式的本体库文件等。

(3) 按照数据形式划分 城市交通大数据可以分为(传感器)流数据、数据文件、数据库记录、在线文字和图片、音视频流等。

① 流数据是指各类交通设施或传感器以数据流的形式持续不断产生的具有确定格式的数据,其特点就是已经产生的数据无法再现,除了数据处理算法在内存中保存的一部分外,无法重复获取之前的数据记录,对数据的获取和访问存在先后顺序。

② 数据文件是指以文件的形式在介质上持久保存的数据,又分记录文件和无记录文件(如文本文件)。其特点是可以反复获取,并可根据需要随机访问,没有先后顺序要求。

③ 数据库记录是指在关系型数据库系统或非关系型数据库系统中,以"数据记录"的形式保存的数据,其特点是用户不用自己维护数据记录的存取,提供了处理和计算上的便捷性。

④ 在线文字和图片是指存在于互联网上的、需要通过特定的网络协议才能获取到数据,其特点是以文件形式存在、通过数据流方式可以反复获取(假定服务器端的文件未被删除)。

⑤ 音视频流是指经过数字化的并能够通过某种方法还原的音频或视频信息,其特点与流数据类似,但属于非结构化数据,往往需要非常复杂的算法才能从中提取所需要的信息。

(4) 按照数据产生和变化的频率划分 城市交通大数据可以分为基础数据、实时数据、历史数据、统计数据(结果数据)等。

① 基础数据是指静态的、规范化的、描述城市交通基本元素的数据,其特点是数据定义/产生后基本不会发生变化,例如道路名称、匝道口编号等。

② 实时数据是指随城市交通活动实时产生的、反映城市交通运行情况的数据,其特点是数据会非常频繁地产生和变化,例如线圈数据、温湿度气象数据、微博和微信上的公众互动的交通状况等,这类数据对判断短时交通拥堵等具有重要作用。

③ 历史数据是指实时数据按一定时间周期(如按月)归档后产生的数据,其特点是新数据产生和变化的周期性明显,这类数据可以用来预测未来交通状况的变化趋势。

④ 统计数据(结果数据)是指系统根据一定算法或根据使用者的主观需求,经过计算后所产生的数据,其特点是新数据的产生和变化的周期性不明显,例如拥堵指数、路段平均车速、人流量随时间变化趋势图等,这类数据可以为公众出行服务、管理部门决策做支持。有

时候也可以用高频、中频、低频来划分这些数据，基础数据属于低频数据，统计数据和历史数据属于中频数据，实时数据属于高频数据。

1.3 城市交通大数据研究与应用基础

近半个世纪以来，交通道路拥挤、阻塞、事故频发等正制约着人们生活质量的提高以及社会的发展。20世纪90年代以后，美国、英国、德国、法国、日本、澳大利亚、韩国等国家，对智能交通系统的研究给予了更高的重视。我国关于智能交通系统的基础研究比较薄弱，21世纪以来，智能交通信息系统随着互联网的发展承载了大规模海量的数据和更多的用户需求。传统的智能交通领域在处理海量信息、提供实时交通服务方面，已经越来越难满足用户的需求。

随着物联网、云计算的提出，智慧城市、智慧交通的主题已经深入人心。当前城市交通呈现出的日益严重的拥堵、交通基础设施的老化、资金投入的不足，以及日益严重的环境问题对城市经济竞争力构成了极大压力。在大数据时代的背景下，开发和应用新的智能交通系统需求变得越来越迫切，智能交通的快速发展也面临着新的机遇和挑战。随着硬件技术、自然语言处理、模式识别、机器学习及数据挖掘等软件技术的研究和突破，智能交通系统将气候变化、环境、城市交通规划等各类大数据进行整合分析，能够提高城市交通运转效率，促进公共交通资源合理配置和发展，提升城市交通的智能化管理水平。

1.3.1 国内外研究基础

城市交通大数据领域涵盖了交通数据、气象领域、环境领域等各方面的数据，通过数据挖掘、人工智能、机器学习、模式识别、统计学、数据库、可视化等技术，自动化分析企业的数据，做出归纳性的推理，从中挖掘出潜在的模式，帮助决策者调整市场策略，减少风险，做出正确的决策。通常的研究方法包括神经网络技术、遗传算法、支持向量机、贝叶斯网络、基于规则和决策树、基于模糊逻辑的工具和粗糙集等方法。

城市交通大数据的研究方向涵盖了传统智能交通系统领域的内容，国内外研究者主要集中在以下几个方面：

1）城市交通数据与跨行业数据关联挖掘研究

城市交通作为智慧城市的一部分，直接影响着城市居民出行的体验感受。以海量交通数据为基础，整合环境、气象、土地、人口等其他行业领域信息，采用数据挖掘、机器学习等数据分析处理技术，找出环境、气象、土地、人口等与交通状态之间的关系，可以为交通政策制定、城市规划、环境治理等提供决策依据。

Xiaomeng Chang 等利用智能交通技术来估算实时的二氧化碳的排放量[3]。提出的模型将北京市的路网划分为小的路段序列,并利用详细的车辆技术数据(如车辆类型)和路网驾驶模式的数据(如速度、加速度和道路坡度)等信息。通过实验分析和讨论了北京的二氧化碳时空排放的分布,结果表明智能交通系统可以成为一个有效的途径来实时估计二氧化碳排放量。

在推行"按里程付费"汽车保险(Pay-As-You-Drive Insurance,PAYD 车险)的大量实证研究背景下,张连增从外部性的视角出发,创新性地研究了行驶里程数对环境、交通和能源的影响[4]。利用 2006～2010 年全国各地区的公路交通氮氧化物排放量、汽油消费量、道路交通事故数、公路里程数、公路交通事故直接财产损失和人均城市道路面积的统计数据,通过建立 30 多个省、市、自治区的平衡面板数据计量模型,研究公路交通氮氧化物排放量、汽油消费量、道路交通事故与公路里程数之间的均衡关系。

贾顺平等的综述详细介绍了交通运输与能源消耗的有关研究成果[5],从社会成本分析角度,吕正昱等认为交通运输政策应关注能源安全问题,将能源、环境、安全等外部成本纳入交通运输的定价体系之中,从而在社会总成本的概念下建立更科学的综合运输系统构成方案的评价指标体系[6]。夏晶等以社会经济关系分析角度,从交通能耗占全社会总能耗的比例、交通产值占国内生产总值(Gross Domestic Product,GDP)的比例及其二者之间的比值等三个方面,整体分析交通能源消耗和经济发展的协调性[7]。陆化普等分析了我国近年来交通能耗占能源消耗比例的变化情况,以及城市各种交通方式的能源消耗情况,指出城市交通结构体系的优化必须将能源消耗纳入模型体系中进行分析,建立了能源消耗约束下的城市交通结构体系优化模型[8]。对交通能源数据的分析和比较的角度,徐创军等比较了各种运输方式对土地占用、能源消耗、客运和货运周转量、污染物排放、环境危害、安全、便捷性等方面的影响[9]。

2) 城市交通流预测

交通信息化的快速发展,可供分析的交通流数据量越来越大,如何利用大规模交通流数据进行交通预测分析是智能交通的重要研究。综合考虑各种交通数据、气象数据、手机数据、节假日及特殊突发事件等因素,可以更精确地对城市交通状况进行短时预测,更好地指导城市居民的出行。

交通流密度、速度、通行时间的预测是交通预测的基础内容,从预测模型的角度分析,Fangce Gu 等使用奇异谱分析(Singular Spectrum Analysis,SSA)技术对交通数据进行平滑处理,提出了一种新颖的灰色模型(Gray Model,GM)[10]。通过与季节性差分自回归滑动平均模型(Seasonal Autoregressive Integrated Moving Average,SARIMA)对比,分析了SSA 模型和非 SSA 模型结构的预测精度,并使用伦敦某路段的正常条件及事故两种状况下的交通数据流来对这些方法进行校准和评估。SSA 模型作为一种数据平滑步骤在机器学习或统计预测方法之前能提高最终的交通预测精度。结果表明,在城市道路正常与有事故两种交通条件下相对新颖的 GM 方法胜过 SARIMA 模型。Stephen Dunne 等利用多分辨率预测框架去建立天气自适应的有效交通预测算法[11]。离散小波变换是常用的多分辨率数据分析方法,利用离散小波变换的平稳形式(即平稳小波变换)建立小波神经算法预测每小时的交通流(考虑降雨强度的影响),解决离散小波变换在转换后的信号中产生时间方差而导致不适合做时间序列分析的问题。通过在爱尔兰都柏林市主干路段的实际数据中做的评估,表明小波神经模型比标准人工神经网络模型效果更好。交通流是典型的时空数据随时间变化的关系,Narjes Zarei 等考虑交通数据时间变化的波动性特征,探讨了高峰和非高峰时期的交通流的基本趋势,针对不同时段训练独立预测模型[12]。Bei Pan 等研究洛杉矶交通网络收集的实时数据,采用时间序列挖掘技术来提高交通预测的精确性。突出利用高峰期和事故发生时的交通流数据来完成更加准确的路段平均车速的短期、长期预测。实验结果表明,采取历史高峰期的数据,与传统方法相比,短期和长期预测的准确性可以提高到 67%和 78%,融合交通事故数据,可以使预测精确度提高到 91%[13]。Jungme Park 等提出了一种基于神经网络的车速预测模型(Neural Network Traffic Modeling-Speed Prediction,NNTM-SP),对加利福尼亚高速公路上的 52 个传感器提供的数据集进行的实验表明模型具有很好的精度[14]。

导航设备及智能终端的普及,GPS、手机信令等定位数据可以作为反映人群活动规律的轨迹数据,有别于传统的交通流数据。Javed Aslam 等通过静态的传感器(如摄像头),探测线圈采集的交通数据反应交通拥堵、交通流规模、分布时通常不具有实时性,且难以量化和分析的情况[15]。通过实证验证了利用出租车设备构造动态传感器网,根据历史的或实时的车辆位置、速度数据来准确分析交通信息的可行性。Xiangyu Zhou 等通过 GPS 车载装置和无线通信设备,将车辆信息(如时间、速度、经纬度坐标、方向等参数)实时地传送到浮动车信息中心[16]。创建新的交通模型和数据处理算法,进行全面的交通流分析,进行交通状态估计和交通流预测。Anna Izabel J. Tostes 等利用必应地图(Bing Map,Bing 地图)提供的应用程序编程接口(Application Programming Interface,API)获取芝加哥道路交通信息,来进行城市范围的交通拥堵信息的建模、分析、可视化[17]。首先获取必应地图来确定道路交通流强度变化的数据,根据强度变化模式对道路分类,然后利用逻辑回归建立道路流强度的预测模型,并采用区域热图来可视化实验结果。Damien Fay 等利用城市中普遍安装的摄像机搜集的图片信息来估计交通密度[18]。设计的平台可以自动获取联网的摄像机数据,收集处理图片数据,在去除异常点,抽取交通的密度信息后,建立了交通流密度预测的回归模型。

数据的分布式存储、计算是解决海量交通数据的一个方向,云计算、MapReduce 等越来越多地在交通预测中运用。Chee Seng Chong 等认为单一固定的预测模型具有一定的局限性,而采用协作分析系统的思路建立多个预测模型作为工作流来完成交通堵塞的预测具有更好的鲁棒性和准确性[19]。设计的系统采用了 38 种不同的预测模型来构成工作流池,然后根据工作流和数据的特征,建立推荐引擎去匹配最相关的工作流。Cheng Chen 等设计基于 MapReduce 框架的分布式数据的交通预测系统,内容包括系统的架构和数据处理算法[20]。在应用到多种交通预测模型时,通过模型融合技术以提高预测系统的数据处理和存储方面的能力。Bei Pan 等从获取交通流信息的传感器数据具有高度的时空冗余和相关性入手,对传感器数据进行数据概括来完成数据规模的约减[21]。通过对位置相关的传感器组的数据进行概括,虽然丢失了一定的精度,却可以减少存储空间。

国内关于交通流预测方法的研究有:Shuangshuang Li 等利用 k 最近邻(k-Nearest Neighbor algorithm,k-NN)局部加权回归方法用来做短时交通流预测,并利用预测的交通流与实际的交通流之间的均方根误差来优化权重[22]。在两个路口的数据上所做的测试表明,相比模式识别方法的均方根误差,此方法在两个路口上分别有提高 20% 和 24%,相比 k-NN 方法,则分别提高 26% 和 30%。Chenye Qiu 等利用贝叶斯规则化神经网络模型来做交通流速度的短期预测,在杭州市车载设备的速度数据上的实验表明,模型具有很好的泛化能力和精度[23]。为解决大规模交通流数据预测问题,孙占全等提出了一种基于分层抽样与 k 均值(k-means)聚类相结合的抽样方法,并与基于序贯最小优化方法(Sequential Minimal Optimization,SMO)的支持向量机(Support Vector Machine,SVM)结合,进行大规模交通流预测[24]。实例分析结果表明,提出的聚类方法比现有抽样方法的抽样质量有所提高,基于序贯最小优化方法的支持向量机可有效提高交通流预测的精度。沈国江等提出了一种新的短时交通流量智能组合预测模型[25],该智能组合模型包含三个子模型:卡尔曼滤波模型、人工神经网络模型和模糊综合模型。卡尔曼滤波模型具有良好的静态线性稳定特性,人工神经网络模型利用其强大的动态非线性映射能力,对动态交通流量的预测具有较高的精度和满意度。模糊综合模型采用模糊方法来综合这两个单项模型的输出,并把它的输出作为整个组合模型的最终交通流量预测值。实际应用表明,组合模型的预测精度高于单项预测模型各自单独使用时的精度,发挥了两种模型各自的优势,是短时交通流预测的一种有效方法。李松等为了提高反向传播神经网络(Back Propagation Neural Network,BP 神经网络)预测模型的预测准确性,提出了一种基于改进粒子群算法优化 BP 神经网络的预测方法[26]。引入自适应变异算子对陷入局部最优的粒子进行变异,改进了粒子群算法的寻优性能,利用改进粒子群算法优化 BP 神经网络的权值和阈值,然后训练 BP 神经网络预测模型求得最优解。在实测交通流的时间序列上进行有效性验证,表明该方法对短时交通流具有更好的非线性拟合能力和更高的预测准确性。针对目前交通流预测模型对中长期预测效果不佳,钟慧玲等提出了基于历史频繁模式的交通流预测算法,通过挖掘交通流的历史频繁模式,结合实时交通信息进行交通流预测[27]。在真实路网获取的浮动车数据(Floating Car Data,FCD)进行的实验表明该算法支持交通流短时、中长期预测,且中长期预测与短时预测具有同样高的预测精度,受参数影响小。与基于 k-NN 的非参数回归方法进行比较,结果表明基于历史频繁模式的预测算法的预测性能更稳定,预测误差波动更小。

3) 城市旅游线路推荐及交通诱导

随着人们消费水平的提高,人们在周末或节假日结伴旅游的机会越来越多,根据城市的实时道路交通状况,提供给旅行者最佳的旅行线路,预估旅行时间,提供良好的交通诱导服务,为外地居民提供更加个性化的服务。

对于导航服务,从出发点到目的地的时间和距离是最关注的方面,线路的出行时间预测是研究线路规划的一个重要领域。Mehmet Yildirimoglu 和 Nikolas Geroliminis 认为在交通系统中旅行时间是一个非常重要的绩效指标,时间信息可以帮助旅行者进行可靠的决策,如选择路线及启程时间。提出的预测基本框架包括瓶颈识别算法,聚类具有相似特征的交通数据,随机拥堵地图的产生,在线的拥堵搜索算法,以及通过算法结合历史数据分析和实时数据进行旅行时间预测。在美国加利福尼亚州高速公路的基于回路探测器数据上进行的实验结果表明,他们提出的方法在不同交通条件下都有很好的预测效果[28]。Kai Ping Chang 等通过驾驶的轨迹信息,来发现个人驾车时的习惯选择的线路。在此线路发生堵塞时,可以针对性地向特定的用户发送信息。提出的框架首先生成个人的路网信息,然后采用一个有效的线路选择算法,生成起讫点对(Origin Destination Pair,OD Pair 或 OD 对)间的最佳 k 个偏好线路。

对用户的轨迹数据挖掘,可以提供个性化的推荐系统,如城市消费区、景区内景点的推荐。Amna Bouhana 等结合运输用户的属性和需要,提出了多准则途径来推荐个性化的旅行线路。该方法集成了基于案例推理与模糊推理来建议最匹配用户属性的行程。在给定的语境,通过对比其他有相同喜好的用户来预测行为,帮助用户制定最好的线路[29]。Leon Stenneth 等给定一个多通道 GPS 跟踪,识别 GPS 跟踪旅行者改变运输模式,通过数据挖掘方案来理解移动数据,从数据中发现旅行者在哪里改变了交通方式[30]。结合实际世界的观察,提出算法来自动识别流动转移点。通过手机 GPS 收集现实世界的数据的评价表明其提出的算法是精确的。Chieh-Yuan Tsai 等充分利用先前流行的访问行为作为建议,依据旅游线路建议系统来生成个性化的旅游,形成一个序列模式挖掘[31]。在展览中,访问序列通过一个射频标识(Radio Frequency Identification,RFID)系统持续收集。接下来,提出时间间隔序列模式挖掘算法用来获得流行的旅游路径(包括访问序列及展品之间的各自访问时间)。根据访问者的个人资料,系统检索一组候选的旅游路径。Wen He 等从用户的历史轨迹数据集中挖掘有规律的路线,并且提供乘车共享建议给一群分享类似路线的用户[32]。有规律的路线意味着一个用户近似的在每天相同的时间可以频繁经过的完整路线。首先划分用户的 GPS 数据为单独的路线,产生在每天相似时间的一族路线按照滑动时间窗口分组在一起。因此,一个频率为基础的有规律路线挖掘算法被提出,该算法是健壮的,并且忽略轨迹数据的轻微干扰。最后,依据挖掘的有规律路线和交通模式,一个基于网格的路线表可以构建从而进行快速匹配。

出租车与公交车是居民出行的重要工具,利用车辆 GPS 轨迹数据,既可以分析居民的出行规律,也可通过预测出租车、公交车的位置信息来帮助用户便捷乘车。Shiyou Qian 等强调发展智能推荐系统可以通过挖掘来自大量城市出租车的大型 GPS 踪迹数据[33]。首先从大规模 GPS 踪迹数据集提取车辆的流动模式。最优化驱动过程可以建模为马尔科夫决策过程(Markov Decision Process,MDP)。解决 MDP 问题可以形成最优驱动策略,给出租车司机智能推荐。公交车作为城市出行的重要工具,其到站牌的时间对乘客而言是一个很重要的信息,Pengfei Zhou 等利用大量普及的智能手机终端来收集信息而不用依赖于公交公司的车辆 GPS 数据[34]。核心的公交车抵站时间预测系统包含三个主要的部分:共享用户群(使用手机内置的传感器来向后端提供轻量级的电话信号与周围环境信息);查询用户群(使用手机查询特定的公交线路);后端服务器(汇集共享用户群的数据、分析并预测车辆到达时间)。原型在新加坡进行的七周实验证实了系统具有很高的精度和通用性。

导航应用虽然可以根据实时及历史数据来准确地预测交通流信息,为用户提供优化的导航服务,但也存在解释能力不足的问题。用户无法从导航设备中获取更详细的路况信息,以及导致路况变化的详细原因。博客、微博、微信等社会化网络平台的普及为详细信息的传递和分享带来了便利。Shuo Shang 等认为单纯依靠位置信息的旅游线路推荐难以真实地符合用户的意图,通过考虑用户偏好和线路的环境属性,可以提高推荐的质量[35]。Wenjie Sha 等人提出了一种社会化导航模型,汇集驾驶者提供的路况信息,通过语音微博的形式与根据位置、目的地划分的社会组分享不同的信息[36]。Silvio S. Ribeiro Jr 等人针对推特(Twitter)这类信息交流平台的广泛使用和推特中交流的信息与真实交通事件的关联性,设计了一个用于检测 Twitter 数据流的文本挖掘系统[37],通过实验证实这些数据确实可以作为交通摄像头、传感线圈等获取信息的一种补充。Barbara Furletti 等针对 GPS 数据只提供位置信息,缺乏推理人类活动内容的语义信息的问题,提出了一种对人群踪迹进行自动注释的算法[38]。首先分析轨迹数据的停留点信息,根据已有的兴趣地点分类和基于引力规则估计人群在停留时对兴趣点(Point of Interest,POI)的概率分布来推理轨迹的潜在语义。

交通出行对城市的压力在中国更为明显,对于交通诱导、出行线路推荐,国内也存在着大量的研究。张莉等介绍智能出租车呼叫系统的研究现状和云计算在智能交通上的应用,分析基于云计算的手机智能出租车呼叫系统的创新性和优越性[39]。该分析表明,该系统能够有效解决我国目前出租车存在的主要问题,能够实现乘客和出租车直接联系,节约时间、提高效率,而且还可以节能减排,具有很好的开发前景。Jing Yuan 等提出了一种基于云计算的交通路况预测与个性化导航系统,系统聚合了出租车 GPS 数据、网络地图数据、天气数据,在日期、时刻、天气,驾驶策略等多个维度建立模型[40]。模型可以对未来某个时段的道路状况进行预测,并能为特定用户提供个性化的导航服务。在对北京市 33 000 辆出租车三个月的历史数据上的实验,证明了该系统可以为用户提供准确有效的导航服务。Zhou Shenpei 等研究了驾驶者的线路选择和交通控制信号之间的关系,由交通控制信号引起的道路状况影响着驾驶者的路线选择。Hong Zhan 等认为线路导航不仅仅依赖地理上的最短线路,更应该考虑实时的路况信息,导航系统应通过连接到网络平台,获取实时的路况信息并计算优化的路线。经验丰富的司机的驾驶行为反映了对当地路况的熟悉,Jing Yuan 等通过建立时间依赖的城市地标图,对出租车 GPS 数据聚类来抽取地标间的路线模式[41]。

4) 车辆识别系统、交通事故预警及安全监控

通过在各个典型交通路段的车辆徽标或车牌号码的识别,可以模式识别分析城市的车辆拥有量及外地车的涌入量,有助于交警部门对城市车辆的管理与监督。同时,对车辆信息的采集,可以管理监控车辆运行,对交通事故的分析及预警、犯罪等行为进行监控分析。

针对车辆标志的检测,Songan Mao 等为解决车辆标识检测这个智能交通系统中的重要任务,通过搜索区域的最大有用信息来定位车辆标志[42]。算法通过将水平和垂直滤波器应用于原始图像产生两个新图像,并为每个图像生成一个二进制的显著图,实验表明该算法运行效率高,并能达到一个高的检测率,适用于实时应用程序。Apostolos Psyllos 等介绍了基于尺度不变特征转换算法(Scale Invariant Feature Transforms,SIFT)的车辆标识检测技术,并引入了一种增强的 SIFT 模块,从查询的车牌图片中发现和抽取特征点。利用这些特征点与存储的标识图像的特征点对比[43]。

交通流异常情况探测也是研究的重要领域,在高速公路事故探测方面,Mohamed Ahmed 等提出了一个在科罗拉多州的高速公路上进行实时风险评估的框架,通过融合自动车辆识别系统和远程微波传感器两个检测系统的数据、实时的天气数据以及道路几何数据[44]。采用了随机梯度推进(Stochastic Gradient Boosting,SGB)和机器学习技术来校准模型,在高速公路上进行实时风险评估的选择。Rongjie Yu 等认为高速公路事故的发生高度受地理特征,交通状态,天气条件以及司机行为影响。尤其是山地高速公路遭受复杂的天气条件的影响[45]。气象信息和交通数据的融合在事故频次的研究中是非常关键的。采用贝叶斯推理方法来对美国科罗拉多州 I-70 公路的一年事故数据进行建模,可根据地理几何特征变量,在模型中评价实时的天气和交通变量。文献研究了两个场景,一个是基于季节的,一个是基于案例的事故类型。结果表明,天气条件变量,特别是降水,在事故发生模型中具有重要的影响。Chengcheng Xu 等使用美国加利福尼亚州的 I-88N 高速公路的交通、天气和事故数据来建立模型,利用随机森林(Random Forest,RF)技术选择在不拥堵和拥堵的交通状况下影响事故风险的变量,为每一个交通状态建立梯度投影(Gradient Projection,GP)模型[46]。采用接收者操作特征曲线(Receiver Operating Characteristic Curve,ROC 曲线)来评估每个交通状态的 GP 模型的预测性能,验证结果表明 GP 模型的预测性能令人满意。同时在相同的数据集上为每个交通状态建立了二进制逻辑模型,通过比较 GP 模型和二进制逻辑模型对每个交通状态的 ROC 曲线,可以发现,GP 模型的预测性能优于二进制逻辑模型。GP 模型的预测准确率,在不拥堵的情况下比二进制逻辑高出8.2%,在拥挤的情况下比二进制逻辑高出 4.9%。Mahalia Miller 等采用机器学习的方法,利用高速公路的传感器数据、天气数据,以及警方提供的事故报告的半结构化数据,分析不同时间、路段发生的事故的时空模式,建立了事故影响时间、范围的分类模型[47]。Hongyan Gao 和 Fasheng Liu 在全球移动手机的传播及定位技术为高速公路交通条件的监控提供了机会的基础上,考虑了一个相对简单的聚类方法来区分多部手机一辆车的情况[48]。提出了相对简单的聚类方法来确定手机是否在同一车辆旅行。利用手机数据不仅可以用来车的

速度,还可以统计车的数目及密度。一个复杂的模拟覆盖不同的交通条件和定位准确的移动手机已经被用来开发评估该方法。Robert Grossman 等利用芝加哥高速公路上 830 个传感器的数据来探测路况的实时变化,这些传感器搜集了有关的气象、发生的事故说明[49]。实验平台包含了一个自动生成基准模型的引擎,每 2～3 个传感器 1 h 的数据生成一个基准模型,从约一周时间的数据中,生成了超过 42 000 个基准模型。平台读取实时的传感器数据,抽取特征后与基准模型比较,明显偏离基准后发出预警。

国内学者针对交通事故探测与安全监控也开展了大量工作。方青等利用数据挖掘在潜在信息提取等方面的优势,运用关联规则挖掘方法对高速公路交通事故数据进行了研究[50],发现交通事故数据中存在的关系和规则,从而为高速公路交通事故预警提供数据支撑。刘晓丰等设计了交通安全预警管理平台,用于交通运输部门和企业对交通事故与交通灾害的诱因进行监测、诊断及预先控制,防止和矫正交通事故与交通灾害诱发因素的发生或发展,保证交通运输系统处于有秩序的安全状态[51]。交通安全预警管理平台主要由预警分析和预控对策两部分构成:预警分析是对诱发交通事故与灾害的各种因素和现象进行识别、分析、评价,并由此做出警示的管理活动,它包括三个分析过程:监测、识别和诊断。柯赟提出了一种基于物联网技术的交通状态监测安全预测方法,主要采用物联网技术实时监测道路的交通情况,依据搜集的交通信息设计安全预警指标,建立灰色理论道路交通安全预测模型,并在模型的基础上引入二维马尔科夫链时空模型,建立一种新的二维马尔科夫理论的灰色扩展交通安全预测模型。Huilin Fu 等提出了一种结合 Levenberg-Marquardt 优化的 BP 神经网络模型来实现交通事故预测,避免 BP 神经网络模型迭代过多,收敛速度慢的问题[52]。

5) 城市交通布局的评价及城市交通系统规划

从长期历史海量数据中,通过对地铁、出租车信息数据的采集,获得不同细分人群的出行特征,如出行时间、出行距离、出行目的地、出行频率等,挖掘城市居民公共交通出行行为模式挖掘,可以对整个城市的交通布局进行评价,并有利于整个城市交通网络的规划与布局,为城市交通的管理者提供更好的决策支持。利用已经普及的智能手机终端的 GPS 数据、可以获取城市人口分布与流动的真实数据。

YunjiLiang 等引入社会化网络分析方法,从大量的地理轨迹数据抽取人群活动模式。首先引入了一个空间交互矩阵来描述空间区域的交互强度和关系。在此矩阵基础上研究人群活动空间分布规律,并解释了时间因子、职业、年龄等变量与活动规律的作用关系。通过对路段特征提取并分类,可以分析路网的交通流在空间的分布,Farnoush Banaei-Kashani 等通过对洛杉矶市全境的交通传感器信息进行分析,将道路划分为路段后,抽取路段的交通流特征。直观地认为,路段都有其典型的交通流模式来完成对路段的聚类,路段同时还有位置,连接性的特征可进行关联。在此假设的基础上建立了一个分析框架来对城市的路段进行聚类,并通过类中的代表路段来分析方向、位置、连接性上的关系。利用智能手机产生的大量的私人位置信息,对人群行为模式的研究可以深入到个体的级别。Leon Stenneth

等利用手机的 GPS 设备产生的轨迹数据及实时的路网信息,如公车的位置、站点等,来分析个人的出行方式,结合路网的信息可以有效地区分自驾出行、公交车、轨道交通的特征[53]。

针对城市轨道交通的运载需求分析,Lijun Sun 等研究了新加坡城市轨道交通的运载需求规律[54]。采用进出站旅客的刷卡记录,来分析地铁载客的动态特征。首先需要构造一个起讫点对的行驶时间模型,模型通过目标区域间速度最快的旅客数据进行回归建模。在这个模型结果基础上建立位置模型来区别站台和地铁上的乘客。最后利用这个模型确定所有乘客的位置信息,建立旅客规模在不同区域的时空分布规律。Elio Masciari 等针对快速、连续地处理交通数据流的需要,提出了一种对城市交通轨迹数据频繁模式的流挖掘方法[55]。首先通过划分输入流来降低轨迹数据的规模,并将轨迹表示为字符串;然后使用一个滑动窗口和计数算法来快速地完成频繁模式的更新。

国内关于城市交通布局,规划的研究包括,冉斌利用长期历史手机话单数据,可分析常住人口和就业人口分布、通勤出行特征、大区间起讫点、特定区域出行特征、流动人口出行特征等。手机信令数据能够较完整地识别手机用户的出行轨迹,可进一步应用于分析城市人口时空动态分布、特定区域客流集散、查核线断面或关键通道客流、轨道交通客流特征、出行时耗、出行距离、出行强度、道路交通状态等。根据天津手机话单数据应用案例及上海手机信令数据应用案例,验证了技术可行性。Wangsheng Zhang 等研究了拥有数百万人口的城市出租车 GPS 踪迹,发现代表出租车随机运动的轨迹中蕴含着重要的模式。通过时空数据分析来挖掘这些模式与语义,为探索人类流动性和位置特征提供了新的思路和研究方法。现有的租车系统仅以对空载车辆在城市中的定位进行调度,造成出租车营运效率低、空载率高、乘客等待时间长且满意度不高等诸多问题。张道征等采用浮动车数据和地理建模仿真平台,使用地理信息系统(Geographic Information System,GIS)技术来定量分析给定城市出租车系统的完备及与需求的合适程度,总结出一套基于出租车运营的系统完备度评价体系,从而实现城市出租车系统的良好组织与管理[56]。该体系主要从城市路网、乘客及驾驶员等多维指标,来量化给定城市出租车系统的运营状态和效率,合理制定运营调度策略。

6) 交通大数据挖掘的可视化

社会公众对交通信息的需求包括实时的道路路况信息,轨道公交的线路、班次、时刻、票价信息,公共交通换乘信息,社会公共停车场的停车诱导信息,铁路、民航、水运的对外线路、班次、票务信息等。信息获取的渠道包括路边的可变信息板、电视、广播、互联网、报纸、移动终端、电子站牌等。公众可以通过了解实时路况制定合理的出行方案,如出行时间、出行方式和出行线路等,实现数据挖掘结果的可视化。

1.3.2　国内外应用基础

智能交通系统的开发和使用是交通数据挖掘的主要应用领域,北京、上海等主要城市都在建设政府主导的智能交通系统平台。

1）北京市

北京市在奥运之后建立了"五大基础应用系统,三大保障支撑系统"的智能交通管理体系。北京市交通委下辖已建成的智能交通信息系统主要有 6 个奥运支撑系统,19 个主要业务系统,8 个交通运输行业业务系统,总共 33 个系统。其中,最核心的部分是交通委的数据信息中心。截至 2011 年 6 月底,初步实现了交通运输行业的业务梳理、目录编制,以及行业信息资源的整合。北京市交管局下辖已建成的智能交通信息系统主要有 5 个奥运支撑系统,8 类共 54 套业务系统,实现综合业务、指挥调度、交通监测、交通控制、信息服务、基础信息与辅助决策、通信网络、安全保障等主要功能。交管局建设的交通管理数据中心,实现了交通流量、路口通行能力、交通拥堵、交通事故、交通违法等数据,以及其他动静态交通情报信息的基本关联整合。

经过多年的发展,北京智能交通信息系统在能够提供多样的交通信息服务。公众出行网发布 GPS 浮动车实时交通路况信息,五环内道路覆盖率超过 75%;道路交通安全管理网站包含交管信息、实时路况、为您指路、网上办事、在线咨询五大板块的 60 余类服务项目,提供以固定检测器为基础的交通实时路况、施工占路、驾驶员信息查询、交通通告、交通预报等服务;"96166 公交服务热线"整合了公交、地铁、一卡通、高速公路、长途客运五大交通行业的交通服务信息,形成统一的公共交通服务热线;"122 事故报警呼叫中心"接受事故报警和交通拥堵报告,同时提供路况及交通咨询服务;与媒体和移动通信合作,与中国人民广播电台 FM101.8 都市之声,合作推出路上说法节目;与北京移动、北京联通开展公益性合作,面向手机用户建设了"掌上交通指南",发布北京市主要双向道路和桥梁的实时路况;路侧诱导屏是交管局独特的交通信息发布平台,实现对车辆的全程连续诱导,截至目前,共计建设 249 块大屏,发布路况信息、交通意外事件和交通管制等信息;交通专用地理信息图库包含城市道路、机动车维修与检测、停车场等其他交通服务共计七大类行业数据,可提供 42 层交通专题地图;车载导航示范系统建设的完成,实现了独特的车载导航功能。

2）上海市

上海市的智能交通系统研究和应用一直在国内处于领先的位置,以上海市交通综合信息平台为例,该平台是目前全国首个全面、实时整合、处理全市道路交通、公共交通、对外交通领域车流、客流、交通设施等多源异构基础信息数据资源,实现跨行业交通信息资源整合、共享和交换,为交通管理相关部门进行交通组织管理和社会公众进行交通综合信息服务提供基础信息支持的信息集成系统。

上海市在全国率先实现中心城区快速路交通流等数据采集和视频监控的全覆盖,地面主干道路交通流等数据采集和视频监控的基本覆盖,以及上述范围内道路通行状态实时信息的提供与发布,同时配套建立了交警监控中心信息系统、快速路监控中心信息系统。而交通综合信息平台的出现立足于解决交通流数据及相应的信息系统分属不同交通管理部门,互不交换和共享信息资源,形成的"信息孤岛"问题。上海市的交通综合信息平台是一个分级、跨行业汇聚、处理、共享和交换交通综合信息的集成系统。一级平台是上海市交通综合信息平台，是全市交通综合信息集成、共享、交换和发布的核心主体。二级平台是行业交通信息汇聚、交换的信息系统，并承担着连接一级平台和三级应用系统的重任。三级应用系统是交通综合信息平台数据采集基础层和平台综合信息的具体应用层。

目前，上海市的交通综合信息平台能够实现交通行业信息汇聚整合和交换共享，道路交通状态等实时展示，面向综合交通管理的应用分析，以及对超大型活动的交通信息服务保障。为政府交通管理部门，提供经交通综合信息平台综合处理后的实时交通数据、交通状态展示、视频监控图像和应用分析结果为主，以实时的交通信息和视频以及量化的应用分析，支撑交通管理部门决策和交通组织管理。面向社会公众，通过网站、电台、电视台、路边可变信息标志、车载导航设备等形式，提供实时道路交通状态、动态停车泊位等交通信息服务。面向交通信息服务商，主要提供实时交通信息，由交通信息服务商开展面向用户的交通信息服务内容。

面向科研机构、大学，提供历史数据，帮助研究人员运用丰富的交通信息数据，开展课题研究、交通模型开发、基础理论研究等分析研究工作。上海市的智能交通系统基础设施与顶层应用建设为国内其他城市的智能交通发展提供了参照和依据。

上海市交通综合信息平台的介绍详见附录1。

3) 深圳市

深圳市作为国内最早的推行智能交通系统(Intelligent Transportation System, ITS)的城市之一，建立了交通局信息平台、交警局信息平台、规划局信息平台三个 ITS 体系模式。在 ITS 基础设施建设方面，建立了交警局的交通监控指挥中心系统，交通信号控制系统、网格化机动车识别综合应用系统、干线交通诱导系统、停车诱导系统、交通事件系统、智能交通违章管理系统、闭路电视监控系统等；交通局的出租车 GPS 监管系统，公交图文管理系统，深圳港危险货物监管系统，公路桥梁管理系统、公路路政管理系统、公路设备管理系统、公路养护管理系统、公路工程项目管理系统、公路综合信息查询系统、原市道桥管理处路桥管理系统、公路过路费管理系统、公路网上征费系统、公路行政征稽管理系统等交通基础设施。在 ITS 顶层应用系统方面，新建与扩建了交通运输应急指挥中心，交通运输行政政务与业务服务两大门户网站，构建了深圳港航引航服务系统，整合了出租车、公交巴士、长途公交 GPS 监管平台，场站枢纽视频监管系统，机场航班出发/到达信息发布系统，交通运输信息化中心机房升级建设等。根据深圳市智能交通系统的"十二五"规划，针对深圳市目前个系统缺乏信息共享，无法对交通信息进行融合、综合挖掘，市民所接受的交通信息有限的情况，深圳市着手从六个方面入手，建设融合、协调的交通系统：GPS 和视频监控客运车，交通信息数据共享，增加干线诱导屏，建立公交电子站台，建立全市交通地理信息平台，市民多渠道查询交通信息等。目前深圳市已经建立了"一个平台、八大系统"组成的指挥中心，涵盖交通共用信息平台，交通信息采集系统、交通控制系统、网格化机动车识别综合应用系统、干线交通诱导系统、停车诱导系统、交通事件系统、智能交通违章管理系统、闭路电视监控系统等。

4）成都市

成都市智能交通框架体系是以交通信息全面、实时采集为基础，交通数据集成处理、信息共享为核心，交通运行智能控制、协同管理为重点构建的"一枢纽、三平台、多个应用系统"的框架体系。目前成都市已经完成综合集成管理与指挥调度系统、警力定位及无线通信系统、指挥中心技术支撑系统、智能交通综合数据管理及应急指挥平台、干线路网交通视频采集系统、交通事件检测系统、交通视频监控系统、交通诱导系统、交通信息控制系统、交通流量采集系统、二环路智能交通管控系统等一系列智能交通基础设施与顶层应用系统建设，基本实现交通信息的自动采集、分析、处理和信息发布，建立起跨部门的多源数据融合、共享的平台。

5）美国

国际上，美国、欧洲、日本在智能交通系统研制、应用上处于领先地位。以美国为例，美国的智能交通系统研究始于20世纪60年代，制定了统一的ITS标准体系，根据美国国家ITS体系，其智能运输系统的研究内容包括七个基本系统（大系统）、四个用户服务功能（子系统），以及60个市场包，它们共同构成了未来美国ITS的研究领域。美国智能运输系统研究有七大领域和29项用户服务功能，介绍如下：

（1）出行和交通管理系统　该系统包括城市道路信号控制、高速公路交通监控、交通事故处理等公路交通管理的各种功能，以及用来研究和评价交通控制系统运行功能与效果的三维交通模拟系统。系统能够对路闸中交通流的实时变化做出及时、准确的反应，帮助交通管理部门对车辆进行有效的实时疏导、控制和事故处理，减少交通阻塞和延误，从而最大限度地发挥路网的通行能力，减轻环境污染，节约旅行时间和运输费用，提高交通系统的效率和效益。该系统有六个子系统，途中驾驶员信息系统、线路引导系统、出行人员服务系统、交通控制系统、突发事件管理系统、排放测试和污染防护系统。

（2）出行需求管理系统　该系统向用户提供有关出行信息，改善交通需求管理，将该系统与出行和交通管理系统结合起来，驾驶员就可以通过车载或处所计算机和无线通信获得各种交通信息（道路条件、交通状况、服务设施位置和导游信息等），合理选择出行方式、时间和路线。驾驶员还可利用车载定位导航仪，在车载计算机上给出出发地点和目的地，计算机便可根据实时交通信息自动选择出最佳行驶路线。避开交通拥挤和阻塞，并促进高乘载率车辆的使用，从而提高运输效率。这个系统包括三个子系统：出发前的出行信息系统、合乘配载和预约系统、需求管理与运营系统。

（3）公共交通运营系统　该系统用以提高公共交通的可靠性、安全性及其生产效率，使公共交通对潜在的用户更具有吸引力。系统包括有公共交通优先（高乘载率车辆专用车道的设置）系统，车辆定位和跟踪系统，以及语音和数据传输系统。该系统将公共交通管理部门与驾驶员直接联结起来，进行实时调度和行驶线的调整，帮助运输部门增加客运量，降低运营成本，提高运输效益。该系统有四个子系统：公共运输管理系统、途中换乘信息系统、满足个人需求的非定线公共交通系统、出行安全系统。

（4）商用车辆运营系统　该系统在州际运输管理中自动询问和接受各种交通信息，进行商业车辆的合理调度，具体措施包括为驾驶员提供一些特殊的公路信息，如桥梁净高、急弯陡坡路段的限速等，对运送危险品等特种车辆的跟踪，以及车辆和驾驶员的状况进行安全监视与自动报警。在特种车辆自动报警系统中，还装有探测据近障碍物的电子装置，可保证在道路能见度很低的情况下的行车安全。通过这一系统，可使营运车辆的运营管理更加合理化，使车辆的安全性和生产效率得到提高，使公路系统的所有用户都能获益于一个更为安全可靠的公路环境。该系统有六个子系统：商用车辆电子通关系统、自动化路侧安全检测系统、商用车辆管理程序系统、车载安全监控系统、商用车辆交通信息系统、危险品应急反应系统。

（5）电子收费系统　该系统通过电子卡或电子标签由计算机自动收费，可使所有地面交通收费包括道路通行费和停车费等实现自动化，提高道路的通行能力和运行效率，并可为系统管理提供精确的交通数据。电子收费系统采用先进的电子扫描技术和车辆自动识别电子技术，实现收费车道上无人管理、不停车、不用票据的自动收费。该系统只有电子收费一个子系统。

（6）应急管理系统　该系统用以提高对突发交通事件的报告和反应能力以及反应的资源配置能力。该系统有两个子系统：紧急通告与人员安全系统、应急车辆管理系统。

（7）先进的车辆控制和安全系统　该系统应用先进的传感、通信和自动控制技术，给驾驶员提供各种形式的避撞和安全保障措施。系统具有对障碍物的自动识别和报警，自动转向、制动、保持安全距离等避撞功能。系统的这些功能在很大程度上改善和代替了驾驶员对行车环境的感应和控制能力，提高行车安全性，从而也进一步提高了道路的通行能力和运输效益。该系统包括七个子系统：纵向避撞系统、侧向避撞系统、交叉口避撞系统、视觉强化避撞系统、事故前乘员安全保护系统、危险预警系统、自动公路系统。

利用数据挖掘技术，在大量交通信息中发现有价值的模式，以数据驱动的方式分析交通系统的交通状况，建立智能交通系统的分析、评价及预测模型，用于智能交通系统的实时交通控制，提供交通管理决策支持信息，可以显著改善交通的管理和控制水平。

◇参◇考◇文◇献◇

［1］　香山科学会议. 数据科学与大数据的科学原理及发展前景——香山科学会议第 462 次学术讨论会综述［EB/OL］. http://www. xssc. ac. cn/ReadBrief. aspx? ItemID＝1060.

［2］ 上海市科学技术委员会. 上海推进大数据研究与发展三年行动计划(2013～2015 年)[R]. 2013.

［3］ X. Chang, B. Y. Chen. Estimating Real-Time Traffic Carbon DioxideEmissions Based on Intelligent Transportation System Technologies [C]. IEEE Transactionson Intelligent Transportation Systems, 2013, 14(1).

［4］ 张连增,孙维伟. 行驶里程数对环境、交通和能源的影响:基于外部性视角的省际面板数据研究[J]. 统计与信息论坛, 2013, 28(11): 75 - 82.

［5］ 贾顺平,彭宏勤,刘爽,张笑杰. 交通运输与能源消耗相关研究综述[J]. 交通运输系统工程与信息, 2009, 9(3).

［6］ 吕正昱,季令. 考虑能源安全与外部成本的交通运输成本分析[J]. 交通运输工程与信息学报, 2004, 2(1): 92 - 98.

［7］ 夏晶,朱顺应. 中国交通能源消耗与社会经济发展协调性分析[J]. 商品储运与养护, 2008: 1 - 3.

［8］ 陆化普,王建伟,张鹏,基于能源消耗的城市交通结构优化[J]. 清华大学学报(自然科学版), 2004, 44(3): 383 - 386.

［9］ 徐创军,杨立中,杨红薇,运输系统生态可持续性评价指标体系的研究[J]. 铁道运输与经济, 2007, 29(5): 4 - 7.

［10］ Fang Guo. A computationally efficient two-stage method for short-term traffic prediction on urban roads [J]. Transportation Planning and Technology, 2013.

［11］ S. Dunne, Bidisha Ghosh. Adaptive Traffic Prediction Using Neurowavelet Models [J]. IEEE Transactions on Intelligent Transportation System, 2013, 14(1).

［12］ Narjes Zarei, Mohammad Ali Ghayour and Sattar Hashemi. Road Traffic Prediction Using Context-Aware Random Forest Based on Volatility Nature of Traffic Flows [C]. Intelligent Information and Database Systems, 5th Asian Conference (ACIIDS 2013), proceedings part I, 2013, 196 - 205.

［13］ B. Pan, Cyrus Shahabi, Ugur Demiryurek. Utilizing Real-World Transportation Data for Accurate Traffic Prediction [C]. In Proceedings of the 12th IEEE International Conference on Data Mining (ICDM'12), 2012, 595 - 604.

［14］ J. Park, Dai Li, Y. L. Murphey, J. Kristinsson, R. McGee, Ming Kuang, T. Phillips. Real Time Vehicle Speed Prediction using a Neural Network Traffic Model [C]. In Proceedings of International Joint Conference on Neural Networks, 2011.

［15］ J. Aslam, S. Lim, X. Pan. City-Scale Traffic Estimation from a Roving Sensor Network [C]. SenSys'12. 2012.

［16］ X. Zhou, W. Wang, L. Yu. Traffic Flow Analysis and Prediction Based on GPS Data of Floating Cars [C]. In Proceedings of the 2012 International Conference on InformationTechnology and Software Engineering. 2012.

［17］ A. I. J. Tostes, Fátima de L. P. Duarte-Figueiredo, Renato Assuncäo, Juliana Salles, and Antonio A. F. Loureiro. From Data to Knowledge: City-wide Traffic Flows Analysis and Prediction Using Bing Maps [C]. UrbComp'13: article 12.

［18］ Damien Fay, Gautam S. Thakur, Pan Hui, and Ahmed Helmy. Knowledge Discovery and Causality in Urban City Traffic: A study using Planet Scale Vehicular Imagery Data [C]. In Proceedings of the Sixth ACM SIGSPATIAL International Workshop on Computational Transportation Science. 2013：67 - 72.

[19] Chee Seng Chong, Bong Zoebir, Alan Yu Shyang Tan, William-Chandra Tjhi, Tianyou Zhang, Kee Khoon Lee, Reuben Mingguang Li, Whye Loon Tung, and Francis Bu-Sung Lee. Collaborative analytics for predicting expressway-traffic congestion ［C］. In Proceedings of the 14th Annual International Conference on Electronic Commerce, 2012：35-38.

[20] Cheng Chen, Zhong Liu, Wei-Hua Lin, Shuangshuang Li and Kai Wang. Distributed Modeling in a MapReduce Frameworkfor Data-Driven Traffic Flow Forecasting ［J］. IEEE Transactionson Intelligent Transportation Systems, 2013. 14(1)：22 - 33.

[21] Bei Pan, Ugur Demiryurek, Farnoush Banaei-Kashani, and Cyrus Shahabi. Spatiotemporal summarization of traffic data streams ［C］. In Proceedings of the ACM SIGSPATIAL International Workshop on GeoStreaming，2010，4 - 10.

[22] Shuangshuang Li; Zhen Shen; Gang Xiong. A k-nearest neighbor locally weighted regression method for short-term traffic flow forecasting ［C］. In Proceedings of 15th International IEEE Conference on Intelligent Transportation Systems (ITSC)，2012，1596 - 1601.

[23] Chenye Qiu, Chunlu Wang, Xingquan Zuo and Binxing Fang. A Bayesian Regularized Neural Network Approach to Short-Term Traffic Speed Prediction ［C］. In Proceedings of 2011 IEEE International Conference on Systems, Man, and Cybernetics (SMC)，2011：2215 - 2220.

[24] 孙占全，刘威，朱效民，大规模交通流预测方法研究[J]. 交通运输系统工程与信息,2013. 13(3).

[25] 沈国江，王啸虎，孔祥杰. 短时交通流量智能组合预测模型及应用[J]. 系统工程理论与实践,2011. 31(3).

[26] 李松，刘力军，翟曼. 改进粒子群算法优化 BP 神经网络的短时交通流预测[J]. 系统工程理论与实践,2012. 32(9).

[27] 钟慧玲，邝朝剑，黄晓宇，蔡文学. 基于历史频繁模式的交通流预测算法[J]. 计算机工程与设计,2012. 33(4).

[28] M. Yildirimoglu and N. Geroliminis. Experienced travel time prediction for congested freeways ［J］. Transportation Research Part B, 2013，53：45 - 63.

[29] Amna Bouhana, Afef Fekih and M. Abed. An integrated case-based reasoning approach for personalized itinerary search in multimodal transportation systems ［J］. Transportation Research Part C, 2013. 31(2013)：30 - 50.

[30] L. Stenneth, K. Thompson and W. Stone. Automated transportation transfer detection using GPS enabled smartphones ［C］. In Proceedings of 2012 15th International IEEE Conference on Intelligent Transportation Systems. 2012. 802 - 807.

[31] Chieh-Yuan Tsai, James J. H. Liou, Chih-Jung Chena and Ching-Chuan Hsiaoc. Generating touring path suggestions using time-interval sequential pattern mining ［J］, in Expert Systems with Applications. 2012，39(3)：3593 - 3602.

[32] Wen He, Deyi Li, Tianlei Zhang, Lifeng An, Mu Guo, and Guisheng Chen. Mining Regular Routes from GPS Data for Ridesharing Recommendations ［C］. In Proceedings of the ACM SIGKDD

International Workshop on Urban Computing. 2012. 79 - 86.

[33] Shiyou Qian, Yanmin Zhu and Minglu Li. Smart Recommendation by Mining Large-scale GPS Traces [C]. in 2012 IEEE Wireless Communications and Networking Conference. 2012. 3267 - 3272.

[34] Pengfei Zhou, Yuanqing Zheng, and Mo Li. Demo: how long to wait?: predicting bus arrival time with mobile phone based participatory sensing [C]. In Proceedings of the 10th international conference on Mobile systems, applications, and services, 2012, 459 - 460.

[35] Shuo Shang, Ruogu Ding, Bo Yuan, Kexin Xie, Kai Zheng, and Panos Kalnis. User Oriented Trajectory Search for Trip Recommendation [C]. In Proceedings of the 15th International Conference on Extending Database Technology (EDBT'12), 156 - 167.

[36] Wenjie Sha, Daehan Kwak, Badri Nath, and Liviu Iftode. Social vehicle navigation: integrating shared driving experience into vehicle navigation [C]. In Proceedings of the 14th Workshop on Mobile Computing Systems and Applications. 2013, article 16.

[37] Silvio S. Ribeiro Jr., Diogo Oliveira, Tatiana Gonçalves, Clodoveu Davis Jr., Wagner Meira Jr. and Gisele Pappa. Traffic observatory: a system to detect and locate traffic events and conditions using Twitter [C]. In Proceedings of the 5th International Workshop on Location-Based Social Networks. 2012. Redondo Beach, California: ACM.

[38] Barbara Furletti, Paolo Cintia, Chiara Renso, and Laura Spinsanti. Inferring human activities from GPS tracks. in Proceedings of the 2nd ACM SIGKDD International Workshop on Urban Computing, 2013, article 5.

[39] 张莉,韩大明,刘洋. 基于云计算的手机智能出租车呼叫系统开发的前景分析[J]. 森林工程, 2013.

[40] Jing Yuan, Yu Zheng, Xing Xie, and Guangzhong Sun. Driving with knowledge from the physical world [C]. in Proceedings of the 17th ACM SIGKDD international conference on Knowledge discovery and data mining, 2011, 316 - 324.

[41] J. Yuan and X. Xie. T-Drive: Enhancing Driving Directions with Taxi Drivers' Intelligence [J]. IEEE Transactions on Knowledge and Data Engineering, 2013. 25(1): 220 - 232.

[42] Songan Mao, Mao Ye Xue Li, Feng Pang and Jinglei Zhou. Rapid vehicle logo region detection based on informationTheory [J]. Computers and Electrical Engineering, 2013. 39(3): 863 - 872.

[43] A. Psyllos, C. N. Anagnostopoulos and E. Kayafas. M-SIFT: A new method for Vehicle Logo Recognition [C]. In 2012 IEEE International Conference on Vehicular Electronics and Safety. 2012: Istanbul, Turkey. 24 - 27.

[44] M. Ahmed and M. Abdel-Aty. A data fusion framework for real-time risk assessment on freeways [J]. Transportation Research Part C, 2013, 26: 203 - 213.

[45] Rongjie Yu, Mohamed Abdel-Aty and Mohamed Ahmed. Bayesian random effect models incorporating real-time weather and traffic data to investigate mountainous freeway hazardous factors [J]. Accident Analysis and Prevention, 2013. 50(2013): 371 - 376.

[46] Chengcheng Xu, W. Wang and P. Liu, A Genetic Programming Model for Real-Time Crash Prediction on Freeways [J]. IEEE Transactions on Intelligent Transportation Systems, 2013.

14(2)：574 - 586.

[47] Mahalia Miller and Chetan Gupta. Mining traffic incidents to forecast impact [C]. In Proceedings of the ACM SIGKDD International Workshop on Urban Computing，2012，33 - 40.

[48] Hongyan Gao and Fasheng Liu. Estimating freeway traffic measures from mobile phone location data [J]. European Journal of Operational Research，2013，229(1)：252 - 260.

[49] R. Grossman, M. Sabala, A. Aanand, S. Eick, L. Wilkinson, Pei Zhang, J. Chaves, S. Vejcik, J. Dillenburg, P. Nelson, D. Rorem, J. Alimohideen, J. Leigh, M. Papka and R. Stevens. Real Time Change Detection and Alerts from Highway Traffic Data [C]. In Proceedings of the ACM/IEEE SC 2005 Conference on Supercomputing，2005，69.

[50] 方青,潘晓东,喻泽文. 基于关联规则挖掘技术的高速公路交通事故预警方法研究[J]. 公路工程，2012. 37(6).

[51] 刘晓丰,卢建政,程刚,基于云计算的交通安全预警管理平台[J].移动通信,2013(1).

[52] HuilinFu and Yucai Zhou. The Traffic Accident Prediction Based on Neural Network [C]. In 2011 Second International Conference on Digital Manufacturing & Automation. 2011，1349 - 1350.

[53] Leon Stenneth, Ouri Wolfson, Philip S. Yu, and Bo Xu. Transportation mode detection using mobile phones and GIS information [C]. in Proceedings of the 19th ACM SIGSPATIAL International Conference on Advances in Geographic Information Systems，2011，54 - 63.

[54] Lijun Sun, Der-Horng Lee, Alex Erath, and Xianfeng Huang. Using smart card data to extract passenger's spatio-temporal density and train's trajectory of MRT system [C]. In Proceedings of the ACM SIGKDD International Workshop on Urban Computing，2012，142 - 148.

[55] Elio Masciari, Gao Shi, and Carlo Zaniolo. Sequential pattern mining from trajectory data [C]. IIn Proceedings of the 17th International Database Engineering & Applications Symposium，2013，162 - 167.

[56] 张道征,孙健,彭仲仁. 城市出租车系统综合完备指数研究及 GIS 平台实现[J]. 交通运输系统工程与信息,2013, 13(1).

第2章

大数据时代下的城市交通

现代交通采集技术的进步,使得对城市交通系统进行全面的连续观测成为可能,形成了日益丰富的城市交通数据环境;而大数据技术的发展,使得对于海量城市交通数据进行存储、加工、分析和挖掘变得愈加方便,同时也在深刻改变着传统的交通技术分析和决策过程。

在交通规划和建设方面,传统的规划和建设决策是建立在以"四阶段法"交通需求预测模型为代表的交通模型体系之上的,但由于传统交通数据采集采用定期抽样的方法,样本数据的代表性和时效性存在固有缺陷,给模型的标定和预测精度带来不少障碍。大数据环境和分析技术为交通决策分析带来新的机遇:一方面,可以通过大样本甚至全样本的连续观测,对交通需求的现状和发展趋势做出准确判断;另一方面,可以通过海量数据的内在关联性挖掘,提炼交通系统发展变化特征,以及交通规划和建设方案的实施效果,消除决策判断的不确定性,为城市交通的战略调控和建设项目的可行性研究提供基础。

在交通管理方面,道路交通管理和控制技术已经从单点控制、干道控制向区域协调控制发展,而车联网技术实现了车辆与车辆、车辆与道路基础设施之间的交互和协同,使道路利用效率和安全性大大提高。大数据技术为实时进行交通系统运行状态的全面分析、问题诊断和方案测试提供了可能,有助于形成高效的交通控制策略。而交通需求管理是从交通需求角度进行减量,减少和抑制弹性交通出行,或调整交通方式结构,促进道路交通资源的高效利用。大数据技术可以对交通需求结构进行深入细致的分析,研究出行者的行为偏好特征,从而制定有针对性的需求管理政策。

在交通服务方面,随着人们生活水平的不断提高,出行者对交通服务的需求也日趋多样化,车载终端、智能手机等移动互联网终端的日益普及也为交通信息服务的获取提供了良好的途径。通过大数据技术,可以为出行者提供个性化、多样化的交通出行信息服务。而对于物流企业,可以通过电子商务的海量数据,分析物流需求的变化,提高物流服务的效率和快速响应能力。

2.1 交通建设的需求

交通规划和建设决策、方案的制定,需要对交通系统的发展和演变过程进行准确地把握。不仅需要关注交通需求总量的变化,还需要了解交通需求的结构;不仅需要关注道路交通设施的建设,还需要加强道路交通系统与地面公交系统、轨道交通系统等之间的有效衔接。因此,需要利用城市交通大数据资源和分析技术,全面分析城市综合交通系统的现状和发展趋势,为交通规划方案制定、交通建设项目的可行性研究提供决策依据。

2.1.1 交通规划过程中的决策与信息分析

我国正处于快速城镇化的阶段,这对于城市交通系统提出了新的挑战。一方面,随着城市空间范围的拓展,在城市外围形成了以中低收入居民为主的新城和大型居住社区,而这些区域通常是公共交通服务薄弱的地区,这就要求城市公共交通系统在兼顾运营经济性的同时,针对快速发展地区进行有效的扩展。另一方面,随着城市产业结构空间布局的调整,中心城区越来越多的土地从第二产业用地转变为第三产业用地。这意味着中心城区的就业岗位数量将进一步增加,加上中心城区居住人口总量的不断下降,城市职住分离有可能进一步加剧。此外,城市群的形成和发展意味着服务职能不断向中心城市集聚,而核心城市的服务范围不断向城镇群拓展。由此产生的交通需求主要为商务、游憩活动,具有高频率、时效反应敏感等特征。

随着快速城镇化的不断推进,城市交通正在从单一城市的交通向具有紧密关联性的城市群交通体系转变,从通勤交通占有主导地位向非日常交通占据重要份额转变,从建设手段为主向采用包含政策等软对策手段的组合对策设计转变,从单一的数量保障向满足多样化需求转变。城市交通的快速变化使传统经验难以应对,以"四阶段法"为代表的传统交通系统分析理论在决策分析过程中也面临诸多困难。

城市交通规划设计技术体系涉及许多项目工作,可以分为交通规划类、交通工程前期类,以及交通专题研究类等三大类。其中,交通规划类又分为整体交通规划、分区交通(改善)规划和片区交通(改善)规划,以与城市总体规划、分区规划和详细规划相对应;也可根据实际情况需要,在整体或分区交通规划层次编制分系统交通专项规划。交通工程前期类主要包括重要交通设施建设规划、重要交通设施交通详细规划、道路交通改善设计,以及建设项目交通影响分析等四类项目。交通专题研究类的项目基本包括交通基础调查、交通专项研究等。

城市交通规划业务是在交通模型分析技术的支撑下进行的。交通模型分析技术应用的初期阶段,主要是为避免耗资巨大的交通基础设施所面临的较大经济风险,依托交通模型分析为科学慎重的决策提供支持。其后逐步发展,为了应对机动化带来的各种交通问题,借助交通模型分析交通现状、预测未来趋势,评估对策效果,为编制交通规划、制定政策等提供决策支持。

传统的城市交通模型体系是以每5~10年一次的城市综合交通调查所获得的交通需求数据为基础。在交通调查数据的支持下,交通模型工程师采用选定的模型架构(包括"四阶段"交通需求预测模型、网络交通流分析模型、交通行为分析模型等),进行适当的技术组合完成建模工作,并依托实测数据对模型参数加以标定。由于交通模型在传统城市交通决策分析中占有主导性技术地位,因此对交通模型可信度提出了较高的要求。尽管交通模型理论与技术经过几十年的发展,在说明能力和预测能力上有了长足进步,但是交通模型技术与期望水平仍然具有较大的差距。

总体来看,传统交通模型分析技术存在以下不足:

(1) 城市居民出行数据主要通过 5～10 年一次的综合交通调查获得,抽样率为 2%～5%,数据调查组织复杂,工作量大,精度难以把握,而且只能采用 1 日调查数据构建现状 OD 矩阵,存在数据代表性、时效性和调查误差等诸多问题。我国正处于快速城镇化阶段,人口流动量大、土地利用变更频繁,传统出行调查方法很难跟上交通需求的更新步伐。

(2) 城市与交通系统的发展演变,使交通决策面临的问题变得更加复杂。决策者不仅关注交通需求的数量,还关注市场细分后不同类型需求的结构;不仅关注交通流在网络上的分布,还关注不同类型参与者对于各种政策的响应;不仅研究某种方式自身交通流的变化,还研究综合交通系统中各种交通方式的相互作用和流量转移。这些问题是传统交通模型分析技术难以胜任的。

大数据技术的发展,为城市交通分析技术带来新的机遇。包括以下三个方面:

(1) 在交通需求数据获取方面,以移动通信数据等为代表的新一代交通采集技术具有覆盖范围广、成本低、时效性强、可以实现连续跟踪的优势,为居民出行数据采集提供了新的技术选择。通过大样本甚至全样本的连续观测,以及多源交通检测数据的融合,可以对交通需求现状进行全面描述,对交通系统发展趋势做出较为准确的判断。

(2) 在交通分析方法上,面对问题的日益复杂化,决策分析需求要求人们逐渐摆脱交通模型思维束缚,交通数据分析工程师逐步从后台走向前台,试图从交通系统的海量数据中寻求对研究对象更加深刻的认识。根据从中挖掘出来的内在关联性判断未来的走向和趋势,依托从信息中不断提炼出来的新知识支持决策判断。

(3) 在交通规划和建设过程中,可以通过对交通系统状态的持续跟踪,提炼交通系统发展变化特征,评价交通规划和建设方案的实施效果,消除决策判断的不确定性,将传统“开环模式”的交通规划和建设过程,转变为“闭环反馈模式”的交通战略调控过程。

2.1.2　城市交通的战略调控与决策分析

城市交通战略调控是指通过政策控制、服务引导、设施理性供给等手段,对系统演变过程进行相应的干预。根据可持续发展理念设定目标,在连续观测信息环境支持下对系统的发展轨迹进行监测,针对系统偏离期望轨迹的演变,采用多种组合对策进行及时的调控。而这一切是建立在对于系统演变规律的认识基础上,是一个不断深化的过程。

城市交通战略调控包括需求和供给两个方面。由于资源和环境的制约,城市交通不可能无节制地满足无序的增长需求。必须对不合理的需求加以节制,以保障合理需求得到必要的资源,这就是受控需求的概念,也是传统需求管理概念的一个扩展。对于供给来说,不仅需要关注直面的需求问题,而且需要考虑城市交通模式的演化问题,避免在解决问题的同时制造更大的问题。供需之间的关系不是简单的平衡,而是演化与调控。这意味着二者处于动态互动的过程。因此,把握交通发展趋势、深化交通规律的认识、在实践中提升对策作用的认识、协同考虑对策方案的设计,是交通规划建设、服务引导、管理控制、政策调节等工作的基础。

战略调控决策分析的核心是消除判断的模糊性,从而达到决策的精细化、科学化,以及形成共识的目的。

以推进城市公交系统建设为例。城市公交发展的战略目标,其一是通过公交引导用地开发的模式,引导城市空间结构形成可持续发展的架构;其二是通过提升公共交通服务水平,形成比较竞争力,引导城市交通模式向可持续方向演化。而实现手段包括:正确的规划指导、合理的资源配置、优化的运行管理及有效的政策保障。尽管这些对策获得了理念上的认同和许多实践经验,但是由于涉及多方面关系协调和利益平衡、需求动态变化等问题,其决策过程需要减少判断模糊性,提高说服力,由此产生对决策分析更高的技术要求。

面对推进公交优先决策分析需求,现有研究成果尚不能有效完成相应分析任务。对于公共交通系统分析的已有研究成果,可以分为如下几种类型:

(1) 基于 OD 的公交网络客流分析技术 与道路网络交通流模型相比,其主要特点为网络本身具有随机属性特征,以及多组群、多准则、多模式的乘客随机选择行为。由于在抽样调查基础之上建模,如何避免模型标定中"失之毫厘"导致"差之千里",成为应用中的难题。

(2) 离散交通选择行为模型 在意愿调查基础之上的非集计交通行为模型已经发展成为一个比较完善的体系。针对多项 Logit 模型的缺陷,巢式 Logit(Nested Logit)模型、排序 Logit(Ordered Logit)模型等已经在交通方式选择等问题中得到较为广泛的应用。实际调查数据(Revealed Preference Data,RP 数据)、意向调查数据(Stated Preference Data,SP 数据)联合建模等问题也都取得了重要的研究成果。基于活动的交通行为模型,引入个体生活行为,包含了不同维数的多个意愿决策,从时间和空间两个方面说明选择机理和约束机制。由于这类模型作为基础的意愿调查难以大规模和高频率进行,以及偏好、态度等因素影响造成模型缺乏时间和空间上可移植性等问题,限制了其适用范围。

但即使对于技术作用最强的公交系统设计,在上述技术分析的基础上还不能有效消除决策判断中的模糊性,需要通过大数据分析技术进行补充(见表 2-1),形成了如图 2-1 所示的分析流程。

表 2-1 公交系统分析中的消除决策判断不确定性

基本问题	决策过程中需要消除的疑问	决 策 分 析	关联的对策
公交系统与城市空间结构的关联	公交对于城市空间集聚和联系的贡献如何? 公交对于不同性质用地与公共设施连接的贡献如何? 公交在促使城市规划目标实现方面的贡献如何? 综合交通服务模式在城市空间的分布	城市空间交通联系强度; 通过轨道交通形成的客流集聚与区域关联; 通过常规公交所形成的客流集聚与区域关联	完善城市轨道交通(或 BRT)空间拓扑结构; 对于城市空间通道资源的配置; 解决与城市规划的协同

（续表）

基本问题	决策过程中需要消除的疑问	决 策 分 析	关 联 的 对 策
居民活动空间与公交系统的关联	居民的基本交通需求是否得到保障？ 居民空间活动是否受到公交供给的制约？ 居民空间活动对公交的依赖性如何？ 城市拓展过程中是否造成部分居民成为交通弱势群体	居民活动空间的空间分布； 不同公交服务区位条件下的居民活动空间差异； 基于居民活动空间分布的公交服务水平评价	公交网络布局调整； 公交线路调整； 公交运行组织调整
居民主导交通方式与公交服务区位	居民使用公交的程度是否与公交服务区位相关？ 城市中公交服务区位是否存在严重的不平衡？ 公交服务是否与城市社会空间分布相适应	公交服务区位的空间分布； 不同区域居民轨道交通使用频度； 不同区域居民使用常规公交比较频度； 不同使用频度乘客在常规公交线网的分布特征	公交资源的配置； 公交政策的调控； 局部线路的调整； 运行组织模式调整
公交与其他交通方式衔接	公交在居民出行链中的作用如何？ 城市公交通道与集疏系统是否有效衔接？ 轨道及 BRT 借助其他方式支持所形成的服务覆盖范围	轨道交通乘客在站点周边活动分布特征； 轨道交通与常规公交换乘客流分析； BRT 与常规公交换乘客流分析	综合交通运输组织协调； 枢纽及衔接节点改善； 综合交通体系规划

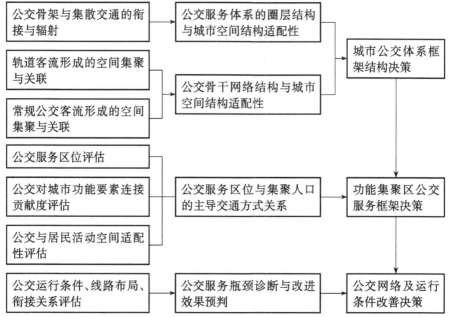

图 2-1　公交系统设计决策分析

2.1.3 交通建设项目可行性研究过程中的信息分析

城市交通发展战略的执行需要依靠交通基础设施项目的实施。交通建设项目牵涉计划的审批、规划的许可、土地的征迁、资金的配套、实施的管理,以及建成后的运营管理等各个环节及其相应的管理部门,各管理部门的决定会对项目的实施形成决定性的作用。

1) 交通项目主体部门

根据目前中国大陆城市行政管理机构的设置情况(不含中国香港、澳门、台湾等地的城市),交通基础设施项目的主体部门随着各个城市管理机构设置的不同而有所不同,主要有市政园林局(市政管理局)、建筑工务署,以及公路局等部门。另外还有一些交通基础设施的代建机构也参与政府投资项目的建设,成为政府投资项目的主体部门,如各个城市的地铁公司和轨道交通建设公司就成为轨道交通这种政府投资项目的主体部门。

以深圳为例,根据深圳市政府的规定,目前深圳市的交通建设主体单位明确为建筑工务署,借鉴新加坡、日本等国家和地区的管理模式,建筑工务署对交通基础设施项目进行直接管理;另外市政府还规定公路建设项目由公路局负责,轨道交通建设项目由各个地铁公司负责[1]。

在实际运作过程中,各建设主体部门主要代替市政府行使工程项目的管理权,并不具备决策功能。按目前政府部门的职能划分,对于市政道路项目等比较纯粹的公共设施项目,缺乏明确的立项主体。因此,深圳市政府近期又规定,由市规划局承担市政道路立项职能,根据城市建设发展需要受理新建道路立项,建筑工务署作为建设主体。

2) 交通项目审批体制

目前我国各个城市基本上都发布了《政府投资项目管理(暂行)条例》、《政府投资项目管理(暂行)办法》或《政府投资项目管理(暂行)规定》等文件,成为交通基础设施项目审批体制的主要法律依据。

例如,深圳市政府于 2006 年 2 月公布了市发展改革局会同各部门编制的《深圳市重大项目审批制度改革方案》,其中对政府投资项目按"项目建议书"、"选址用地预审和环评"、"用地方案图及用地规划许可和工可"、"工程设计"、"概算审批"、"工程规划许可和计划下达"、"施工许可"共七个阶段进行审批,审批时间为 115 个工作日,具体流程如图 2-2 所示。改革方案重点对各工作阶段流程的日程进行了明确、缩短,但基本没有改变目前政府投资项目管理体制工作流程,也没有涉及建设主体单位的责任分工问题。审批流程115 个工作日,未包括各阶段前期工作委托、开展、评审、公示等过程,审批事项仍存在工作重叠、审批环节多、深度要求不一等问题。尽管政府已认识并提到交通基础设施项目工程应区别于一般政府投资项目,应进一步优化审批工作流程,但有关具体规定、措施尚未出台[2]。

为了有效地在管理过程中协调多部门之间的关系,需要围绕决策判断内容通过信息共

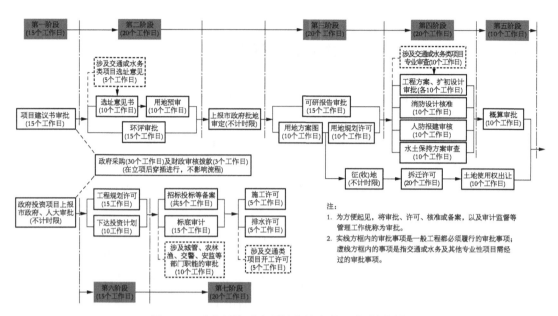

图 2-2　政府投资重大项目审批流程(以深圳为例)

享,消除对项目建设必要性、建设规模、建设影响、建设效益等方面的判断模糊性,以求形成共识。而这正需要一个相关的管理信息平台,有效地将数据组织成信息,从信息中提取与决策相关的知识。

2.2　交通管理的需求

交通管理包括交通供给和交通需求两个方面。对于交通供给,需要分析交通系统的运行状态,诊断系统存在的问题和瓶颈,通过交通管理和控制技术,疏导交通流,实现交通资源的高效利用,保障交通安全。对于交通需求,需要分析交通需求结构组成,不同出行者的行为偏好特征,通过交通方式的转移和调整,弹性交通需求的抑制和调节,缓解城市交通拥堵。

2.2.1　交通系统运行状态诊断

道路交通可以分为断面、路段、区段和路网四个层次,断面、路段是构成区段和路网的基础,也是交通状态分析的基本单元。

1) 断面交通状态识别

断面交通状态识别是根据断面交通流数据确定该断面交通状态所归属的类别(例如拥堵、畅通),因此,需要确定类别划分数量及一个具体断面状态的归属判别方法。下面以城市快速道路断面状态判别为例进行说明。

图 2-3 所示为上海南北高架东侧主线上 10 天内(6:00~1900)检测线圈数据的占有率-流量关系图。其中,南北高架东侧主线共布置有 43 个定点线圈,线圈编号(NBDX∗)从上游到下游依次增大。

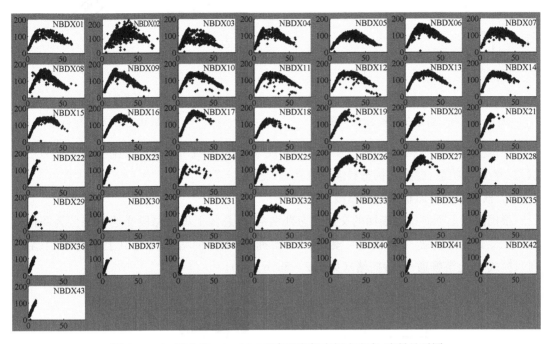

图 2-3　10 天内(6:00~19:00)南北高架东侧占有率-流量关系图

(注:图中横轴统一表示占有率,单位为%;纵轴统一表示流量,单位为辆/5 min)

根据占有率-流量关系的不同形式,可将快速路流量-密度关系概括为三类典型情况:第一类表现为统计周期内出现拥堵,顶部数据缺失(见图 2-4);第二类表现为出现拥堵,顶部数据完整(见图 2-5);第三类表现为未出现拥堵的情形(见图 2-6)。

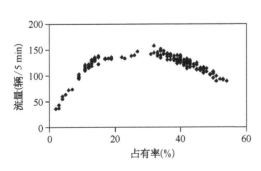

图 2-4　第一类型占有率-流量关系图

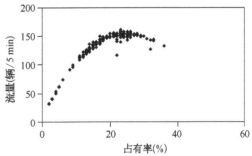

图 2-5　第二类型占有率-流量关系图

第一类型占有率-流量图表现出的顶部数据缺失现象又被称为"交通流数据间歇现象"。所谓"数据间歇现象"是指在交通数据的关系图中常可以看到数据点集聚成两部分,一部分代表拥堵状态,另一部分代表畅通状态,两部分之间存在数据很少,甚至没有数据的现象[3]。

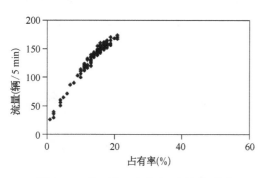

图 2-6　第三类型占有率-流量关系图

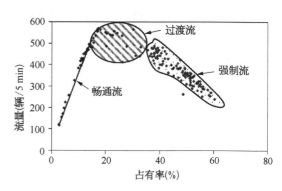

图 2-7　交通状态划分示意图

根据上述实测数据分析并参考相关研究成果[4][5]，将城市快速路交通状态定义为三种状态：畅通流状态、过渡流状态和强制流状态（见图 2-7）。

2) 根据断面交通状态判别路段交通状态

根据路段上下游检测断面的交通状态判别结果，总体上可将路段交通状态分为四种模式：模式 1（上游畅通-下游畅通）、模式 2（上游拥堵-下游拥堵）、模式 3（上游拥堵-下游畅通）、模式 4（上游畅通-下游拥堵）（见图 2-8a、b、c、d）。

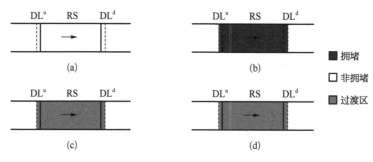

RS——路段；DL^u——路段上游检测线圈；DL^d——路段下游检测线圈

图 2-8　路段模式分类示意图

（a）模式 1；（b）模式 2；（c）模式 3；（d）模式 4

城市快速道路上检测断面的间距较大（一般为 400 m 以上），两个检测断面之间往往存在上下匝道，由于道路条件变化很大需要划分成为多个基本路段。当路段交通状态处于模式 3 和模式 4 且夹有匝道时，精细分析拥堵影响及确定瓶颈位置会遇到困难。下面采用分模式元胞自动机模型（Cell Transmission Model，CTM），插入虚拟检测断面进行仿真分析。

将上海南北高架 DX01～DX19 间路段划分成 30 个元胞，元胞平均长度为 0.261 km（见图 2-9）。图 2-9 中刻度上数字表示各个元胞长度，单位为 m；灰色粗线位置用于标示检测线圈所在位置；各元胞上所标白色数字表示元胞编号 cell＊。

通过分模式 CTM 模型进行仿真，可获得 30 个元胞的密度、空间平均速度、流量。10 天模型运算结果与检测线圈测量值的平均百分比误差（Mean Percentage Error，MPE）计算结

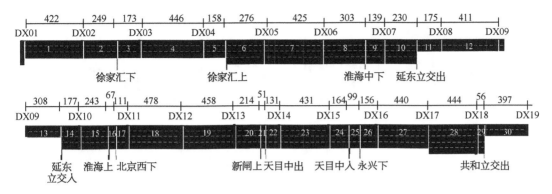

图 2-9　上海南北高架东侧元胞划分示意图

果表明(见表 2-2),密度估算结果误差为 20% 左右,流量估计结果误差为 10% 左右,说明仿真效果较理想。但是获得的速度误差偏大,其主要原因在于 CTM 模型基本假设认为自由流阶段速度等于定值,与实际测量结果表明自由流阶段速度具有随机性存在差异[6]。

表 2-2　模型仿真结果与检测线圈测量值的 MPE

日　　期	密　　度	流　　量	速　　度
3 月 20 日	27.70%	13.29%	38.55%
3 月 21 日	21.96%	6.12%	35.61%
3 月 22 日	16.81%	5.47%	39.04%
3 月 23 日	28.55%	11.05%	38.11%
3 月 24 日	27.83%	8.79%	36.13%
3 月 25 日	29.85%	11.55%	36.70%
3 月 26 日	39.57%	21.24%	41.41%
3 月 27 日	29.46%	14.42%	39.21%
3 月 28 日	24.93%	7.20%	37.28%
3 月 29 日	16.22%	4.97%	38.61%

3) 道路区段拥堵特征表达

在路段交通状态分析的基础上,可以采用时空图来分析由数个路段组成的区段拥堵的变化情况(见图 2-10)。

尽管图 2-10 可以清晰地说明一天之内拥堵的时空分布,但是很难挖掘较长时间(例如一个月)的拥堵变化规律。为了更好地描述拥堵状态的演变,可以定义两个概念:

(1) 拥堵态势:采用某种特征指标描述道路区段的拥堵程度。

(2) 拥堵模式:拥堵程度指标日变曲线的分类。

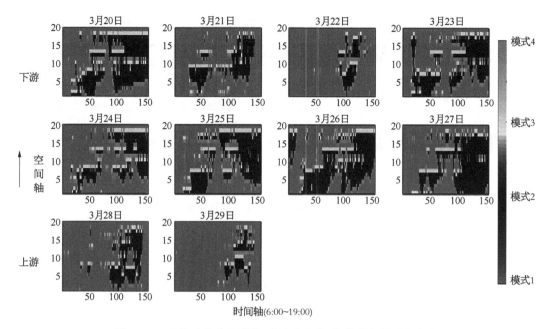

图 2-10　上海南北高架道路(南向北方向)拥堵状态的时空分布

　　对于道路区段的拥堵状态可以采用多种指标,例如通常所用的密度、速度,或者延误等,采用主因子分析方法可以对多个指标进行适当综合形成拥堵指数。图 2-11 所示为综合多项指标后获得的上海南北高架道路(南向北方向)拥堵指数时变曲线。图 2-11 中的"因子 1"是采用主因子分析法得到的影响道路交通拥堵的最主要因素。

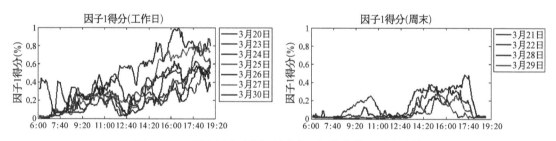

图 2-11　采用主因子分析所确定的拥堵指数的时变曲线

　　由图 2-11 可见,每天的拥堵指数曲线不尽相同,因此需要按照某种规则对曲线进行适当分类,将每种分类称为一种拥堵模式。图 2-12a、b、c、d 所示为两、三、四、五类拥堵模式的情况。

　　在模式分析的基础上,通过对比区段交通拥堵指数曲线与典型拥堵模式的关系,可以检验区段是否出现了异常拥堵。例如,图 2-13 中所示为 2009 年 9 月 30 日(星期三)南北高架道路的异常因子检验情况。

　　由图 2-13 可见异常拥堵是从中午 12∶00 左右开始出现的,这与一般工作日不同。若当时的交通拥堵在中午不能得到有效疏解而积累到下午,必将导致下午出现更大范围的拥堵。进一步分析发现由于 2009 年 9 月 30 日是国庆长假前的最后一个工作日,部分单位提前放假,以及部分出行者长距离自驾出游增加,与市内出行的叠加导致该路段在当日在中

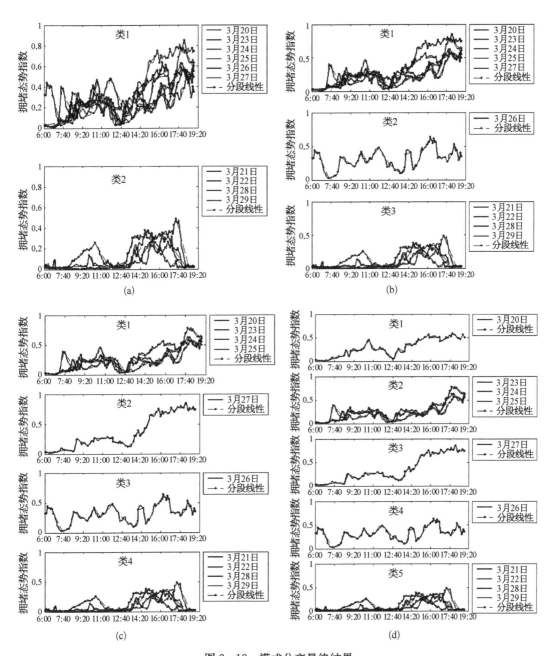

图 2 - 12 模式分离最终结果

(a) 两类拥堵模式；(b) 三类拥堵模式；(c) 四类拥堵模式；(d) 五类拥堵模式

午就出现了严重拥堵。通过交警部门的及时疏导，异常拥堵情况得到及时缓解，从图 2 - 13 中也可以看出异常因子值从 14 点左右开始下降，直到 17 点左右常规晚高峰时间时出现当日第二个高峰。注意到晚高峰时间的峰值低于中午的全天最高值，且基本未达到拥堵阈值（即图 2 - 13 中异常因子 0.4 上方的横线）也说明之前判断由于部分单位提前放假造成了本次异常拥堵的理由成立。这个例子很好地说明了通过异常因子检测，可以提前进行交通预警,避免拥堵的进一步加剧。

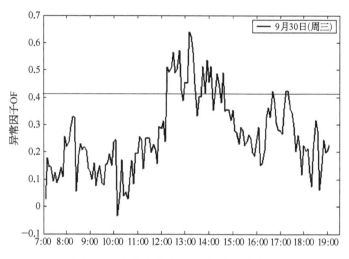

图2-13 上海南北高架道路(南向北方向)
2009年9月30日异常因子监测

2.2.2 交通需求管理与信息分析

由于讨论问题范围的差异,国内外相关文献对于交通需求管理(Transportation/Travel/Traffic Demand Management,TDM)定义和概念的表述也不尽相同。但其核心思想是一致的,即交通需求管理是在满足资源和环境容量限制条件下,使交通需求和交通的供给达到基本平衡,促进城市的可持续发展目的的各种管理手段[7]。

Michael D. Meyer认为TDM起源于20世纪70年代末的TSM,是在TSM策略范围不断扩大基础上于1975年开始初步形成的概念[8]。Ryoichi Sakano等将TDM解释为Transportation/Transport/Travel Demand Management或拥堵管理(Congestion Management)[9],认为这几种说法的概念是相同的,并给出了简单的定义:TDM是通过限制小汽车使用、提高载客率、引导交通流向平峰和非拥堵区域转移、鼓励使用公共交通等一系列措施,达到高峰时交通拥堵缓解的需求管理政策总和。Katsutoshi Ohta对交通需求管理的定义为:通过影响出行者的行为,达到减少或重新分配出行对空间和时间需求的目的[10]。

城市交通拥堵成因可以分别从城市空间布局、车辆拥有及使用、交通基础设施供给、道路交通管控、交通政策调控、公共交通服务水平、公众现代交通意识等多方面加以分析。交通需求管理等政策手段,实质上是将有限的交通资源进行调配,均具有正负两面效应,需要研究如何控制其负面效应,扩大其正面效应的方法,并最大限度地争取社会各方面的支持。

对道路交通流量的监测将有助于全面把握道路交通态势。日本国土交通省通过对东京都区部控制点(断面、交叉口)的流量、大型车混入率等情况的监测,进一步分析了不同区域之间的跨越交通流量、不同时间段的流量分布、不同类型道路的交通量对照、道路交通车种构成和不同类型道路行程车速变化等,以此反映交通状态的情况。

对车辆拥有和使用方面的监测,将有助于对于城市交通模式发展态势的判断。例如表2-3所示的日本东京分区车辆保有情况,图2-14所示的日本家用小汽车日均行驶里程,以及图2-15所示的车均载客人数等,均是展开这方面研究工作的重要资料。

表 2-3 日本东京分区乘用车保有量和收费停车场泊位数(2011 年)

地　区	乘用车保有量	收费停车场泊位数	地　区	乘用车保有量	收费停车场泊位数
千代田区	15 645	17 003	八王子市	158 590	11 546
中央区	20 830	13 297	立川市	49 408	4 078
港　区	44 718	23 581	武藏野市	25 727	2 593
新宿区	27 122	15 195	三鹰市	38 286	615
文京区	17 893	2 862	青梅市	44 703	323
台东区	15 169	4 006	府中市	59 045	3 361
墨田区	20 703	4 445	昭岛市	30 622	752
江东区	42 721	27 799	调布市	47 692	4 157
品川区	33 988	9 799	町田市	119 578	7 154
目黑区	32 723	1 530	小金井市	24 022	1 111
大田区	72 767	18 729	小平市	45 071	96
世田谷区	116 243	4 123	日野市	46 008	1 239
涩谷区	31 626	8 965	东村山市	37 091	487
中野区	24 173	1 276	国分寺市	26 706	1 039
杉并区	52 507	669	国立市	17 431	328
丰岛区	21 127	6 535	福生市	25 221	1 585
北　区	24 496	1 449	狛江市	15 954	302
荒川区	14 986	1 175	东大和市	23 858	64
板桥区	49 671	5 055	清濑市	17 244	508
练马区	79 394	6 364	东久留米市	28 900	108
足立区	73 298	6 414	武藏村山市	22 533	2 956
葛饰区	45 134	3 750	多摩市	38 044	7 279
江户川区	73 573	2 848	稻城市	22 154	1 297
羽村市	18 326	185			
秋留野市	26 406	2 147			
西东京市	42 825	604			

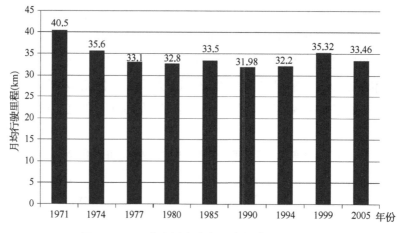

图 2-14 日本家用小汽车日均行驶里程的变化

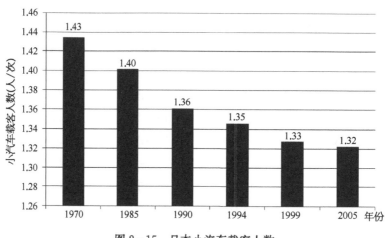

图 2-15 日本小汽车载客人数

2.2.3 道路交通控制的技术变革

道路交通控制是现代交通管理的重要手段,目的是保障交通安全、疏导交通、提高现有设施的运输效率,同时降低油耗,减少空气污染,降低车辆磨损,增加人们出行的舒适度[11]。

随着数据采集技术、通信技术、计算机技术和控制技术的进步,传统道路交通控制技术逐渐向全局化、主动化和集成化发展。而以车车通信、车路通信技术为基础的车路协同系统的出现,则将道路交通控制技术推进到一个新的发展阶段。

1) 传统道路交通控制技术

传统道路交通控制技术主要采用交通信号控制的方式,向驾驶员或行人发布控制指令信息,达到引导和控制交通流的目的。根据控制范围的不同,可以分为点控制(单个交叉口交通控制)、线控制(干道信号联动控制)和面控制(区域交通信息控制)。

随着以新的交通采集技术和大数据技术为代表的数据处理和分析技术的发展,传统道路交通控制的内涵已经从传统(或狭义)的"信号控制"拓展到现代(或广义)的"信号控制＋诱导调控＋需求管控",在信息获取网络化和多元化的基础上,追求控制对象的层次化、控制目标的全局化、控制过程的主动化和动态化、控制手段的多样化和集成化,更加重视信号控制、交通诱导、需求控制等不同控制手段的协同联动。

在动态交通信息获取方面,基于新型传感技术、高清数据视频技术、移动通信技术等交通采集技术的应用,可以检测更为丰富的基础交通参数,结合数据融合、处理和分析技术,使实时获取区域路网的全面动态交通信息成为可能。

在控制对象方面,随着社会经济条件的进步,个体出行行为特征的差异也越来越大。通过改变居民出行行为,从而改变城市交通需求的时空分布,是交通需求管理的目标。因此,依托现代交通信息技术和控制技术,研究面向多层次、多方式的出行行为与网络交通流动态优化和调控技术,是区域交通控制的重要内容。

在控制目标方面,控制技术不再局限于单个交叉口或某条道路的交通运行效率,而是以网络范围内居民出行和交通综合效率为目标,实现网络的高效平衡控制。

在控制过程方面,交通控制系统可以根据区域交通状态演化趋势,动态调整控制策略,实现交通运行趋势和控制目标的一致性;此外,信息技术的进步使出行者和控制中心进行实时信息交互成为可能,可以通过诱导和控制结合的方式,实现交通需求的主动调节。

在控制手段方面,交通控制技术不再局限于信号控制系统,通过交通诱导、需求控制等多种方式的协同合作,实现区域交通的高效调控。

2) 车路协同系统

车路协同系统是利用无线通信、探测传感等技术手段,获得道路交通信息和车辆运行信息,并对交通信息进行实时分析和处理,通过车车、车路通信的方式将信息交互传递,实现车辆与车辆、车辆与道路之间的智能协调配合,达到优化利用系统资源、提高道路交通安全、缓解交通拥堵的目标[12]。

车路协同系统实现了交通控制与交通诱导的一体化,将极大提高交通运输效率和安全性,成为新一代道路交通控制系统的发展方向。从 20 世纪 90 年代开始,欧美日等发达国家就着手研究车路协同系统,已取得了一系列的阶段性成果,例如美国的 IntelliDrive 系统、日本的 Smartway 计划和欧盟的 eSafety 项目等。车路协同系统的技术框架如图 2-16 所示。

车路协同系统主要通过对交通数据的采集和处理实现车辆与车辆之间,车辆与道路之间的智能协调配合。在车辆上配有各种传感器,可以收集到车辆自身运动状态信息及周围环境情况数据,将收集到的数据通过车载控制单元进行处理,并利用无线通信设备与其他车辆和道路设施通信,最终将海量数据转化为对驾驶员有帮助的信息。通过语音警告、数

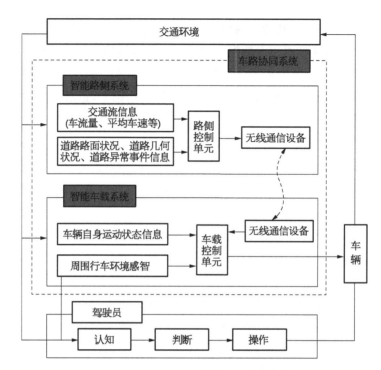

图 2-16　车路协同系统技术框架[13]

据发布等形式,实现盲点警告、碰撞预警、前车紧急制动提醒、交叉口辅助驾驶、禁行提醒、车速预警等功能,提高驾驶安全性。在路侧同样有各类传感器对交通流数据、道路状态等数据进行收集处理,除了与车辆进行通信外还可以对道路的整体使用情况进行反馈,为匝道控制、信号配时、交通状况预测等提供决策依据,有效地避免或减少交通拥堵的发生,提高整个交通系统的运行效率[12][14]。

美国 IntelliDrive 系统的构成如图 2-17 所示。

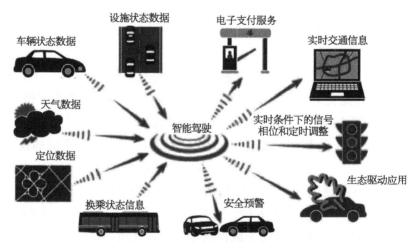

图 2-17　IntelliDrive 系统的构成[15]

2.2.4 提升公共交通服务水平的决策分析

公交优先发展可以分为两大主题内容：公共交通与土地的协调发展，以及政府通过政策调控保证公交服务在市场机制下有效运营。而这两大主题又与规划制定、建设实施、资金保障、运营保障、行业管理等五个方面具有密切的关联。

公交规划的核心是提供一个适应发展需求的公交服务体系，可以进一步划分为提供新服务的系统建设规划，以及改造既有服务的系统运行调整规划。前者主要针对伴随城市扩展和布局调整的公交基础设施建设包括轨道交通建设、快速公交系统（Bus Rapid Transit，BRT）建设、常规公交服务延伸等，后者主要针对既有运行计划调整和常规公交线路调整。对于系统建设规划来说，公交系统与土地开发之间的密切关联。现代城市围绕以公共交通为导向的开发，（Transit-Oriented Development，TOD）这一概念，在宏观、中观、微观三个层面协调交通规划与城市规划之间的关系（见图 2-18）。

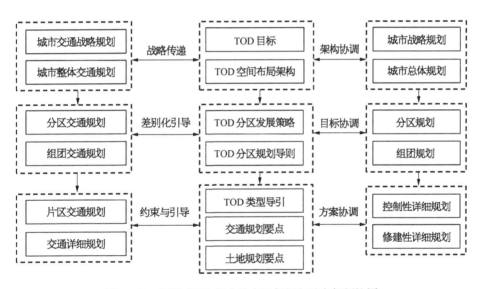

图 2-18 围绕 TOD 概念的交通规划与城市规划协同

利用移动通信数据获取居民活动信息，通过牌照识别数据获取车辆活动信息，通过道路定点检测数据和浮动车数据获取道路交通状态信息，通过公交 GPS 数据获取公交运行状态信息，通过公共交通卡数据获取公交客流及换乘信息，在这些信息的支持下能够分析土地开发与公交系统的关联，以及公交在综合交通中所处的地位和服务水平比较竞争力，从而使相应的规划决策更加科学化和精细化（见图 2-19）。在协同规划过程中，基于相关数据的可视化表达能够为决策分析提供有效的支持。

对于公共交通运营状态的评估，是对运营状态进行动态监测，及时进行政策调整的重要内容，常用的评估指标包括可靠性、安全性、舒适性、便捷性和可持续性五个方面，通过车

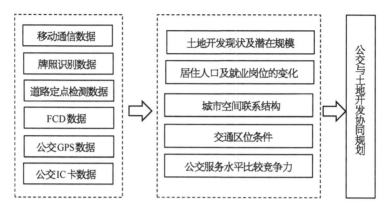

图2-19　多元数据环境支持下的公交与土地开发协同规划

载 GPS 数据、公共交通卡数据、车辆运行工况数据等可以实现运营状态的连续监测,为实现公交服务水平的改进提供决策依据[16]。

2.3　交通服务的需求

随着社会经济的发展和生活水平的提高,交通出行用户的服务信息需求日趋多样化,通过大数据技术,可以为出行者提供个性化的交通信息服务、交通诱导信息服务和公交出行信息服务;而对于物流企业,可以通过大数据技术分析物流需求的变化、供应链的运行状态和瓶颈,制定有效措施提高物流系统的效率。

2.3.1　个性化交通信息服务

随着交通数据环境的不断完善,大量基于大数据技术的交通信息服务产品也应运而生,为城市交通出行和区域交通出行提供了多样化、个性化的交通信息服务。

1) 城市交通

在国内,为了缓解城市交通拥堵,满足居民快捷、便利的出行要求,在政府部门出台各种措施进行调控的同时,产业界也推出了许多新的线上服务产品。在线合乘平台和打车软件是近期出现的比较典型的应用。

(1) 在线合乘平台　小客车合乘是指出行线路相同的人共同搭乘其中一人的小客车的出行方式。合乘不但能合理利用小客车的闲置资源,在一定程度上缓解交通压力,也能使私家车车主、乘客达到双赢的目的。对于乘客,合乘能够满足公共交通所不能覆盖的出行需求,也能满足其偶发性的用车需求,免去了养车的负担;对于私家车车主,也可以节省养车成本,甚至解决尾号限行等管制措施所带来的不便。这里介绍"在线合乘平台"和"AA拼车"。

"在线合乘平台"为车主和乘客提供了一个供求信息的发布平台,极大扩展了小客车合乘的范围和用户群体,提高了合乘的成功率。在线合乘平台对私家车车主和乘客提供的基本操作流程如图2-20所示。

图2-20 合乘平台所提供的基本服务流程

"AA拼车"是目前中国最大的在线拼车预订平台,拥有430万注册用户,注册车辆54万辆,有效搭载650万次,分摊油费合计1.17亿元。该平台根据运输的起、终点位置,搜索空载车辆并获取匹配的乘车路线,根据用户的各种需求进行优化组合并及时发送信息。在地址数据库方面,从2008年开始,该平台收集的异名同位置数据库记录了全国超过1.8亿个相同经纬度不同称谓的地名,而且还在不断更新中,搜索范围覆盖了95%以上的地址。而在定位方面,该平台结合了谷歌地图、百度地图和高德地图的优势,通过移动信号基站实时切换、GPS信号、无线局域网(WIFI)信号强度反射等方式,将定位精度缩小到10 m以内[17]。

(2)打车软件服务 打车软件是指利用智能手机等智能移动终端,实现出租车召车请求和服务的软件。打车软件一般可分为两种客户端,一种是打车者使用的普通移动客户端,另一种是驾驶员使用的客户端。当用户有打车需求时,通过在打车应用上展开出租车寻呼,系统自行分配与用户所在位置较近的出租车辆,从而使用户和驾驶员双方达到供需的匹配。

打车软件的出现,使乘客可以通过智能终端方便、快捷地叫到出租车,从而避免长距离的步行至站点或长时间的等待,也能使出租车驾驶员快速发现附近的乘车需求,从而减少出租车空驶率。

例如,"快的打车"是一款基于位置服务(Location Based Service,LBS)的线上到线下(Online To Offline,O2O)打车应用,目前已推广至全国近200个城市。乘客可以通过该应用快捷方便地实时打车或者预约用车,驾驶员也可以通过该应用安全便捷的接到生意,同时通过减少空驶来增加收入。该应用软件改善了电话叫车和扬招叫车所带来的多种弊端,如操作复杂、诚信度差、实时性差及信息不透明等特点,实现了语音对讲、高峰期加小费、电招模式及智能算法推送等功能[18]。

通过打车软件,互联网公司也可以获取司乘人员的部分数据信息,通过对这些用户打车路径、打车习惯等数据的积累与分析,叠加地图信息服务、生活信息服务等内容,可实现多重服务并行提供,从而为用户提供更为全面、个性的服务。

例如,在南京,基于大数据分析,德国SAP公司计算出基于顾客现在所处的地理位置与最容易被打车的地理位置之间的差距,从而找出在哪些地方是上、下车最容易的地方[19]。而在北京,微软亚洲研究院通过对北京市 3.3 万辆出租车在 4 个月的时间里所产生的所有轨迹数据进行机器学习,分析乘客的移动模式和出租车司机揽客行为模式,推出了一套面向乘客和出租车司机的推荐系统,该系统能够向出租车司机推荐更有可能迅速招揽到乘客的地点,并向乘客推荐更容易找到空驶出租车的地点。根据出租车司机提出推荐请求的时间和地点,该系统还可以评估某个停车待客地点可能带来的利润[20]。

2) 区域交通

交通用户在区域交通出行的需求主要体现在旅游出行或商务出行两方面。而随着用户需求的多样化、个性化,许多旅行服务公司也将高科技产业与传统旅游业成功整合在一起,通过对用户区域出行需求信息和起终点的兴趣点信息、交通信息等的汇总分析,向用户提供了集机票预订、酒店预订、旅游度假、商旅管理、无线应用及旅游资讯在内的全方位旅行服务。

以携程为例,作为中国领先的综合性旅行服务公司,携程拥有 1.2 万个座席的世界最大旅游业服务联络中心,呼叫中心员工超过 1 万名,同全球 234 个国家和地区超过 43.4 万家酒店建立了长期稳定的合作关系,向超过 1.4 亿会员提供全方位的个性化旅行服务,被誉为互联网和传统旅游无缝结合的典范。

在技术上,携程建立了一套完整的现代化服务系统,包括:国际机票预订平台、海外酒店预订平台、呼叫排队系统、房量管理系统、客户管理系统、E-Booking 机票预订系统、订单处理系统、服务质量监控系统等。依靠这些先进的服务和管理系统,携程为会员提供更加便捷和高效的服务[21]。

通过对用户行为的积累,携程建立了自己的客户行为数据库,并研发了相应的系统对酒店和用户的行为进行跟踪,通过机器学习来分析和纠正,能够有效解决酒店行业的预订未按时入住现象等问题。

此外,携程还根据掌握的机票、酒店预订数据,预测可能出现爆满的景区,辅助游客选择旅游目的地。例如,携程根据 2013 年 9 月 30 日至 10 月 7 日黄金周期间,国内主要城市和旅游度假目的地酒店、机票和度假产品的预订情况,并结合网页浏览和关注等数据,在节前公布了"十一"黄金周最热门的境内旅游目的地。其中,北京、三亚、厦门位列前三,九寨沟位居第九位。四川、云南等西部线路处于最佳旅游季节,除了九寨沟,丽江也是当年国庆黄金周最受游客青睐的景区之一[22]。

而手机、车载导航地图数据供应商高德导航,通过分析移动端导航数据的下载量,发现在 2013 年国庆节前两天,广东、浙江和江苏三个省成为导航数据下载最大的省份,由此推断这三省的自驾游会大幅上升,也给了高速公路管理部门很好的提醒信息[22]。

2.3.2　交通诱导信息服务

交通诱导技术是一种更有效的管理现代交通、实现交通流优化的技术。它集成了多种高新技术,包含卫星定位技术、地理信息系统、导航技术和现代无线通信技术等,用于对交通参与者的出行诱导,使交通出行变得方便快捷。

交通诱导系统主要由交通状况信息探测采集、信息的汇总处理、诱导信息的发布等几个方面构成,形成一个完整的系统。

1) 获取过程

从获取过程看,交通诱导信息服务可分为出行前诱导和出行中诱导。

(1) 出行前诱导 出行前诱导是在用户出行前通过计算机、手机、车载导航终端等设备向用户提供出行所需信息。诱导系统通过对道路网络信息、公交网络信息、交通状态信息等汇总分析后,根据用户的出行需求,向用户发送包括当前路况、推荐出行路径、推荐出行方式等在内的诱导信息。

(2) 出行中诱导 出行中诱导,是在用户出行过程中根据交通系统状况的实时变化,对先前的诱导信息不断进行调整,对用户出行进行动态诱导。发布的诱导信息包括路径导航信息、道路拥堵、停车信息等。但由于交通状况的时变性和复杂性,对海量信息的实时采集与处理是实现出行中诱导的关键技术。

2) 获取途径

传统的诱导信息发布方式包括交警疏导、可变信息交通标志(Variable Message Signs,VMS)信息发布、交通广播等。而随着移动通信技术的不断发展,用户也可以通过移动应用获取实时诱导信息。

(1) 定点诱导设施 VMS与交通诱导屏属于定点诱导设备,由指挥中心计算机通过综合通信网实行远程控制,传送并显示各种图文信息,向出行用户及时发布不同路段的交通状态信息、出入口信息、停车位信息等,从而有效疏导交通,保障行车安全。

(2) 移动设备应用 移动终端为诱导信息发布提供了新的途径。例如,2013年第十五届中国国际工业博览会上,同济大学展示了"智慧城市交通监测、管理与服务系统",其整合的城市交通大数据包括:固定检测器、车载GPS、监视视频等采集的实时路况信息,事故、施工、交通管制等实时上报信息,以及当地天气、大型公共活动、公众上下班时间等信息。该系统软件可被应用于手机等移动设备中,用户选定目的地后,系统会自动生成出行路线,并提供两地路程、所用时长、费用、油耗、停车、碳排放量、公交线路等信息。相对于传统的交通监测系统,该系统还可向出行者提供"主动引导型"服务,根据出行者基本意向主动引导出行方式,推荐最优出行时间、区域和路线,节省费用、时间等成本[23]。

2.3.3 现代城市物流服务

物联网技术和电子商务的快速发展,给城市物流服务带来了深刻的变革。物联网技术提供了新的数据采集和管理手段,通过条形码和二维码、无线射频识别技术、红外传感器、激光扫描仪、GPS等的各种物联网传感设备,按约定的通信协议,将物与物、人与物、人与人连接起来,通过各种接入网、互联网进行信息交换,实现货物和设备的智能化识别、定位、跟踪、监控和管理,建立智能化、柔性化的物流服务体系。

利用物联网技术和大数据分析技术,可以实现物流过程的运输、存储、包装、装卸等各环节的整合,使得物流过程更加高效、便捷,以最低的成本为客户提供满意的物流服务。例如,根据生产需求确定库存水平;根据客户需求和交通系统状况,优化运输路径;根据货物的种类和目的地,进行共同配送等。

此外,采用物联网技术和大数据分析技术,可以及时了解物流需求变化,有效监控物流过程,发现物流各环节存在的矛盾和问题,对物流过程进行实时调整。

电子商务技术实现了商流、物流、资金流和信息流的统一,具有市场全球化、交易连续化、资源集约化和成本低廉等优势,近年来呈现出高速增长态势。近五年来,我国的电子商务市场交易额保持了年均 30%～40% 的增长速度。2012 年我国网络零售市场交易规模达到 1.3 万亿元,占到社会消费品零售总额的 6.3%。电子商务的快速发展带动了物流快递业的高速增长,2012 年,我国的快递包裹数达到 57 亿件,同比增长 55%;全国规模以上快递业务收入首次突破 1 000 亿元,同比增长 39.2%。快递行业已经连续五年实现超过 27% 的增长,其中 50% 以上的经营收入来自电子商务[24]。

电子商务低成本、快速、提供个性化客户服务等特点,对物流行业的规模、效率和服务提出了更高的要求。为了解决物流服务的瓶颈,电商企业采取了自建物流、与快递企业建立物流联盟等方式,提高物流效率和服务水平。无论是与第三方企业的物流合作模式,还是自营物流模式,物流信息平台都发挥了举足轻重的作用,通过大数据技术,整合物流各环节的资源,预测物流需求,监控物流执行过程,提高了物流作业效率和快速响应能力。

1) 天猫/淘宝物流信息平台

2012 年,天猫和淘宝的交易总额(Gross Merchandis Volume, GMV)约合 1 700 亿美元,[23]相当于美国 eBay(750 亿美元[24])和亚马逊(930 亿美元[25])2012 年交易额的总和,相当于 2011 年全国 GDP 的 2%。特别是"双十一"促销季,天猫和淘宝的交易额达到 191 亿元[26]。天猫商城占全国 B2C 市场的 52.1%,淘宝集市占全国 C2C 市场的 96.4%,行业优势明显[27]。

巨额的交易量带来了大量的物流需求。2012 年天猫和淘宝的总快递包裹数为 37 亿件,占全国快递包裹总量的 65%[28]。天猫和淘宝平均每天的快递包裹数为 1 200 万件,"双十一"包裹超过 7 200 万单,占全国快递包裹总量的 60%[29]。

与京东、苏宁等拥有自建物流体系不同,天猫和淘宝的物流主要依靠"四通一达"(申通快递、圆通速递、中通速递、汇通快运、韵达快递)等第三方物流企业完成。为了保证物流服务的效率和质量,天猫建立了第四方物流平台,通过物流信息平台整合商家、物流服务商和物流基础设施等物流资源,规范了行业服务秩序,推动了行业总体水平的提升。由此,天猫和淘宝通过物流信息平台,成为物流市场的组织者和基础服务的提供者(见图 2-21)。

商家可以根据物流信息平台提供的物流服务商信息,选择优质的物流服务商作为合作

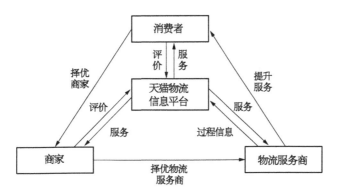

图 2-21　天猫物流信息平台

方;通过平台提供的订单跟踪数据,及时获得不同物流环节的信息;通过平台提供的运营数据分析提升经营计划性,及时进行补货;同时根据物流的执行情况,对物流服务商进行评价,反馈给平台。

物流服务商将物流执行信息提供给物流信息平台,为卖家和消费者提供实时的物流过程信息;物流信息平台根据广大商家的当前订单和历史销售情况,为物流服务商提供产品销量预测数据,提前准备物流资源和能力,防止出现"爆仓"。

卖家可以通过物流信息平台提供的订单跟踪数据,及时了解物流执行情况;根据物流服务商提供的服务,选择合适的商家和物流服务;对商家和物流服务商的服务进行评价,反馈给平台。

而天猫则利用物流信息平台,对天猫商城的物流状况进行总体分析和监控。一方面,对物流服务商和商家的物流能力进行公示,设置行业服务标准,打击虚假发货等违规行为。另一方面,根据物流数据,对订单流量流向进行分析和预测,优化物流活动组织,为骨干物流网络设施的规划和建设提供依据。

以天猫物流信息平台为基础,阿里巴巴在 2013 年 1 月,联合银泰、复星、富春、"四通一达"、顺丰等公司,提出在未来的 5～8 年,投资 1 000 亿元,搭建"中国智能物流骨干网"(China Smart Logistic Network,CSN 项目)。CSN 项目将由 8 个左右的核心节点、若干个关键节点和更多的城市重要节点组成,将支持日均 300 亿元网络零售额,实现全国范围 24 h送达。CSN 项目不再是传统物流意义上的物流基地,而是以物流信息平台为核心,建设全国范围的物流仓储基地网络,并向所有的制造商、网商、快递物流公司和第三方服务公司开放,实现物流资源的共享和集约化利用[30]。

2) 物流配送路径优化

物流配送是承运商把货物从上游企业或配送中心向下游企业、商家或最终消费者运输的过程,在物流过程中占有重要地位,据统计运输费用约占物流总消耗的 50% 以上[31]。根据国外的经验,采用合理的配送路线,可以使汽车里程利用率提高 5%～15%,运输成本大幅减少[32]。由于配送路线的制定与客户空间分布、客户时间窗要求、配送货物数量、货物类型、道路交通条件等多个因素有关,特别是受交通拥堵的影响,道路交通条件存在不确定性,路线优化计算十分复杂。而城市交通数据环境的逐渐完备,特别是车载 GPS 设备的广泛使用,为制定合理的配送线路提供了新的思路。

例如,美国 UPS 快递公司利用配送车辆装备的传感器、GPS 定位装置和无线适配器,实时跟踪车辆位置、获取晚点信息并预防引擎故障。根据 GPS 历史数据和派送需求信息,采用历史经验路径学习方法,制定最佳配送线路。同时,在配送线路中尽量减少左转行驶,因为左转穿越交叉路口时更容易导致交通事故的发生,而且左弯待转等待会增加油耗。新的配送路线技术使配送效率大幅提高。2011 年,UPS 的驾驶员们少行驶了近 4 828 万 km 的路程,节约了 300 万 gal(美制加仑)的燃料,并减少了 3 万 t 的二氧化碳排放量。为了技术推广和数据保密的需要,2010 年 UPS 将其物流技术部门卖给了一家私人股本公司,组成了 Roadnet 公司。Roadnet 公司从多个快递公司获得车载 GPS 数据等配送信息,更加丰富的数据使系统的精度进一步提高,这样多家公司均能得到更好的配送路线分析服务[33]。

2.3.4　公共交通出行信息服务

公共交通出行的信息按接收媒介的不同可分为定点接收信息和移动接收信息。前者主要是公交电子站牌,为候车乘客提供公交线路信息及车辆到站信息等;后者主要是安装在手机等智能移动终端中的公交查询应用,根据乘客出行目的地和当前位置向乘客提供最佳乘坐公交班次、换乘及预计出行时间等信息。

1) 公交电子站牌

电子站牌目前已在我国的多个大中城市得到了应用,主要利用公交调度系统的车载 GPS 数据,估算公交车辆的实时到站信息,为候车乘客提供车辆到站预报。此外,还提供线路调整信息、实时视频监控、盲人导乘等功能。

例如,杭州市从 2004 年开始建设智能公交电子站牌,目前中心城区已经建设完成近 500 块公交电子站牌,随着杭州智能公交系统的发展,其普及的区域和范围将进一步扩大。杭州的智能公交电子站牌,采用移动互联网技术和 GPS 定位技术,将公交车辆的实时位置信息及实时车速信息等,通过移动网络传输到后台服务器,系统根据当前位置和车速,以及历史经验数据,估算公交车辆距离某站的行驶距离和预计到达时间,然后通过移动网络,将计算结果实时的发布到相应站牌,以方便乘客掌握当前公交运行状态和出行信息。

2) 移动公交查询应用

(1)"车来了"手机应用软件　"车来了"是一款查询公交实时位置的手机软件。截至 2014 年 2 月,"车来了"软件已覆盖了苏州、杭州、武汉、乌鲁木齐、南京、重庆六个城市。

该软件是从公交电子站牌得到启发,结合移动设备便携、强交互等特性开发而成的生活助手类 APP 软件,旨在让用户不再局限于在公交站台等车,而是随时随地都能知道要等的公交还有几站到,解决人们在各种恶劣天气下等待时间长、候车苦的难题。软件除了基础的线路、站点、换乘查询外,还能查询每条线路上所有行驶公交车的实时位置,以及所有经过候车站点的车辆到站信息。

该软件以公交调度系统提供的原始 GPS 数据为基础,结合相应的数据处理算法和模型,能够有效提高定位信息的精准度。例如在难以获得 GPS 定位数据的高架路段,系统会利用自己的算法估计到站时间。若车辆的行驶轨迹和站点之间的耗时发生变化,软件系统会及时更新数据。此外,该软件还能发布一些其他辅助出行信息,例如站点位置变化、途中地铁修建等信息。

(2) Moovit 手机应用软件 Moovit 手机应用软件是以色列开发的一款结合了用户实时数据录入和公交系统数据开发而成的公交手机应用,于 2012 年正式投入市场。

一方面,用户可以通过 Moovit 获得线路公交车的实时运行信息。例如,当用户打开应用时,系统会根据用户的当前位置,给出下一趟公交车的预计到达时间;当预计时间到的同时,应用会提醒用户预计时间已到,用户可以选择报告车辆晚到,或顺利上车;系统会据此记录该趟公交车是否准时。Moovit 采用与谷歌地图类似的方法采集公交实时运行信息,只要用户在公交上打开应用,车辆的行进速度数据会自动反馈给 Moovit。

另一方面,用户还可通过 Moovit 获得公交体验信息。大多公交出行信息软件只提供公交车到达时刻,不提供车内环境、是否拥挤等信息。Moovit 通过用户乘车体验的评分标记功能,直接收集公交服务信息,包括:车内卫生情况(分"干净"、"脏"两种)、车内拥挤情况(分"满座"、"坐了一部分人"、"无人"三种)、对公交车司机的评价(分"无礼"、"粗心"、"有礼貌"三种)、车内是否具备无线网络且是否好用、是否有充电插座、是否有供残疾人使用的设备、是否有空调等。因此,使用该产品的用户越多,它所收集的数据就会越准确,发布的信息也就越为可靠。

◇ 参 ◇ 考 ◇ 文 ◇ 献 ◇

[1] 林群,宗传苓,杨崇明. 国家铁路深圳地区布局规划[J]. 都市快轨交通,2004,17(s1):16‑19.

[2] 林群. 高速发展时期城市交通发展战略实施研究[D]. 上海:同济大学,2000.

[3] 王英平. 城市快速路交通流数据间隙特性研究[D]. 长春:吉林大学,2006.

[4] B. S. Kerner. The Physics of Traffic[M]. New York:Springer, Berlin,2004.

[5] 关伟,何蜀燕. 基于统计特性的城市快速路交通流状态划分[J]. 交通运输系统工程与信息. 2007
(5):42‑50.

[6] Gabriel Gomesa, Roberto Horowitza, Alex A. Kurzhanskiya, Pravin Varaiyaa, Jaimyoung Kwonb.

Behavior of the Cell Transmission Model and Effectiveness of Ramp Metering[J]. Transportation Research, C. 2008,16(4)：485 - 513.

[7] 罗铭. 交通需求管理及其在北京奥运交通中的应用研究[D]. 北京工业大学硕士学位论文,2004：23 - 26.

[8] Michael D. Meyer. Demand management as an element of transportation policy：using carrots and sticks to infuence travel behavior[J]. Transportation Research Part A 33, 1999：575 - 599.

[9] Ryoichi Sakano, Julian Benjamin, Moshe Ben-Akiva. Evaluating Effects of Travel Demand Management in a Medium-Sized Urban Area[R]. Final Report Submitted to the Urban Transit Institute, 2001：1 - 27.

[10] Katsutoshi Ohta. TDM measures toward sustainable mobility[J]. IATSS Research,1998, 22(1)：6 - 13.

[11] 姚伟红. 道路交通的被动控制与主动控制[J]. 科技情报开发与经济,2007, 17(17)：286 - 288.

[12] 王云鹏. 车路协同技术发展现状与展望[C]. 第三届智能交通学术论坛,武汉：武汉理工大学,2010.

[13] 王云鹏. 车路协同系统关键技术与发展趋势[EB/OL]. [2011 - 04 - 21]. http://www. itschina. org/article. asp? articleid＝1566.

[14] Vehicle Infrastructure Integration (VII) Version1. 3. 1 [R]. Washington, DC：ITS Joint Program Office US Department of Transportation，2008.

[15] Shelley J. Row. Introducing the US-DOT's Connected Vehicle Research initiative [EB/OL]. [2010 - 08 - 07] . http://deviceguru. com/introducing-the-us-dot-connected-vehicle-research-initiative.

[16] 日本国土交通政策研究所. 交通可达性指数研究[R]. 日本国土交通政策研究(107),2013.

[17] AA拼车网[OL]. http://www. aapinche. cn.

[18] 快的打车官网[OL]. http://www. kuaidadi. com/about.

[19] 张志琦. 用大数据解决交通问题[J]. 智慧城市,2014. 03. 10(97)：95.

[20] 陈琼. 城市计算：寻找出租车轨迹玄机[J]. IT经理世界, 2012. 01. 05(331 - 332)：73 - 74.

[21] 携程网[EB/OL]. http://www. ctrip. com.

[22] 大数据折射"黄金周"携程提前"预言"九寨沟客流[EB/OL]. [2013 - 10 - 09] http://storage. chinabyte. com/102/12738102. shtml.

[23] 张炯强. 大数据为城市居民出行指路领航[N]. 新民晚报,2013. 10. 23, 第A01版.

[24] Reuters with CNBC. com. EBay Prediets $ 300 Billion in Transactions in 2015[EB/OL]. http://www. cnbc. com/id/100601065.

[25] Internet retailer estimates，Top 500 Guide. com company data. Comparing e-commerce giants：Alibaba and Amazon [EB/OL]. http://www. internetailer. com/2013/11/12/comparing-e-commerce-giants-alibaba-and-amazon.

[26] 凤凰科技. 天猫淘宝2012年交易额破1万亿 占去年全国GDP 2％ [EB/OL]. [2012 - 12 - 03] http://tech. ifeng. com/internet/detail_2012_12/03/19779906_0. shtml.

[27] 中国电子商务研究中心. 2012年度中国网络零售市场数据监测报告[R]. 2013.

[28] 王利阳. 阿里物流战略 欲掌控整个电商快递业[EB/OL]. [2013 - 01 - 30] http://it. sohu. com/20130130/n365063567. shtml.

［29］ 刘夏. 阿里联手"四通一达"打造新型智能物流模式［N］. 中国贸易报，2013.01.29，第 A4 版.

［30］ 庞彪. 马云的"大物流计划"［J］. 中国物流与采购，2013（5）：48－52.

［31］ 国家发展改革委，国家统计局，中国物流与采购联合会. 2008 年全国物流运行情况通报［EB/OL］. http://yxj. ndrc. gov. cn/xdwl/t20090306_264992. htm.

［32］ 赵冰洁. 配送中心配送方案优化研究 ［D］. 成都：西南交通大学，2004.

［33］ 维克托·迈尔-舍恩伯格，肯尼斯·库克耶. 大数据时代——生活、工作与思维的大变革［M］. 杭州：盛杨燕，周涛，译. 浙江人民出版社，2013.

第3章

城市交通领域数据资源

城市交通数据资源主要由交通行业运行和管理产生,按城市交通特性,可以大体将交通领域的数据来源分为四类:道路交通、公共交通、对外交通和重大活动交通。道路交通数据主要指由布设在地面道路、城市快速路和高速公路的采集设备采集的车流量、车速等数据;公共交通数据主要由公交汽电车、轨道交通、出租车、停车场库等汇聚的调度、客流量等数据组成;对外交通数据包括铁路、民航、航运等行业信息化建设汇集的客流、货流等交通数据;重大活动期间,城市交通展现出不同于日常交通的特性,针对国际大型活动的交通信息采集和应用具有较好的借鉴意义。本章将给出国际运动会和世界博览会的交通信息应用案例。

3.1 道路交通

道路交通是城市交通体系的重要组成,根据城市道路的性质,可以将其分为地面道路、快速路和高速公路三大类。担负不同的交通运量,各类道路交通在不同城市中的地位各不相同。总体来讲,在各城市的道路交通体系中,地面道路是基础和根本,快速路是提升和飞跃,高速公路是城郊和城际的骨干。在城市交通信息化发展的进程中,由于建设、管理、运维、技术等不同因素,这三类道路交通数据的类型、采集、存储、处理、应用等也体现出不同的特点。

3.1.1 城市地面道路

1) 基础数据及采集

城市地面道路是道路交通体系的主要组成部分,是一座城市市内交通运输的主动脉。按照道路等级分类,城市地面道路主要有主干道、次干道、支路等。各级道路在城市交通中担负的运量各不相同,主干路是城市地面道路网的骨架,连接城市各主要分区,是城市地面道路的大动脉;次干路配合主干路组成城市干道网,起联系各部分和集散交通的作用;支路则是次干路与街坊路的连接线,解决局部交通问题[1]。

我国的地面道路信息化建设起步较早。20 世纪 80 年代,悉尼自适应交通控制系统(Sydney Coordinated Adaptive Traffic System,SCATS)和绿信比、周期、相位差优化技术(Split, Cycle & Offset Optimization Technique,SCOOT)等道路交叉口交通信号控制系统被陆续引入国内,基于信息采集和数据分析,在地面道路交通管理、服务中得到了应用,并在交通数据实时采集与统计、远程维护、交通流控制、通行"绿波带"、公交优先通行等方面取得了很好的效果[2-3]。

SCATS、SCOOT 等道路交通信号控制系统,将电感线圈等检测器布设在道路交叉口附近,用于对车流量、占有率、占用时间、拥堵程度等数据的采集,通过中央控制、区域控制、路口控制等多个层面的模型计算,确定配时方案,优化配时参数,实现对交通流的实时最佳配置和控制,从而提高车辆行驶速度,发挥出减少交通停顿、节省旅行时间、降低汽油消耗的实际效用。

随着道路交通管理和服务对信息化需求的提升,地面道路交叉口的相位、绿信比、流量等数据逐渐显现出功能的单一性和局限性。基于电感线圈检测器、微波检测器、视频检测器、全球定位系统等交通数据采集设备,可以采集车流量、车辆速度、车辆类型、牌照、位置等更多丰富的数据和信息。这些不同类型的检测设备,各有优点、互为补充,使采集到更多更全面的交通数据成为可能。

布设在地面道路的这些设备和装置,为交通信息化管理与服务内容的延伸和应用范围的拓展,提供了更多的基础数据支撑。结合地面道路修路、事故、事件、110 报警等其他实时或历史交通数据,这些数据和信息已能更好地满足服务交通信息化管理、公众出行信息发布等不同的应用需求。

2) 数据的应用

在地面道路交通原始数据汇聚的基础上,通过数据分析和挖掘,可以开发出多种应用。不论管理者还是出行者,都对道路的运行状态和路况发展趋势十分关心。道路的通行状况,较直接的表述是车速信息。因此,道路的运行状态可以用红、黄、绿等颜色信息,实时或准实时地显示地面道路双向路段的交通路况,用以表征拥堵或畅通等状态。通过城市地理信息系统,可以直观地看到城市地面道路路网的交通运行状态和路况实时变化。实时路况是把握道路运行现状,进行应急处置和指挥的第一手信息,而历史路况信息则可以为数据分析和挖掘积累宝贵的资料。

地面道路交通状态信息的展示应用较为直观,但在区分拥堵量级、分析拥堵成因的时候,却存在明显不足。因此,基于车速、流量等数据分析的交通指数成为各大城市用于细化道路交通状态的重要指标。交通指数是量化的道路状态,介于原始车流量、速度数据和道路交通状态之间的层面,可以从宏观区域到微观路段,以数值或量值的形式细化表达。交通指数的提出、研究和应用,为评判道路服务水平、提供公众出行个性化服务等,奠定了坚实的基础。类似于地面道路路段状态,道路交叉口的运行状况也可以用类似的方法表达。对于经常出现拥堵的区域、路段或道路交叉口,可以结合车流量等各类数据联合分析,找出可能对其进行优化的地方。

事故、事件等报警信息,通过与城市 GIS 的结合,可以挖掘出经常发生事故的"黑点"地段。对这些事故"黑点"进行分析,能够为改善道路通行安全、出行安全提醒等提供支持。同时,这些交通路况、交通指数、事故等信息还可以通过互联网、电视台、电台、车载设备、手机等移动终端应用软件等方式发布,用作出行者对交通出行方式和路径选择的参考依据。

3) 未来发展

地面道路在城市道路体系中占据主体地位,这决定了地面道路交通信息化工作在城市交通信息化发展中的首要位置。虽然起步较早,但是地面道路交通信息化的步幅并不大,这有多方面的原因。首先,地面道路是城市道路体系的主体,难以投入大量的物力、财力较完整地覆盖整个地面道路信息化建设;其次,信息化技术在近些年才在交通领域实现应用和推广,而城市地面道路建设在多年前均已完成,这个时间差使二者的结合受到限制,频繁在现有的道路上布设线圈等数据采集设备,注定会严重影响城市道路日常的交通通行;再次,有些城市的地面道路信息化需求不够明确,在应用没有考虑清晰的情况下,信息化建设的资金投入需十分谨慎。这些原因,都会增加地面道路信息化建设推进的难度。因此,根据地面道路交通现状,理清信息化发展思路是十分重要的。

作为支撑公众出行主体的地面道路交通,如何在数据层面与城市快速路、高速公路、交通枢纽联合,分析出城市地面道路交通的流向、瓶颈和压力点,是解决地面道路交通常发性拥堵,为城市交通规划和基础建设提供依据的方向。

3.1.2　城市快速路

1) 基础数据及采集

城市快速路是道路交通体系的重要组成部分,是联系城市市区各主要区域、主要近郊区、卫星城镇和主要对外公路的快速通道。城市快速路有高架道路和地面封闭道路两类,对向车行道之间设中央分隔带,上下匝道或进出口采用全控制或部分控制,通常采用立体交叉的方式与城市地面道路相交,为较长距离、大流量、高车速出行服务[4]。

一般而言,与城市地面道路相比,城市快速路的建设相对较晚。因此,在快速路道路设计和建设的时候,相应的信息化方案可以同时进行,做到道路基础建设和信息化建设同步。根据不同城市对数据和信息的采集要求,城市快速路的数据采集通常由感应线圈、车辆全球定位系统、牌照识别系统、视频采集系统等支撑。不同的数据采集手段,所获取的数据和信息有很大差别,在设备布设、运行和维护中所耗费的成本也不一样。

这些采集设备和方法的数据覆盖面也不一样,有各自的优势和特点。例如,感应线圈一般埋设在快速路路段或出入口,采用单排或双排断面的形式,用来采集车流量、车型、速度、占有率等信息。这些信息量可以支持相应的应用,但感应线圈采集的数据仅是特定路段的特定点,对整条路段上的车辆空间分布和密度则无法获取,而且布设的成本较高。车辆全球定位系统,可以采集到车辆的瞬时速度和位置,采集周期也可以灵活选择,但由于定位精度的影响,可能会导致相邻地面道路、快速路主线、匝道或出入口位置车辆混淆的问题。牌照识别系统可以有效地抓住流经车牌识别车道和断面的车辆,并可以根据积累的数据找出车辆的起讫点,但是牌照识别的准确率和稳定性是系统评价和应用的基础。视频设备采集到的视频数据,是某特定路段或路口车辆流动、车辆密度等情况的直观记录,但由于视频数据分析难度大,加上可能存在的镜头灰尘、遮挡、移动、天气等各种影响因素,往往使视频数据的利用效率不高。如何发挥采集设备的优势,取长补短,成为有效利用交通数据的重点。

2) 数据的应用

基于城市快速路系统采集、汇聚的各项数据,相应部门的运行管理和面向公众的信息服务等不同需求可以得到有效支撑。作为城市道路交通的快速通道,快速路交通的运行状况是衡量一座城市交通运行是否良好的重要指标。快速路的交通拥堵,会影响到城市的形象。因此,不论是管理者还是出行者,都较为关注城市快速路的交通状况,这也推动了快速路数据的分析、挖掘和应用。

与城市地面道路类似,可以从感应线圈、GPS 车速等数据分析中得到快速路的路段、出入口、匝道的状态,并以红、黄、绿等颜色信息或者交通指数等方式,来描述道路拥堵或畅通等状态。管理人员可以在指挥中心或监控平台上看到快速路的交通状态,并能够通过信息共享实现跨部门的联动管理;出行者则可以通过布设在道路上的可变信息情报板了解到前方的实时路况,从而决定出行的时间和路线。有些城市引入了快速路出入口控制系统,利用匝道信号灯来调节车辆进入快速路主线的流率,从而提升道路整体或局部的使用效能。信号灯的控制依据就是出入口、匝道、主线的车流量数据,通过适当的控制,可以有效减少拥堵情况或缩短拥堵时间。快速路车牌识别系统的车辆号牌数据,能用来捕捉特定号牌车辆的行驶路径,支撑快速路车辆平均出行距离、出行时间、OD 分析、出行高峰限牌管理、公安侦查破案等多种不同的应用。

快速路交通运行管理产生的数据,如事故、事件、道路养护等,也可以与道路路况信息相结合,得到有效的应用。道路养护和夜间封路等信息,可以通过网络向公众发布,为公众信息化出行提供支持。对交通事故等数据的分析,可以定位事故高发地段,找出驾驶行为、路网结构等事故原因,分析事故对交通运行造成的影响等。不同的数据在实际应用中,可以发挥出不同的功用,交通数据的联合挖掘是当前的重点。

3) 未来发展

通常,城市快速路信息化建设在道路交通系统中起步晚、发展快,采集汇聚的交通数据也相对较为全面。如何发挥城市快速路信息化在道路交通大系统中的作用,带动城市全路网的信息化应用和发展,研究快速路与地面道路、高速公路信息的互联、互通显得尤为重要和迫切。目前,不同部门之间的交通数据共享和交换的力度还不够,如何发挥快速路在高速公路和地面道路之间的桥梁作用是关键。城市快速路与地面道路通过出入口或上下匝道相连接,与高速公路通过主线或收费站相连,基于数据交互和共享的动态交通诱导可以为地面道路或高速公路的车辆提供快速路状态、事故等信息。根据车辆进出快速路的需求变化,管理部门可以及时调整出入口或匝道的开关闭,并实现跨部门的联动和应急处置。

城市快速路采集的交通数据多种多样,不同来源、不同类型数据的融合与关联分析,可以为快速路交通数据的应用提供了更为宽广的方向。根据不同交通数据的特性,可以实现基础数据的去伪存真,挖掘应用的优势进行互补,这能更好地为管理部门和公众出行服务,为交通信息化的发展形成强有力的支撑。

3.1.3 高速公路

1) 基础数据及采集

高速公路隶属高等级公路,根据交通部《公路工程技术标准》规定,高速公路指"能适应年平均昼夜小客车交通量为 25 000 辆以上,专供汽车分道高速行驶,并全部控制出入的公路"[5]。高速公路能够支持城市之间、城乡之间的高速行车,其优点是通行能力大,运输效率高,行车安全舒适,以及能降低能源消耗。但其缺点是工程建设占地多、投资大,造价高、工期长等。总体来讲,高速公路的建设情况可以反映一个国家和地区的交通发达程度,甚至经济发展的整体水平。

高速公路覆盖范围广、区域跨度大,这使信息采集的难度相对较大。城市地面道路、快速路的交通数据采集方法不能简单照搬到高速公路系统。依靠密集布设感应线圈获取交通流量、速度数据的方法不可行,因为这直接会导致成本较高;依靠密集布设摄像头获取实时交通运行视频的方法也不可行,因为有些地方没有条件进行电缆或光缆的布设;行经高速公路车辆来自不同城市,依靠车辆 GPS 数据获取计算道路状态的方法也不可行,因为各城市在车辆安装 GPS、GPS 信息采集和共享方面尚未形成一套统一的标准。因此,由于管理体制、道路现状、技术成本等方面的原因,高速公路交通数据的采集存在一定难度。

鉴于这些问题和现状,高速公路交通数据的采集主要从以下三个方面展开:① 布设适量的感应线圈、视频监控系统等设施设备,满足高速公路日常管理的需要;② 将数据采集的重点放在收费站,如车牌识别系统、不停车收费(Electronic Toll Collection,ETC)系统、车辆行驶 OD、行程时间等流水信息;③ 利用覆盖范围大、数据密集度低的数据采集方式,如手机信令、手机上网数据等。不同省份、不同城市对高速公路管理的权限分工不同,但从总体上看,目前全国大部分城市对高速公路入城段、出城段、城市道路网连接段的交通数据采集较为全面。

2) 数据的应用

高速公路交通数据的挖掘和应用水平,取决于数据采集和汇聚的基础。作为城市对外交通的重要组成部分,相关数据的应用和开发会在 3.3.2 节具体展开叙述。作为城市道路交通的一部分,高速公路入城段和出城段交通数据采集和汇聚的基础最好,是与城市道路交通关系最为密切的部分。

如果要高速公路入城段和出城段管理与服务水平,则需加强入城段或出城段与城市地面道路、快速路交通数据的关联应用。有些城市的高速公路出入城段与城市快速路系统直接连接,有些城市则与城市高等级公路或地面道路相连接,起到了承接不同种类道路路网的重要作用,甚至融入另外两类路网中。因此,在高速公路的出入城段,传统的交通数据采集手段,如车辆牌照识别系统、感应线圈、车辆 GPS、射频识别技术等,都可以形成面向管理和服务的应用,这与城市快速路和地面道路的数据应用类似。但是,建立在高速公路出入城段与城市快速路、地面道路数据互联共享基础上的联动,是数据应用真正的重点。

有些城市已经将高速公路的出入城段归入城市道路交通系统,系统内的数据交互和联动已经初见成果。对于公众出行信息服务,比较有特色的是新兴起的虚拟情报板业务。借助手机 APP 软件或其他移动上网终端,可以通过手机的 GPS 定位信息,弹出相应的路况情报板界面,使出行者可以实时获取到前方的交通状态信息。虚拟情报板大大降低了在路面布设真实情报板的成本,而且可以使情报板的密度提高,使出行者路径的选择更加灵活和智能。

3) 未来发展

随着交通数据采集设备成本的降低及高速公路设备布设条件的日趋完善,高速公路的数据采集和汇聚会越来越好。在交通数据的应用上,不会仅局限于现状,而是会慢慢与城市地面道路、城市快速路的信息化管理与服务水平统一起来,从而发挥出更好的效用。

目前,在高速公路信息化推进中新兴的一项数据应用是利用手机信令或手机上网数据挖掘支撑的。在充分保证个人隐私和数据安全的前提下,经过加密的手机信令或上网数据,采用由客流研究车流的技术,可以估算高速公路的交通运行状态,或者检测交通事故的发生。对这类数据的挖掘和分析,非常适用于城市高速公路的实际情况。手机信令和上网数据量级巨大,在数据预处理和分析中计算量大,在验证其应用可靠性和准确性时,需要联合其他来源的数据。

3.2 公共交通

公共交通是城市交通系统的重要部分,是承担城市客运交通的主体。发展以城市轨交为骨干,城市公交为基础,出租汽车为补充的城市公共交通体系,是引领城市交通向集约化发展,解决城市交通拥堵顽症的必然途径和手段。而城市停车系统也是城市公共交通服务的不可或缺环节。为不断提升公共交通服务水平,公共交通系统一直经历着信息化和智能化的技术升级,积累了大量数据,保证日益增长的城市客运出行服务需求。

3.2.1 公交汽电车

1) 基础数据及采集

城市公共交通系统是城市交通运行的重要组成部分。随着城市化进程的不断加速,交通拥堵加剧,公共交通优先发展已成为城市交通发展的重要战略,常规公交系统已成为承担城市中、短程客运交通的主体。公交数据从产生的来源主要分为:公交基础设施资源数据、公交汽电车运行状态数据、公交汽电车运营管理数据、公交客流数据。

公共基础设施资源数据主要是用来描述公交设施的静态基础空间数据。主要包括公交枢纽、站点、线路、路段、场站等空间信息,以及与公交设施相关的基础道路要素。这些信息是公交系统的基础数据,随时间变化较小,一般主要在公交地理信息系统中,数据来源于系统外部的规划、测绘和建设部门等,数据存储格式多样,常常随所采用的地理信息系统不同而不同。

公交汽电车运行状态数据是指车辆运行过程中产生的各种数据,主要包括公交车辆自动定位信息、实时调度信息、自动计费信息和动态客流信息。其中,公交系统的车辆自动定位系统通过车载 GPS 接收终端,对车辆进行连续定位,测量公交车辆的位置、速度等信息,并以一定的时间间隔将这些信息通过通信网络传输至控制中心。实时调度信息是指运营调度中心后台系统根据车辆的定位信息和乘客信息等,按照一定的算法得出的公交车辆的动态班次、发车时间、进站出站信息、停靠等待时间等控制信息。公交运营调度信息还包括公交优先信号系统、公交动态调度系统所获取的数据,数据实时更新,数据来源于系统外的交通管理部门,用于支撑实时公交调度。而这些信息(如交通拥堵、交通管制、道路突发事件等)无法从现有系统中得到,需通过人工方式收集或从其他系统中集成。

自动刷卡计费信息是指公交卡自动刷卡计费系统记载的,车载智能公交卡收费机记录卡记载的编号、日期、消费金额、消费时间等刷卡信息,以及车队编号、收费记号、线路编号等读卡机内部信息。车载收费终端经过一定运行时间后回到汇总传输点,由管理员用手持式数据采集器连通车载收费终端,把乘客信息下载到手持式数据采集器上,再把该数据转存入汇总传输点数据库中。另外,一些功能综合的智能公交卡自动收费系统还可以采集乘客的基本信息、公交车辆行驶状态信息和运营管理信息等。

公交客流数据通过安装在车站、公交车的乘客检测器来采集。目前的检测技术主要包括红外检测、视频检测、称重检测等,测定乘客的到达率、到达时间、上下车乘客数、上下车时间等信息,以一定的时间间隔将这些信息通过通信网络传输至控制中心。

公交汽电车运营管理数据是指与公交运营效率、运营安全和运营成本等评估性信息有关的数据。主要包括车载终端设备管理、车厢视频监控、机务、票务、车辆燃油管理、线路信息管理、车队信息管理、公司信息管理、站点和停车场信息管理等所产成的数据。这些数据一般通过专业的设备进行检测,并通过无线通信或人工汇总到公交运营公司,实现对驾驶员活动和车辆活动等实现全方位的信息化监控功能。

目前公交系统的动态运行信息数据多样,数据量很大,一些智能化公交管理设备(如车厢视频监控设备和车辆前端安装的公交专用道侵入执法监测器等)获取的视频图像数据,还具有非结构化的特征,而且随着信息化技术的不断发展,大部分信息数据都实现了实时获取,信息量随着系统运行时间的增长而迅速膨胀。因此,公交系统数据对分析公共交通运行,提供交通总体运行挖掘分析具有重要的价值。

2）数据的应用

随着信息化技术和智能公交系统技术的不断发展,国内智能公交系统水平和效率也随之不断增加。智能公交信息采集、集群化调度、智能化乘客信息服务、高效运营管理、节能环保等主要功能得到了长足的发展。例如,上海智能公共交通系统以调度系统为核心,实行公交调度中心、公调度中心和公交车队三级管理。公交车实现车辆自动定位,并将定位信息发送给分调度中心,使其能够实时监测车辆的运行状况,并向车辆发布加速、减速、越站、跨线、折返等指令,并依据当前的客流信息、交通流量、占有率等数据合理调度车辆。上海部分公交车辆内还可设有电子收费、乘客计数、电子公告板等装置,实现乘车服务的自动化和信息化,也便于公交公司统计客流情况,为线网规划与行车时刻表的编制提供可靠数据。同时,系统还实现自动车厢乘客信息服务和自动到站预报信息服务,以及智能投币机、POS 机与 GPS 车载终端的数据对接,一旦出现大客流和车厢拥挤状况,该系统会自动调整发车班次,及时投入运能。通过智能手机扫描二维码,就可获知车辆离站的距离,这样的线路信息预报二维码覆盖了 580 多条公交线路所途经各个站点。

广州通过建立智能公交监控调度系统,实行公交集中调度,实现了对公交的实时监控与智能调度;通过电子站牌、呼叫中心、互联网及手机等不同途径向政府、出行者和企业提供交通信息服务;智能公交系统与公交企业的管理信息系统相结合,使智能公交的应用深入到企业运营管理的深层次;建成公交电子自动收费系统、交通信息服务中心、网上交通信息服务、手机交通信息服务、公用交通信息设施等,并编制了广州市公交车智能调度系统及车载信息设备技术等规范。

在车辆状态分析方面,郑州市利用控制器局域网络(Controller Area Network,CAN)总线技术,对车辆状态的实时监控,实现里程、油耗、驾驶动作等相关分析。在客流分析方面,利用客流调查器、IC 卡刷卡机、投币机等设备提供的数据,实时监控车辆客流满载率、客流分布及其流向。在信息发布方面,在公交站台和公交线路中转站,设立了发光二极管(Light Emitting Diode,LED)点阵型及液晶显示屏(Liquid Crystal Display,LCD)型的电子站牌,直观地为乘客实时提供车辆进站及换乘信息,乘客也能通过手机上网、网站查询等方式了解车辆到站和换乘信息。

苏州市已建成先进的智能公共交通系统,通过建立公共交通智能化调度系统、公共交通信息服务系统、公交电子收费系统等,实现了公共交通调度、运营和管理的信息化、现代化与智能化,为出行者提供了更加安全、舒适、便捷的公交服务,从而吸引公众的公交出行。苏州市智能公交系统主要由数据采集系统、数据交换和共享平台、企业营运系统、行业管理系统、决策分析系统和公众信息发布系统等组成。

香港通过推广使用先进的"智能运输系统"、"运输资讯系统"、"交通管理架构"等技术,推行电子化、智能化,提供公交资讯服务和自动缴费服务。通过结合 GPS、GIS、通用分组无线服务(General Packet Radio Service,GPRS)技术,实现了车辆的智能化调度及信息管理的智能化,为公交企业在行车计划的制定、线路的调整、规划等方面的决策提供基础数据。电子站牌设备配有 GPRS 模块与控制中心沟通,可以通过控制中心将车辆即将到站信息发送至电子站牌,候车乘客就能获取车辆到站距离、时间、路面情况等信息。

3) 未来发展

随着智能公交系统的发展,智能公交系统调度、线路和客流监控、收费等子系统中积累了海量数据。利用先进的数据挖掘技术分析智能公交系统中的海量信息,可以发现其中隐含的公共交通模式及规则,获得高层的、潜在的规律(如车辆运行规律、客流规律等),并评价公交系统的总体特征(如公交系统的可达性、可靠性),发掘公交运营成本节约、污染降低的主要因素,进一步提升公交服务水平和降低社会资源消耗。同时,公共交通卡系统积累了大量的交易数据,详细记录各公共交通运营单位、线路的客流情况,是分析判断公共交通客流状况极有价值的信息。由交通卡数据时序得到的市民出行链信息,是分析日常通勤客流出行特征的重要来源。充分利用现有的数据库中的交易数据和运营管理数据可提供挖掘公交车辆位置信息、行程时间信息、站点上下车人数信息估计等,估计客流在时间、空间上的分布特征,来推算公交动态 OD 矩阵,以及利用行程时间和动态 OD 矩阵信息进行公交系统可达性评估等,可为城市交通规划及管理、公共交通运营管理及乘客出行服务提供技术支撑。

3.2.2　出租汽车

1) 基础数据及采集

城市出租车客运系统是城市公共交通的重要组成,是城市轨道交通和常规公交客运的重要补充,是体现高层次和特殊出行需求的公共交通出行方式。与城市发展规模相关,城市出租汽车发展规模与总量基本处于平稳态势。出租客运系统的数据主要来自城市出租客运调度系统。上海是我国出租车管理水平较高的城市,2005 年该市出租车行业启用"智能化营运调度"平台,依托先进的通信、计算机及网络技术,构建统一高效的行业信息服务(调度)中心,与出租车车载系统、出租车站点组合成一个现代化调度运作网络,使全市出租车资源达到最优化配置,截至 2013 年该系统可以覆盖全行业 5 万辆出租车。随着技术的不断进步,其他城市也在不断完善出租汽车监控与智能调度系统、统一呼叫管理系统。智能化出租监控调度系统或平台通过设置在出租汽车上的 GPS 车辆位置信息采集系统及调度呼叫系统,将车辆实时 GPS 经纬度坐标、车厢空车重车状态、乘客用车时间、上车地点、车型等信息返回统一调度平台,通过后台数据处理和乘客乘车需求情况,调度员进行快速合理地调度车辆,提供在规定时间内向客人提供用车的服务。

随着软件和无线互联网技术的不断进步,出租打车软件慢慢进入市民的视野。2013年,北京市出租车调度中心宣布与全国最大的手机叫车平台滴滴打车(原"嘀嘀打车")进行战略合作,这也是政府设立的传统电调平台与民间手机打车软件的首次合作。以前乘客拨打96106电话约车,然后调度中心人工坐席分配给所辖的出租车GPS终端,司机根据路线和需求进行选择。96106与滴滴打车建立合作后,乘客只需手机下载"滴滴打车",通过语音发送用车需求,除覆盖原有的2万余辆出租车外,96106覆盖的3万余辆出租车也将可以接到乘客需求。目前"滴滴打车"已经覆盖北京、上海、广州、深圳、武汉、南京、天津,成为全国最大的手机叫车平台。仅在北京覆盖就已超过2万辆出租车,注册乘客超过百万人,每日订单近3万单[6]。

另外,与城市出租客运管理相关的数据还包括城市出租基础设施基础数据信息,如出租车扬招站点位置、类型、停车位数量、编号等信息,这些信息通常集成在车辆调度与管理系统中。

2) 数据的应用

出租车车载GPS终端返回的信息可以确定出租车的起终点,且GPS数据还能够反映车辆是空载行驶还是载客行驶。通过建立相应的指标条件来对数据进行处理,剔除无效数据,可为GPS数据的有效利用提供数据基础。利用出租车的GPS数据可以有效解决许多交通问题(如出租运营状况分析、交通拥堵状态分析、交通出行需求空间分布),以及为交通规划、交通管理提供决策支持依据。

将出租车出行起终点的GPS数据进行处理分析,利用每次出行起终点的经纬度、速度、时间、载客状态等信息,对出租车的交通运行特性进行分析,可评价出租车平均载客时长、平均出行距离、上下客高峰期、时间和里程空驶率等指标,对出租投放量、运营模式及出租交通分担率等进行支撑。通过出租车GPS数据计算上下客热点的时、空间分布,可以分析出租方式的运营时空特征和分布密度,为出租车的运营调度提供数据支持和理论支撑。出租车上下客高峰期分析可作为居民全方式出行特征的补充,对总体交通出行时间进行优化,增加乘客高峰时段的出租车数量,减少低峰时段出租车营运的数量或频率,从而在时间上进行合理的配置与调度。出租车空驶率则可以较为直观地反映出租车的运营状况,一定程度上反映出这个城市出租车的拥有量是否合理。如果空驶率过高,则说明出租车拥有量过大;如果空驶率较低,则说明城市出租车的拥有量不足。利用GPS数据计算出租车停靠站的设置位置与上客空间分布之间的适应性,识别出租车上客热点区域或者路段,可以合理估计乘客最短步行距离,为出租车停靠站设置方案提供依据。

出租车可以作为城市道路上运行的浮动车来反映整个交通流的运行状态,利用出租车的实时位置、行驶速度等信息,通过道路交通流建模,可得到道路的交通流量、道路拥堵程度等指标,为车辆的出行路径优化和短时交通流预测提供基础数据。

当城市GPS数据样本达到一定规模时,选取合适的聚类方法对出租车乘客的出行起终点进行聚类,将不同空间位置的出行起终点分为不同的类别,为交通规划中的交通出行调查提供数据模型,为交通规划中的交通小区划分和乘车热点的识别问题提供参考依据。利用出租车GPS数据还可以进行居民出行OD调查的数据建模或作为人工调查结果的校核,成为全交通方式调查的一个补充,所利用的GPS数据经过较好地处理分析后,可提供可靠性比较高的调查资料。而且数据作为客观的因素,所受各方面的影响比较小,耗费的人力物力也更加节省。

3) 未来发展

为了满足日益增长的城市公共出租客运对安全性、效率性、便捷性的服务需求,未来城市出租客运系统正面向智能化管理和智慧化出行的方向发展。智能的出租运营管理系统和出租车辆监控管理系统至少应具备通信、后台监控调度管理、车载检测设备,以无线移动数据网络或 3G 网络作为通信平台,综合集成计算机、计算机网络、数据库、无线通信、计算机电信集成(Computer Telecommunication Integration,CTI)等先进技术。通过在每部车上安装车载终端设备,该设备可进行双向语音通信,车载终端的液晶显示器可以显示调度中心派发下来的业务和其他信息,乘客可以通过系统的嵌入式手机打车软件或拨打调度中心的叫车热线电话,实现叫车服务,驾驶员可通过提示器进行回单响应,避免用手机进行抢单而造成行车安全隐患。通过在出租车辆上安装 RFID 电子标签,实现车辆的路测定位与身份匹配,通过无线网络将数据传送回调度监控中心,在司机遇到危险情况时可通过报警按钮及时向平台中心发出报警信息,利用系统的报警信息可以最大限度地保护驾驶员的人身安全。此外,智能的车辆监控系统还可以配备车辆运营状态监控设备,通过监听功能、拍照功能等,经综合确认后会判断驾驶员的实际情况,如驾驶员有危险,中心会联系 110 报警处理。同时,系统还将为管理部门提供数据采集、信息发布、克隆车辆识别功能,为出租司机提供定位监控、超速预警、电子地图导航、实时路况采集等多项功能。

3.2.3 轨道交通

1) 基础数据及采集

城市轨道交通系统是城市交通运行的主体,是城市公共交通系统发展的核心。在"十五"期间国家将"发展城市轨道交通"列入国民经济"十五"计划发展纲要,作为拉动国民经济(特别是大城市经济)持续发展的重大战略来推进。目前全国共有 47 个城市规划了总数超过 300 条的城市轨道交通线路,到 2020 年,将会有 7 000 km 左右的城市轨道交通线路建成并投入运营,我国城市轨道交通系统已经进入了蓬勃发展时期[7]。

城市轨交数据主要分为由车辆运行产生的运行控制数据和由运营管理产生的业务数据。列车运行控制系统是设置在线路运行控制中心的最主要系统,除此之外,线路运行控制中心还设置列车监控、电力供应、车站设备、防火报警、票务管理等运营管理系统,负责对突发事件进行统一的指挥处理,和对全线所有信息交换的枢纽、集散地及对外窗口的联络。汇聚到线路运行控制中心的数据包括静态数据和实时动态数据。其中,静态数据是一些与属性相关的信息,包括列车车辆类型、列车速度等级、车长等基本信息;车站基本信息:车站位置、车站股道数量、位置,车站信号灯;线路、设备的基本信息;线路类型、长度,以及各站之间的列车运行时分等参数。实时的动态数据包括列车的动态信息;车站股道占用情况、车站股道开放情况等车站的动态信息;线路、设备状态等线路设备的动态信息;列车、车站、线路数据交互调整的状态和最终状态由已知的静态数据和动态数据推导得出的中间状态信息;推理过程中的暂时调度数据,最终的时刻表数据及统计数据等。

轨道交通自动售检票系统(Auto Fare Collection,AFC)通常包括自动售检票终端设备监控与信息管理的票务处理、通信传输、汇总统计、清分结算、设备监控和运行管理等应用功能,其获取的票务和设备状态数据能够为客流分析、票/卡分析、运载量分析、收益分析、设备故障分析等提供数据来源。轨道交通 AFC 运营数据库承载着轨道交通售票、检票、设备监控、进出站分类统计、运营结算和日常运营管理等过程生成的交易和数据。因此,AFC 中央数据库具有数据量大、访问频率高、结构复杂、安全性要求高等四大应用特点[8]。

除以上数据外,还包括轨道交通公众信息发布服务系统的信息和数据,主要包括列车上的旅客信息系统,站厅内的旅客引导显示系统和 Internet 信息发布等。向旅客提供以下各方面的信息:预告列车到达时刻及目的地信息,列车到站的预告安全广播显示和到站指示广播显示,以及在火灾及阻塞、恐怖袭击等情况下,提供动态紧急疏散指示等信息。

2) 数据的应用

轨道交通数据系统的运行过程中产生,同时也为运营、管理、信息服务等系统提供数据反馈与评估。来自列车运行控制系统的轨道运行数据,可为列车自动监控、超速防护、安全行驶提供大量历史数据积累。例如,列车超速防护系统通过采集行驶列车自身运行速度及与前行列车的追踪间隔距离,判断运行速度是否超出列车最高允许速度,追踪间隔是否满足该条件下的最小追踪间隔,当列车超速运行或不满足最小追踪间隔时,采用适当的制动曲线实施列车制动,以保证列车安全运行。

列车自动防护系统主要采集测速、测距、列车紧急制动和通信等信息数据,实现列车的最小追踪间隔防护和列车速度防护,避免列车超速运行和发生追尾事故。列车自动驾驶系统通过集中在列车上的车载检测设备,检测获取地面信息,包括线路坡度和曲线半径,以及前行路段的路面状况等,用来判断机车驱动或制动曲线,实现列车在正常情况下的自动安全驾驶,避免在列车驾驶员失去警觉时发生安全事故。

列车自动监控系统是整个运行控制系统的核心,由现场设备、车载设备与控制中心设备组成,它通过信息采集设备,实时动态显示列车的运行状态和线路设备被占用状况,为列车调度人员和现场工作人员提供清晰真实的动态画面,供其对整个运行系统进行实时监督控制。系统采集的数据包括列车识别与追踪信息、进路控制信息、运行调整信息、运行图管理信息等,实现列车限速和防护的功能,从而实现车速自动调节、车站定点停车、自动开关车门等。

3) 未来发展

轨道交通以其突出的运营特性有效地带动了城市公共交通的发展,随着城市人口的不断集聚,城市轨道交通需求激增,对轨道交通运行、运营管理、安全、需求引导与乘客信息服务都带来了前所未有的挑战。通过对设施数据、运营数据、客流数据等的深入挖掘分析,建立适应城市总体交通系统运行的轨道交通运行规律与建设管理方案,提供面向公众轨道出行者完备准确的乘车服务信息,是指导城市轨道交通系统发展的重要方向。

轨道交通数据挖掘的一项重要工作是对运营数据和客流数据的时空挖掘分析。结合轨道交通路网结构和历史 OD 客流统计信息与特征、AFC 系统实时检测到的轨道网络中各车站的进出站实时客流量,分析和预测未来短时段的客流 OD 矩阵,以及进行 OD 分配,可以帮助掌握客流产生和吸引时空分布规律,合理规划建设轨道交通信息的诱导方案,及时采取应对措施和在严重拥堵的情况下制定疏导预案,进一步提升轨道交通服务水平。

轨道交通吸引的大量客流也需要足够的出行信息和诱导信息,乘客凭借诱导信息选择出行起始点之间的最优路径,同时在各车站进出通道、上下车门附近及其他换乘空间等可以避免盲目拥堵,需要对城市轨道交通线路客流在整个轨道网络中实时分布情况进行分析和掌握,以平衡地铁运营效率和效益。同时,对轨道交通系统运营而言,实时客流分布预测能够使运营公司实时了解轨道网络中客流的分布情况,指导运营公司更加合理地安排发车时间,合理配备出行车辆车厢节数,提高服务水平和运营能力。出行者亦可根据客流诱导信息系统提示的行程时间、换乘时间、换乘次数和拥堵程度等信息,提前选择相关路径,避开拥堵线路,提高出行者的出行效率和舒适度。城市交通决策和管理者也能宏观掌握轨道客流聚集程度,合理分布整个城市客流,有助于提高轨道交通的利用率,也能够缓解一定的城市道路交通压力。

3.2.4　停车场库

1) 基础数据及采集

随着私人轿车保有量的快速增长,我国城市停车问题越来越凸显出来,在信息技术、物联网技术等的推动下,城市停车场(库)的信息化建设、管理、经营水平不管提升,城市停车场(库)的信息化管理效率和公众服务能力也逐渐跃升,纳入城市停车诱导信息采集系统的停车场(库)比例不断提高。

城市停车场(库)包括公共停车场和专用停车场,即路内、路外停车场。通常路内停车一般采用人工收费或自动停车管理系统,停车信息采集设备(如咪表系统),将车位采集信息通过通信模块汇聚到停车信息系统。路外停车场包括社会停车场、小区停车场及特殊场合停车场等,利用车辆检测器采集停车信息的采集方式,在停车场进出口或车位上方安装车辆检测器(如感应线圈、微波检测器、超声波检测器等车辆检测设备),车辆检测器采集停车场进出车辆数或车位占有情况,空车位采集器计算停车场空车位数,车位变化数据通过无线网络由停车场诱导管理系统进行汇聚,经后台计算处理,生成对应相关停车场的空余泊位数据,并对相应信息诱导显示空余泊位进行分配。对应停车场的空余泊位数据再通过无线通信网络,下达到相应信息显示屏显示空余泊位,从而向驾驶员提供各停车场的有效空位信息。

2) 数据的应用

先进的城市停车场(库)信息化管理通常可以实现泊位管理、停车引导、收费计费、经营管理、服务管理等功能。借助停车数据挖掘分析为城市停车建设管理提供决策依据,利用每日积累的停车信息实时数据,逐步建立静态交通管理体系,使动态、静态管理结合,大大提高城市开放式停车场管理效率和交通综合管理水平,提高城市信息化管理水平。收费终端的每一步操作在后台都有详细记录,其采集的车辆信息,还可与城市车辆管理天网、车管所、交警执法数据对比,及时发现套牌、盗抢、报废、事故逃逸、未年检、黑车、涉案、违法未处理等车辆,并及时协助公安交警执法、与110联动等。

3) 未来的发展

智能停车场(库)是未来停车管理和服务的重要发展方向,实现安全、便捷、高效的车辆停车管理与信息化服务是其主要目标,未来的停车信息服务还将实现个性化的预约、定制、特殊需求等其他功能,使驾驶者能够在驾驶中就可以方便地通过路边的停车诱导系统、电话、网络等各种方式得到停车场及其是否有停车位等信息。停车场内部车位引导系统和车辆位置指示等系统可以帮助驾驶者在进入停车场时,在交费、寻找车位、寻找自己的车等环节获得便捷的服务。车位预订、特殊人群的特殊停车需求也要求便利快捷的停车保障,能避免盲目找车位而空驶。随着技术的发展,通过对停车信息的历史数据挖掘分析,可以累积驾驶者的出行与停车行为偏好信息,制定均衡的停车诱导策略,提升社会资源利用率和信息服务的准确率。对停车车位数据的利用率分析,可以判断城市停车需求的增长趋势,评估停车场设施建设规模与效益,为调控和制定城市车辆发展策略提供依据。

3.3 对外交通

对外交通是城市交通对外的门户,是车流、客流、货流交互的通道。通常来讲,一座城市的对外交通体系包含铁路、公路、航空、航运和交通枢纽等几大组成部分,而其又与城市道路交通、公共交通这两大体系紧密相连。由于它们分属不同的管理和运营主体,其信息化推进与发展的程度各不相同,数据与信息的共享与汇聚也存在一定难度。由于城市对外交通对整个城市交通体系具有巨大的影响力,甚至可以改变城市原有的交通特征,对其进行数据资源的联合挖掘与应用开发成为决策管理、出行服务共同的关注点。

3.3.1 铁路

1) 基础数据及采集

作为城市对外交通重要组成部分的铁路运输体系,担负着客流和货流进出市域运输的重任。随着对管理和服务实时性与精细化要求的提高,铁路客运与货运信息化建设已经在中国铁路总公司和各局全面展开,并取得了丰硕的成果。

铁路货运信息化系统建设较早,网络覆盖铁路总公司、路局,以及全国多个货运车站,主要完成运输计划自动下达、货车自动跟踪等功能,由基层站段本地存储货票、集装箱等原始数据,上报区域中心、路局、铁路总公司,各级独立建设原始信息库和动态信息资源库,对本级原始信息分级进行加工、处理,分别落地、逐级上报;铁路客票系统从1996年上线,通过车票信息在车站内部共享实现了车站窗口联网售票,后经不断升级,推出12306互联网售票系统,实现了客票数据在全路范围内的互通共享,并支持异地联网购票[9-10]。

数据汇聚并集中在铁路总公司、路局等各层面,通过已建的信息化系统,汇聚的数据种类十分丰富,涉及管理、运营、生产、安全等各个方面。随着信息化建设的不断推进,由静态和动态数据组成的这些基础数据,以及数据分析和挖掘获取的结果数据,发挥出越来越重要的作用。

其中,与城市交通密切相关的数据主要包括:客运与货运调度信息、列车时刻表信息、实际发车和到站时间、车次延误信息、客流量和货运量信息等。客运和货运行车调度信息,主要包括时间、地点、车速、行车方向等用于车辆运行管理和指挥方面的数据;列车时刻表信息,主要指各车次制定好的计划发车时间、计划到站时间等用于车次和时间查询的相关数据;实际发车和到站时间信息,主要指根据列车实际运行情况,记录车辆发车和到站的实际时间,并通过与列车时刻表的计划时间比较,获取车次的延误或早到等相关信息;客流量和货运量信息,主要指列车所承载的客流、货流数量,以及客运上座率和货运周转量等相关数据与信息。

随着铁路信息化的建设、发展与完善,基于数据采集和分析的应用系统有了坚实的基础,使铁路运输系统在管理和服务两个方面,全面迈进了数字化时代。

2) 数据的应用

在铁路数据采集、存储的基础上,如何进一步挖掘,找出数据的潜在规律,用合适的表现形式来展示表述,并在实际中运用,提高工作效率,是信息化建设和完善的目的与方向。就铁路数据的应用来讲,主要有两个方向:一是管理决策参考;二是公众信息服务。铁路数据的高度集中和实时性,可以很好地支撑这两方面的需求。

管理决策参考有两个层面:一是满足铁路系统内部的管理需要;二是满足城市交通相关管理部门的决策参考。客运和货运行车调度数据,可用于评价车辆调度水平与效率,通过长时间的数据积累,可以为集中调度和自动调度提供参数和依据;实际发车和到站时间、车次延误信息等数据,可用于辅助计算相应指标,评估列车运行的准点率和延误率;客流量和货运量等数据,可以与行车调度、准点率或延误率指标结合,评判车辆运行和调度的效率,为调度效率的提升和自动调度参数的调整提供依据。铁路运输体系担负客流和货流进出市域运输的任务,客流和货流的出入必将对城市自身交通产生影响。城市交通管理部门主要将注意力集中在从工作日、休息日、节假日时间维度,分析两类数据对城市交通的影响度,以及从火车站、铁路货运中心及其辐射范围的空间维度,分析两类数据对城市铁路相关热点区域的影响度。

公众信息服务主要体现在三方面:一是在客票售票系统对社会公众的服务上,公众可以从售票窗口、12306 互联网售票系统、95105105 电话订票,以及使用自助服务终端预定、改签及退票二是票务信息的互联互通还可以与管理系统有机结合,票务系统每天产生的交易数据,结合票务管理数据,可以为公众提供更可靠、便捷的购票服务;三是与火车站的信息化建设相结合,票务服务还可以通过手机 APP 软件、售票大厅显示屏等显示终端,为公众提供及时的信息发布与推送,满足不同用户的需求。

3) 未来发展

目前,铁路总公司在参考国内外各行业信息化经验的基础上,拟建设覆盖到车站的高性能骨干网,将部署在车站的 IT 设备向路局、铁道部层面进行汇聚,实现设备的物理集中,提升维护效率,降低车站维护压力。在不改变应用系统逻辑架构基础上,对服务器和存储设备逐步虚拟化,构建铁路总公司和路局两个层面的云数据中心,实现路局内部,以及路局与总公司之间的 IT 资源动态复用,为类似春运售票等突发业务提供足够的性能支撑。

铁路云数据中心建设是继网络融合、IT 资源集中后,真正使信息化发挥巨大作用的关键步骤。国外铁路信息化数据中心的建设已经体现出突出的应用优势,中国铁路数据中心建设可在充分吸收借鉴各行各业数据中心应用经验的基础上,以开放性国际标准对铁路现有庞大的 IT 资源进行虚拟池化,打破原有专网应用瓶颈,使 IT 资源发挥更大的价值。云数据中心所具备的资源动态调配、虚拟机集群、自助申请特性,将赋予铁路应用系统处理能力自动扩展、新业务上线快等诸多新特色,能很好地应对铁路春运高峰的突发处理压力,提供更高的可靠性。对于跨领域、跨行业的数据共享,云数据中心的建设也将为统一数据出入口、动态挖掘和应用提供良好的平台和基础[11]。

3.3.2 公路

1) 基础数据及采集

作为连接城市之间、城乡之间陆路交通的重要纽带,公路网系统包括了高速公路、一级公路、二级公路、三级公路、四级公路等,是进出市域陆路交通的重要组成部分。随着城市公路网信息化建设的大力发展和不断推进,公路管理运营水平和公众出行信息服务质量日益提高。

高速公路收费站,可以对过往的车辆本身,以及其行程信息等数据进行全面的采集;具备条件的高等级公路,可以布设线圈、雷达、红外线车辆检测器等设备,全天、全方位地采集车辆的行驶速度、车辆类型、车辆长度、行驶方向和车流量等信息;视频图像设备,能采集并记录车辆及路况真实的视频和图像信息;气象检测设备可采集路段温度、湿度、雨量、风向、风速、能见度、结冰情况等;隧道环境检测设备可采集隧道内一氧化碳浓度、火灾、能见度、视频图像、照度等有关信息；车辆超限管理（称重）系统的称重设备可以采集车辆轴重、车速等数据[12]。这些基础数据的采集，是支撑管理和服务应用的基石。

数据和信息采集后，通过光缆和电缆，统一传送汇聚在各信息分中心，并经过实时的处理，将数据转化为运行管理和公众服务需要的信息。各信息分中心就能够将公路通行情况、本地养护施工信息、交通事故事件等突发信息、异常天气信息等影响公路安全和畅通的情况，以第一时间通过网站、出行咨询服务热线、公路情报板、广播电台等方式及时向社会发布，从而有效减少交通拥堵，使采集的数据产生实际价值。

公路网信息中心，作为公路网信息化架构的顶端，连接各信息分中心，汇总其采集的数据，并加以分析和挖掘。由公路网信息中心构建的路网交通信息平台，可以从宏观、中观层面，有效评判公路网的整体运行状况、维护成本、服务质量等，指导公路信息分中心的工作，使采集的数据发挥出更大的效益。

2) 数据的应用

通过分析公路网采集的各项数据，可以为管理措施的制定提供依据和参考，还能为公众出行提供更高质量的服务。对高速公路收费站收费流水数据的分析，可以从收费时间、进站车速、收费车辆数、收费站规模、排队车辆数等因素之间的关联性考虑，合理解决可能的收费车辆积压问题，用以提高收费站的运行效率和服务水平；也可以从车辆ID标识、进站位置和时间、出站位置和时间数据进行挖掘，分析车辆的行程车速、车辆类型、出行OD等信息，用以评估公路路网的运行效率，定位交通压力关键节点，寻找相应的解决途径等。对公路网采集的视频信息，可以实时监控路网交通运行，及时发现事故、事件等突发问题，提高相应部门的应急反应速度和应急处置水平；通过对车辆号牌的存储、调用与分析，可以为公安破案提供线索和证据，直接为国家安全和公共安全服务。公安道口卡口数据，采集了经由不同等级公路进出城市的车辆数、车型等信息，对这类数据的挖掘分析，可以从整体上估算出进出城市的车辆和客流的时空分布、规模和总量等信息。

通过分析单一来源数据所获得的信息，能在一定程度上提高管理与服务的效率和水平，而将多源数据进行关联挖掘，可以发现更多规律，为提升公路网运行与服务，发挥出更大的作用。结合公路网天气、事故等数据，经过长时间的积累和分析，可以找出事故多发地段和成因，通过道路状态信息板发布提示信息，提醒车辆降速慢行，降低事故的发生率。结合长途客运站的长途客车和乘客的发送、到达数据与进出市域公路系统的车辆数，可以分析评价公路网在陆路城际交通中发挥的作用；结合收费站流水和公安道口数据，可以分析节假日、工作日车流进出市域的时间和空间高峰，制定相应政策进行分流；结合ETC卡和收费数据，评估车辆通行效率，大力推广不停车收费系统ETC，进而解决车辆通过收费站的积压等问题。

3) 未来发展

作为连接城市间陆路交通的主干线网，公路网系统不仅可以是横跨城市的桥梁，更可以是城市间交通信息与数据共享、交换的重要渠道。随着城市交通信息化建设和发展进程的加速,公路网交通数据和信息的采集、存储与应用,必将在城市交通管理和公众服务中,发挥出越来越重要的作用。

在城乡一体化建设过程中,公路网系统作为城市之间、城市与城郊的通道和桥梁,在信息与数据的交换和共享方面,肩负着纽带的重要作用。首先,在入城和出城两个方向上,公路网及其沿线城市的道路交通状态等相关信息,可以通过公路网、城市路网的信息发布系统发布,提高公路网公众出行信息服务的质量与水平;其次,基于公路网系统的城市间数据信息的共享和交换,能够规范统一不同城市交通数据采集格式、采集周期、汇聚内容、共享与通信等,突破目前面临的城市交通信息采集存在差异的发展瓶颈;再次,公路网数据对城市的开放和共享,可以与城市交通数据和信息相结合,分析并预判出城市车流、客流对公路和城市交通设施、资源的需求,为公路网和城市交通建设与发展提供管理和决策的依据。

3.3.3　航空

1) 基础数据及采集

与其他交通运输方式相比,民航的国际、城际间交通运输效率最高。自 20 世纪 50 年代起,民航服务范围不断扩大,成为一个国家的重要经济部门。由于快速、安全、舒适和不受地形限制等一系列优点,民航在交通运输结构中占有独特的地位,它促进了国内和国际贸易、旅游及各种交往活动的发展,使在短期内开发边远地区成为可能。"十二五"期间,我国民航固定资产的投资力度进一步加大,支撑信息化的通信网络、数据链、传输网建设不断完善。

目前,我国甚高频地空数据通信网络的基础已经建好,为飞机和地面的实时信息交换提供了可靠平台[13]。这些基础建设,是民航数据采集,信息传输和交换的根基。

民航管理局、机场和航空公司对信息和数据采集不同层面的需求,反映出管理者、服务商和社会公众等多方对信息化发展和数据采集的不同需要。民航系统采集的数据种类繁多,已经具备了大数据挖掘的基础。在民航管理方面,民航数据交换传输网络为汇聚全国民航数据,制定宏观发展规划和决策参考准备了数据基础;在机场和航空公司管理与运营方面,机务维修管理系统、运行控制系统、订座离港系统、常旅客系统、财务管理系统等系统的开发与应用,为提高运营效率发挥出信息化的巨大优势;在信息服务方面,自助服务设备、手机平台、网上值机等应用应运而生,为乘客出行提供了更便捷、高效的实时动态信息服务。

2) 数据的应用

目前,基于信息化系统支持的民航决策管理和服务体系已经初具规模,国家民航局、各地区管理局、机场和航空公司各层面的数据仓库建设逐步展开,相应的民航数据分析和挖掘系统,业已投入了实际应用,取得了明显效果。这些信息化发展的进展和成果,为建设和打造"中国数字民航"奠定了基础。

机载快速存取记录器真实、准确地记录了飞行过程中的各种参数,可以监控、检查飞行员操纵的每一个细节,及时发现不符合飞行标准的不规范动作,避免飞行事故的发生。通过分析历史数据,对燃油、飞行情报、直飞统计、飞机性能监控、进离场统计、高度层统计、签派运行分析和跑道起降等统计分析,可以实现对飞行和运行过程实施精细化管理,最终提升安全水平和运行质量[14]。空管系统调度数据的积累和分析,可以为提升调度效率和指挥水平提供依据,支撑智能化调度系统与信息化平台的建设与应用。信息化技术在订座系统、安检系统、行李系统的应用,为乘客购票、安全等需求提供了坚实的保障;航班班次、延误等数据和信息的及时采集和汇聚,为公众信息查询和服务提供了便利,信息发布和个性化服务已经贯穿了从飞机到港后机位引导,到旅客下飞机、出港,从离港旅客办理登机手续、候机、离港的全过程[15]。

数据的分析、挖掘和应用,已经渗透到民航管理、运营、商业、服务等各个领域,管理和业务系统、信息化平台的使用,大大提升了民航系统的整体服务管理水平。

3) 未来发展

虽然我国民航信息化经过了多年发展,具备了一定的应用基础和规模,相比过去而言,无论在系统数量还是应用水平上已经有了显著的提升。但是,随着近些年信息的爆炸式增长,管理、运营、服务各层面纷纷建立的信息中心和数据仓库尚未形成更有效的合力,有些相对孤立的系统依然有很大的提升空间,并可用以有效支撑全国范围民航新业务的开展。

民航信息化发展的必然走向是整个行业的一体化,民航信息化建设的关键和趋势是对信息资源的整合,如果能够将航空公司、机场、中航信、空管等信息系统进行整合,我国的民航信息化会有更好的发展。基于云平台新一代数据中心的概念已经兴起,基于网络支撑的云服务模式,不仅能减少系统投资及运行维护人员和费用,还能有效解决数据搬移和信息共享中存在的不畅等各种难题。面对巨大的发展机遇和挑战,我国民航将进一步加快信息化建设,不断结合新型信息化技术,实现智慧空港、智慧民航,不断提升整个民航业的发展水平,从而增强我国民航的国际竞争力。

3.3.4 航运

1) 基础数据及采集

航运是水上运输的统称,可以分为内河航运、沿海航运和远洋航运三大类,涉及客流、物流运输等主要业务。20世纪80年代,我国航运业信息化建设开始起步,经历了管理信息系统、电子数据交换和国际互联网应用等几个重要的发展阶段。在30多年的信息化建设和发展中,计算机网络在航运生产运营中发挥了重要作用,航运智能化管理与服务有长足的进步[16]。

各种新兴的信息技术在航运信息化进程中的试点,取得了显著的成果。例如,航运物流信息化条形码技术和航运物流信息化射频识别技术,可以提高航运物流企业信息采集效率和准确性;基于网络互联的航运电子数据交换技术,对航运物流信息化企业内外信息传输,实现航运物流信息化订单录入、处理、跟踪、结算等业务处理的航运物流办公无纸化形成重要支撑;航运预先发货通知、航运送达签收反馈、航运订单跟踪查询,航运库存状态查询、航运货物在途跟踪、运行航运绩效监测、航运管理报告等,是构成第三方航运物流服务的根本;航运物流企业可以通过提升航运客户财务、航运库存、技术和数据航运管理等,继而在航运客户供应链管理中发挥出战略性作用[17]。

国际航运中心的建设,信息技术的应用至关重要。作为航运中心的港口城市,应具有对航区和全球航运资源的配置能力,能提供与航运有关的高端服务,具有航运运价指数发布权,掌握运价调整和增强航运保险定价机制的话语权,成为能满足经济、贸易、航运业发展需求的,依托港口的物流中心,建成高效航运集疏运服务体系。航运信息化建设是支撑上述能力的基础和重要抓手。目前,信息化发展水平较高的世界航运中心是纽约、伦敦、东京、新加坡、香港等,基于数据汇聚、整理、发布的航运中心信息平台和国家电子商务系统在港口、航运业务管理、航运资源配置和集装箱物流集疏运管理中体现出高效率和高水平[18]。

2) 数据的应用

随着航运信息化的推进,"智慧航运"的概念应运而生。利用航运数据分析和挖掘技术的信息化管理、营运、服务等,是推动并实现"智慧航运"的基础。各个层面的航运信息管理平台、航运信息服务平台、航运营运系统等,已经开始建设并逐步投入使用,并在政府管理与引导、企业管理与营运等各方面发挥出了重要的作用。

各类信息化系统的构建和应用,迅速推进了航运智能化的进程,但是,航运信息化建设也存在一些问题有待解决。例如,航运业务的信息化管理与服务需求在不断地变化和完善,但信息化软件系统的开发具有一定的刚性,往往难以不断改进和拓展;航运信息化建设的地域性、行业性较强,虽然开发的信息化系统在本领域发挥了较好的效果,但在跨地域、跨行业系统兼容时会遇到困难等。因此,管理与服务多方之间的信息资源整合与应用系统集成,是满足信息化系统协同、功能拓展的前提,也是提高管理效率和市场竞争力的关键。

3) 未来发展

在已有信息化系统和应用成果的基础上,进一步推动航运信息化的发展,离不开自上而下的设计,这需要在宏观上进行协调与创新。同时,自下而上的信息化系统的握手与对接,是发展的必然趋势。这可能会面临多个问题:一是标准问题,包括数据标准的统一、系统接口的统一等,这是信息技术层面就可以解决的问题;二是管理和运营模式的创新问题,这应该更需要从机制和政策上加以保障与支撑,才能获得共赢和多赢的格局。

3.3.5 综合交通枢纽

1) 基础数据及采集

作为城市多种交通方式集成的有机整体,综合交通枢纽在城市对外交通运输中,发挥着中枢的作用。综合交通枢纽可能涵盖民航、高速公路、城际铁路、磁浮交通、城市轨道交通、公交巴士、长途客运、出租车、停车场/库等多种交通系统,这必将使其成为多种交通方式一体化的中转枢纽,而且是一座城市交通的关键节点。综合交通枢纽所带来的一系列市内交通需求,成为影响市内日常交通出行的重要因素。因此,交通枢纽信息化建设对综合交通管理、公众信息服务、各部门间的协调与联动等愈发重要。

从综合交通枢纽数据采集和信息化建设的目标来看,信息化系统需要综合考虑各种交通方式的交通需求、交通安全、相互影响与制约、多种交通方式换乘衔接、客流和车流的组织诱导、公共区域的综合管理等需求,最终为实现各种交通方式的协同运营、资源优化配置、交通需求的平衡、信息资源共享以及交通安全协调应急指挥等服务,实现综合交通枢纽交通环境的和谐与均衡。

从综合交通枢纽数据采集和信息汇聚模式来看,可以大体分为两种类型:一类是由综合交通枢纽统一进行数据采集和信息化工程建设;另一类是由综合交通枢纽汇聚多个交通部门采集的数据和信息。两类模式各有利弊,但前提是枢纽信息化建设的管理体制与枢纽现行的管理机制相匹配。枢纽的信息化系统只有与枢纽现行的管理体制和管理模式匹配后,才能更好地为交通枢纽服务目标的实现和日常管理工作的开展发挥积极作用。

因此,数据的采集要以信息化管理和服务的需求为主要依据,既要满足信息化管理和服务平台建设应用的需要,又要保证在管理体制和运行机制上切实可行,给系统预留一定的拓展空间。

2) 数据的应用

综合交通枢纽具有多种交通方式汇集、客流大量聚集的特点。为更好地协调各个交通部门,提高旅客换乘效率、减少驻站时间,实现交通换乘的无缝衔接,需要基于采集的交通数据,分析挖掘枢纽各类交通方式运行特点,找出规律,及时发现、应对突发状况,实现综合枢纽多种交通方式的协同运营,提升交通枢纽的综合管理水平;需要实时提供枢纽换乘诱导信息服务、枢纽内动态交通信息服务、安全疏散信息服务等,以满足乘客安全、便捷、高效的出行服务需要。

综合交通枢纽交通数据和信息的应用,主要在两个层面得以实现:一是多种交通相应管理和服务部门,这是满足最基本的应用需求,即保证相应管理部门实现内部业务管理和服务的需求,保证乘客在选择特定交通方式中得到最优质的信息服务,这是数据和信息应用的最低要求;二是由交通枢纽相应部门发挥协调作用,承担不同交通管理和服务间的桥梁纽带,即满足不同交通管理部门之间的合作和协同,为换乘中的乘客提供相应的信息化服务,并能在突发事故、事件出现时,实现跨部门的应急处置。其中,第一个层面是数据应用的基础和保障,第二个层面则是综合交通枢纽信息汇聚与应用的重点和难点。

基于采集的民航、高速公路、城际铁路、磁浮交通、城市轨道交通、公交巴士、长途客运、出租车、停车场/库等多种交通系统的调度、班次、车流、客流等数据,综合交通枢纽在规范管理模式,理清管理架构、部门职责、部门管理流程的前提下,构建综合性数据库,存储、分析各类交通数据,寻找其关联性,构建具有实用性、扩展性、综合性、经济性和先进性的信息化平台系统。以交通枢纽数据中心、数据交换平台、应用支撑平台为抓手,构建管理子系统、枢纽日常监测与联动支持子系统、动态信息服务子系统、周边区域交通诱导子系统、交通信息共享服务子系统、决策支持与应急管理子系统等,实现在不同层面上对数据和信息的最大化程度的利用。

3) 未来发展

综合交通枢纽信息化建设和数据应用的目的是更好地保障枢纽交通的运行良好和高效。首先,作为综合交通枢纽辅助运行决策支持的信息化系统,不应在枢纽主体设施建设完成后,再进行规划与设计,而应该在枢纽规划和设计时,同步考虑枢纽信息化的建设问题。其次,在综合考虑枢纽信息化的来源和应用管理权属的多样化和复杂性的基础上,统一交通数据的结构、格式与内容,形成不同交通部门、不同子系统之间最有效的对接与反馈。再次,在多源数据挖掘和应用中,要能实现有效的信息互联与共享,确保一定的权限配置,并在操作流程上加以规范和保障,真正实现交通枢纽内部多部门的协调联动。

综合交通枢纽作为城市的对外交通门户和窗口,数据资源的应用和分析不能仅局限于综合交通枢纽内部,更要与城市日常交通管理和服务关联与结合。因为综合交通的一体化发展,不仅在交通枢纽内部得到体现,由交通枢纽本身带给城市日常交通的巨大交通量,足以使已渐陷困境的城市交通难上加难。因此,综合交通枢纽有必要与城市日常交通管理和服务部门实现数据信息的互联互通、实时共享,这有利于从城市宏观层面上对交通进行协调和管理,进而更好地发挥出交通枢纽和城市交通数据资源集中的优势。

3.4 重大活动交通

重大活动期间的城市交通有不同于日常交通的特性,由大型活动所带来的交通压力与通勤交通叠加,给城市交通带来了更大的挑战。本节以国际大型运动会和世界博览会两种重大活动为例,选取北京奥运会、广州亚运会和上海世博会,阐述交通信息化建设和发展在交通信息化管理和服务中发挥的关键作用。

3.4.1 国际大型运动会

1) 北京奥运会

北京奥运会从 2008 年 8 月 8 日至 8 月 24 日,历时 17 天。奥运会期间,除赛事活动外,还有大量的休闲、旅游、购物、娱乐和文化活动。来自国际奥委会、200 多个国家和地区奥委会、28 个国际单项体育组织的官员、运动员和随队官员、技术官员、持证媒体人员、工作人员和志愿者有近 10 万人,还有几百万观众共聚北京。其中,奥林匹克公园高峰日观众数量约

30万人次,且主要集聚在奥运公园中心区内,使工作人员及观众具有高度集聚的特性。除日常交通出行和观看奥运赛事外,奥运期间的北京还是旅游观光的热点,城市的交通需求达到历史最高水平[19]。

保障奥运会交通畅通不是一个简单的疏堵问题,而是一个庞大的交通工程,这面临着巨大的挑战。为解决交通难题,北京市投入了大量的人力物力来进行环境和交通改造,提出了从加快交通设施建设、基于智能交通的科学化管理、提升交通参与者素质、适当限行等多个方面共同解决奥运期间交通问题的策略。

基于智能交通的科学管理系统是交通信息化在北京奥运会交通管理和服务中应用的集中体现。遍布全市快速路、主干路网和奥运专用路线,交通综合监测系统的上万个检测线圈、超声波/微波检测设备,是城市交通管理的神经末梢,24小时自动准确采集路面交通流量、速度、占有率等运行数据。这些信息化建设,为基于智能交通策略的科学管理打下了坚实的基础。基于智能交通的科学管理系统具体包括智能化的检测系统、区域协调优化系统、快速路控制系统、预测系统与智能化的调度系统等[20]。

(1)智能化的检测系统 通过安装在道路的上百台交通事件检测器组成的交通事件检测系统,将各种交通事故、路面积水等交通事件在指挥中心实时展示。通过实时检测信息,帮助指挥人员使用警力定位系统迅速显示事件区域的警员、警车分布,并指派距离最近的民警在最短时间内到达现场进行处置。这些检测设备,对每天上路的几百万车辆进行自动检测,包括违反"单双号"限行规定等的多类违法车辆,协助执法人员有效保证道路的通畅。固定安装在路面上的1 100套的电子警察全部联网,可以对闯红灯、超速行驶等九种路面违法行为进行24小时自动监测,并将违法信息上传中心数据库,与42个车辆检测场、车管所、执法站信息共享,实现了科学的闭环执法管理。

(2)智能化的区域协调优化系统 根据北京路网结构和行人、机动车、非机动车混合的交通特点,建立交通信号区域控制系统,系统通过处理和分析交通流检测器采集到的交通流信息,对路口交通信号进行实时优化,可以实现单点的感应优化控制、干线绿波协调控制和区域优化协调控制,并能在监控中心随时查看路口信号控制的实时界面。利用分布在全市主干路、环路的大型路侧可变情报信息板,每两分钟一次将相应区域以红、黄、绿三种颜色分别表示拥堵、缓行和畅通的实时路况信息,并提供给道路交通管理者和出行者,同时,每天发布奥运交通管制、道路限行、绕行路线等交通服务信息,实现对奥运车辆和社会车辆的全程连续诱导。

(3)智能化快速路控制系统 利用布设在市内快速路各主要出入口的信号灯,根据车流量的变化自动关闭或开启快速路的出入口,可以实现出入口交通流量的智能控制。当快速路主线流量达到拥堵预警时,通过信号灯控制进出主线的车流,诱导驾驶员从辅路通行;当出现拥堵造成快速路主线出口车流不畅时,出口信号灯则控制出口上游的辅路车流量,为主线出口提供更为顺畅的通行条件,从而保证主动脉的畅通。采取可变信息板及时提示驾驶员选择路线,注意进出口车流量,有效预防了出入口位置的交通事故。

(4) 智能化的预测系统　深入分析和挖掘各种交通检测设备采集的路网交通流数据,可以准确掌握路网的实时运行状态。建立智能化、精度高的预测模型,能够预测路网的车流量变化和趋势。在预测系统的支撑下,利用互联网、手机 WAP 网站和各种媒体,可以为公众提供实时交通路况信息、交通管制信息、交通预报和行车路线参考等出行信息,为市民提供最权威、最及时、最准确的个性化交通信息服务,实现随时随地贴身服务。

(5) 智能化调度系统　通过制定预案进行智能化的指挥调度,实现快速反应。当出现突发事件时,可及时通过警力定位系统,从全局实时掌握路面警力部署,动态调整警力投入;也可以根据需要,调派装备卫星通信、无线传输、图像采集等设备的交通指挥通信车赶赴现场协调工作。同时,在指挥调度集成系统的可视化图形界面下,实现电视监控、交通控制和交通诱导等多个技术系统的联动,一方面利用信号系统对事件周边路口、快速路出入口进行控制,减少附近车辆向事件地点的汇聚,另一方面利用路侧大型可变情报信息板发布诱导信息,提示附近的驾驶员绕行,缓解事件发生点附近的交通拥堵。

2) 广州亚运会

第 16 届亚运会于 2010 年 11 月在广州举行,比赛项目共设 42 个大项,476 个小项,使用场馆 70 个,是亚运会历史上竞赛项目、参会人数、场馆数量最多的一届。这给广州带来了大量突发、集中且具有冲击性的交通需求,尤其是场馆布局分散、空间距离远等问题,给亚运会期间的交通组织带来了严峻挑战。亚运会期间的交通需求主要包括城市居民日常交通需求和举办亚运会增加的亚运会交通需求[21]。

针对广州市亚运会期间的日常交通出行需求和交通运行状况,分析亚运会交通需求特性,通过建立亚运智能交通管理系统、亚运会车辆调度系统、合理分配交通资源、强化公共交通的运力和加强加大宣传,以交通管控与方便出行并重为出发点,确保了亚运会的交通安全顺畅、高效有序的运行[22]。

(1) 亚运智能交通管理系统　通过采集亚运会交通网络基础数据、亚运会交通需求数据、亚运会交通系统运行数据为亚运会交通仿真集成系统提供基础信息,为建立基础信息平台做好了准备。通过搭建亚运会交通基础信息平台,实现了按照统一标准完成多源异构数据的输入、存储、管理、处理等各项功能。统一的亚运会智能交通管理系统,包括智能交通指挥系统、事件检测和车牌识别系统、交通流量检测系统、交通控制系统、闭路电视监控系统,有效实现了对亚运会交通的实时监控和交通诱导。

(2) 道路交通信息化系统　高清卡口系统可以清晰地抓拍车辆号牌及驾驶人员的面貌特征,联动船舶交通管理信息系统、自动识别与视频监控系统、水下地形三维显示系统,统调公安、海事、港航、救捞等部门,使亚运会水上、水下、路面交通的安保得以保证。亚运会通道及城市主干道等重点路段布设了微波交通流量检测点,用于检测交通流量,可以用于及时调节疏导交通。亚运会交通管制车辆的特征化管理也是信息技术在重大活动中的应用特点。机动车牌照单双号自动识别系统的安装,可以确保单双号限行措施的有力推行,系统覆盖了东风路、中山大道、环市路、广州大道、天河北路和广园路等主干道、亚运会专用道和亚运会通道。这些高级电子眼可以在极短的时间内分辨路过车辆是否违反了单双号限行规定,同时,系统识别的号牌还可以与数据库比对,发现涉嫌盗抢、套牌、假牌的车辆,并自动报警。根据广州市机动车的保有量和出行特点,对包括电动三轮车、电动自行车、摩托车、残疾人机动车和拼改装报废车等多类车辆在内的交通管制车辆进行特征化,即在电动自行车、机动车辆上装载 RFID 芯片,存储驾驶员个人身份信息,以便比对核查,进行道路交通、社会治安等方面的实时管理和预期性的交通管制,这是亚运会交通安保应用的一项重要内容。

（3）亚运会公交车辆调度系统　根据亚运会交通运输服务的要求,结合车辆调度和组织架构,构建了亚运会车辆调度系统,有效实现了亚运会期间车辆的管控。具体包括以下这些:

① 建立包括车辆、驾驶员、工作人员、场站、交通路线等交通相关的基础信息数据库;建立包括各类注册人员的注册信息、抵离信息、住宿信息、竞赛信息的收集,以及交通服务出行信息的信息数据库;建立车辆运行、事故、维修保养、车辆预订（预约）等信息的数据库。

② 根据运动员抵离、竞赛、住宿、预订（预约）等相关信息和既定的交通运行计划编制原则,生成交通运行计划,作为所有交通服务运行的基本依据。

③ 根据交通运行计划或突发情况,对车辆、驾驶员进行实时调度管理,包括车辆调配、驾驶员排班、报（销）班、运行监控等。同时,利用 GPS 系统对车辆运行情况进行全面的可视化监控,并实现了调度中心、调度分中心与车辆之间的调度指令、行驶信息等双向互通。

④ 根据交通调度指挥体系,对突发事件报警进行应急响应和应急车辆调度。

（4）合理分配交通资源　由于亚运会历时长、活动和比赛场次多,不同活动和比赛场次参与的人员级别和数量也不同,因此要合理配置交通资源,实现亚运会期间安全有序的交通运行。对于亚运会期间客流高峰日、高峰时段,以及客流量巨大的大型活动,重点建立以轨道交通为主体、临时公交专线为补充,轨道接驳公交线和小汽车换乘点为辅助的三级公共交通客运集散体系,依托公共交通的强大集散能力给予交通资源保障。同时,通过制定不同亚运会参与者的进散场时序,实现各类交通流在时间上的分离;此外,通过划分不同交通通道和活动空间（如不同的停车场、行人集散区等）,使各类交通流在空间上实现分离,从而降低各类亚运会参与人员的不同车流与车流、车流与客流、客流与客流之间的相互干扰,保障亚运会交通安全顺畅。

（5）强化公共交通的运力　亚运会期间通过采取"以调整市民正常出行方式和出行目的为主,以削减出行强度为辅"的交通需求管理政策,实施小汽车单双号通行、黄标车限行、扩大货车限行范围等交通政策,减少赛事期间道路上机动车交通出行总量,尽可能为亚运会交通提供更多的道路交通资源。同时,在机动车单双号限行基础上,通过对公共交通实施票价优惠,在限行区外围设置小汽车停车换乘系统,增加发车频率、延长服务时间、加开新专线和夜间线路等措施,提高公共交通的运力,鼓励和引导观赛观众出行和市民日常出行使用公共交通,适度限制个体交通,缓解道路的交通压力。

(6) 加大宣传,交通管控与方便出行并重　在保障亚运会交通安全的基础上,实行弹性化的交通管控措施,尽量减少交通管控的时间和范围,并设置限行区域过境通道系统,保障过境交通的分流和绕行,降低亚运会活动及亚运会交通出行对市民日常出行的干扰和影响。通过拓宽宣传渠道,分测试、临赛、赛时和赛后四个阶段向市民全方位介绍和解释亚运会交通组织工作,确保市民和亚运会交通参与者能清晰地了解自己的出行路线,实现亚运会交通组织与市民日常出行和谐共处。

3.4.2　上海世博会

中国 2010 年上海世界博览会(以下简称"上海世博会")于 2010 年 5 月 1 日至 10 月 31 日期间在上海市举行[23]。上海世博会期间,根据上海市日常交通和世博交通管理和服务要求,在市领导的统一部署和领导下,上海市交通信息中心以上海市交通综合信息平台为依托,根据世博交通信息服务保障方案,建设了世博交通信息保障服务系统,并开发了世博热点交通和世博客流等应用软件。通过深入的交通数据分析和挖掘,形成了一系列有代表性的应用成果,为相关管理部门提供了可靠的决策依据。

上海市交通信息中心通过上海市交通综合信息平台"一机三屏"远程终端系统和七种服务方式,向世博交通指挥和管理部门及时有效地提供世博热点交通、世博客流等交通信息数据和视频监控图像,为世博游客提供世博出行公交换乘、道路交通状态、世博客流量等交通信息服务。中心所提供的交通信息全面、准确、有效、及时,在世博交通组织管理、公共交通运能运力调配、世博交通与日常交通协调运行、公众出行信息获取等方面均发挥出了重要的支撑和服务保障作用。

(1) 前期准备　世博会前,为保障交通数据采集、处理和分析等工作,并以扩展信息汇集和共享能力、优化性能结构和改造处理应用为主要目标,上海市交通信息中心对已有系统各个部分进行了优化和改造。主要包括如下几个方面:

① 以上海市交通信息中心承担建设的全市交通信息化工程成果为依托,针对世博交通信息服务需求,全力建设并完成世博交通信息服务保障系统。全力组织实施道路交通采集发布系统工程,形成全市整体性世博交通信息化环境。通过工程的实施,基本建成了覆盖城市快速路、城市地面道路、郊区主干公路三张路网交通信息采集发布系统。

② 通过快速路上匝道控制系统,均衡地面道路和快速路交通流量,为世博专线车等集约化交通工具的优先通行创造条件;通过交通综合信息平台扩容建设,为接入全面的交通信息数据创建了良好的硬件环境。

③ 建成世博交通信息服务应用平台,形成支撑世博交通网站、世博服务热线、电台电视台、手机等移动终端向世博游客发布交通信息的能力。

④ 建成世博园区交通信息子系统,实现了园区内外交通信息的实时互联和共享的功能,将上海市交通综合信息平台打造为世博园区内外信息互通的枢纽。

⑤ 为了向世博交通指挥管理部门提供交通综合信息平台所展示和分析的世博交通信息，建成了"一机三屏"远程终端系统，通过通信网络和显示终端，将交通综合信息平台所展示的道路交通、公共交通、对外交通、世博交通等信息，实时传输到世博安保指挥部指挥中心、世博园区运营指挥中心、世博交通协调保障组调度指挥中心、市府办公厅、市城乡建设交通委等 8 个世博交通指挥管理部门。

（2）数据汇聚和处理　将上海市日常交通分为道路交通、公共交通和对外交通三大类，针对不同情况分别对各类交通提出数据采集需求，并通过方案制定、具体建设和实施，开展各项数据的采集、汇聚和处理工作。针对不同路网的各自特点，选择采用感应线圈、GPS 浮动车、SCATS 系统、手机信令、车牌识别、视频处理等主要采集方式，根据历史、实时数据的不同特点，分别进行数据的预处理和再加工。以轨道交通、地面公交和停车场库等动态、静态数据为主采集公共交通的数据。通过世博园区运营指挥中心信息系统、世博园区交通信息子平台，上海市交通信息中心汇聚了园区出入口入园客流量实时数据、园区内客流量及分布数据、园区出入口及主要场馆周边视频数据、园区票务系统数据、园区内公共交通数据、园区停车场实时泊位数据、园区预约团体客流数据、园区气象数据等各类信息，为掌握园区内的客流和交通状况提供了第一手资料。根据世博会对客流分析的整体目标与业务需求，开发了世博客流数据管理与发布系统，实现世博会期间每日进出市域客流数据与世博在途客流的汇聚、处理与发布工作。

（3）世博交通信息化管理　以采集、汇聚、分析、处理各类交通数据为基础，上海市交通综合信息平台成为汇聚全市交通综合信息资源和支撑各类应用服务的核心主体，是各类交通数据综合的主要应用成果。交通综合信息平台汇聚了道路交通、公共交通、对外交通和世博交通等信息资源，面向世博交通指挥管理部门提供交通信息保障服务和管理决策依据。

① 信息化管理的基本构成。世博交通信息主要包括道路交通组织、交通客运服务、综合管理措施、世博热点交通、世博客流和世博园内交通六大专题。各专题分别从不同角度，采用动态、静态相结合的方法，展示了世博交通保障的所有信息。

"道路交通组织"包含 P+R 换乘、世博保障通道、园区周边交通组织三个方面的内容；"交通客运服务"包含长三角旅游巴士、轨道交通、世博直达线、世博公交线、远郊接驳线、周边常规公交、周边临时停车场、园内停车场八个方面的内容；"综合管理措施"包括世博管控区公告、世博期间本市在建工地管理方案、世博期间扩大禁止摩托车通行范围方案、世博专用停车场管理办法等内容；"世博热点交通"包含主要安检道口、涉博越江桥隧、周边道路三个方面的内容；"世博客流"包含进入市域客流、世博在途客流、园区出入口客流、园内客流、P+R 停车换乘、园内停车场、周边临时停车场七个方面的内容；"世博园内交通"包括园内轨道交通、公交线、轮渡的交通和客流等相关内容。

② 信息化管理的亮点。以"世博热点交通"和"世博客流"为主的世博交通专题信息服务，是世博交通信息化管理的亮点。

"世博热点交通"专题可以让世博交通指挥管理部门及时掌握 11 个主要入沪道口进入市域的车流量和道路交通状态、黄浦江上主要越江设施和管控区周边主要道路的交通状态;通过视频实时观察和监控 11 个主要入沪道口车辆排队情况、越江设施运行状况和管控区周边主要道路的交通运行状态,展示世博园区出入口客流实时信息、出入口视频信息、世博 P+R 停车场、世博园区停车场和世博临时停车场实时泊位信息,为世博交通指挥管理部门实时掌控道口、越江设施、园区周边道路运行状态、实施进入市域车辆控制、调节平衡浦东浦西交通流量、实施园区周边道路交通控制管理措施等提供信息支撑和决策依据。同时,通过交通综合信息平台,生成全市主要入境高速公路、快速路、地面道路和世博园区周边道路在早高峰和晚高峰时段实时平均车速,协助世博交通指挥管理部门精确、实时掌握全市主要道路运行状态。

"世博客流"专题,主要是开发出世博在途客流和入园客流预测系统。通过采集涉博轨道交通、世博直达专线、世博公交线、常规公交线、世博专用出租车和世博预约大巴在途客流等各项分量,开发世博在途客流测算软件,每天 7:00~12:00 时间段内,间隔 15 min 动态发布世博在途客流数量。

根据采集到的海量实时交通数据,上海市交通信息中心自主研发出世博客流预测算法,可以精确预测出当天的入园人数,并在每天开园前,通过交通综合信息平台发布客流预测结果,为世博交通指挥管理部门掌握当天世博客流变化趋势、预警大客流超大客流、及时采取措施防范大客流产生的冲击、调整客流运力结构等提供了可靠的依据[24-25]。从 2010 年 6 月 20 日正式发布预测结果到世博结束,入园客流预测的平均准确率在 96% 以上,其中,对 103 万超大客流的及时预警,是提前决策管理的关键[26-27]。

(4) 世博交通信息服务 面向世博游客的世博交通信息服务系统,主要依托世博交通信息服务应用平台,开发了七种世博交通信息服务方式,即上海世博交通网、世博交通指南、电台电视台、世博交通服务咨询热线、可变信息标志、手机与车载导航等移动终端、触摸屏等,向世博游客提供世博公共交通换乘、世博园区入园客流动态等世博交通信息和日常交通信息服务,引导世博会游客选择合适的出行方式、出行路径、换乘方案,从而保障世博会游客安全、便捷抵离世博会园区,引导市民避开车流、客流集中的区域,缓解世博会对日常交通的冲突和影响[28]。

历时 184 天的上海世博会证明,上海世博交通信息服务保障系统为世博交通指挥和管理部门及时有效地提供世博热点交通、世博客流等交通信息,为世博游客提供世博出行公交换乘、道路交通状态、世博客流量预警等交通信息服务,做到了交通信息汇聚全面、展示准确、辅助有效、发布及时,在世博信息化保障工作中发挥出了重要作用[29-30]。

◇参◇考◇文◇献◇

[1] 中华人民共和国住房和城乡建设部. CJJ37 - 2012 城市道路工程设计规范[S]. 北京：中国建筑工业出版社,2012.

[2] Transpt Roads & Maritime Services [EB/OL]. http://www. scats. com. au/

[3] SCOOT-The world's leading adaptive traffic control system [EB/OL]. http://www. scoot-utc. com/

[4] 丁士昭. 市政公用工程管理与实务[M]. 北京：中国建筑工业出版社,2012.

[5] 中建标公路委员会. JTG B01 - 2003 公路工程技术标准[S]. 北京：人民交通出版社,2004.

[6] 何毅. 滴滴打车联姻北京出租车调度中心[EB/OL]. http://article. pchome. net/content - 1607754. html

[7] 中国广播网. 2020 年我国城市轨道交通里程或将达 7 000 公里[EB/OL]. 2011 年 10 月 14 日. http://china. cnr. cn/gdgg/201110/t20111014_508628994. shtml.

[8] 李为为. 城市轨道交通调度指挥智能集成系统研究[D]. 北京交通大学,2006.9.

[9] 畅想网. 中国铁路信息化建设与展望[EB/OL]. 2004 - 5 - 23. http://www. vsharing. com/k/2004 - 5/477124. html.

[10] 智能交通网. 我国铁路信息化建设现状及发展规划[EB/OL]. 2009 年 5 月 8 日. http://www. 21its. com/Common/DocumentDetail. aspx?ID=20090508093391209757.

[11] CIO 时代网-IT 商业新闻. 信息化行业案例：建设铁路云计算数据中心[EB/OL]. 2011 年 12 月 19 日. http://www. ciotimes. com/industry/jt/57781. html.

[12] 刘美莲,朱瑞新. 高速公路信息化管理[J]. 辽宁交通科技, 2004 (3)：60 - 63.

[13] 海南飞行服务站. 通信导航监视[EB/OL]. 2013 年 7 月 26 日. http://www. ufly. com. cn/zlhb/55. jhtml.

[14] 周新颖、谭朝阳、刘倩. 挖潜"大数据"时代 QAR 如何改变飞行运营？[EB/OL].《中国民航报》, 2013 年 10 月 25 日. http://news. carnoc. com/list/264/264405. html.

[15] 比特网. 强 IT 之翼,翔民航高远——H3C 伴随民航成长[EB/OL]. 2012 年 12 月 27 日. http:// network. chinabyte. com/79/12498079. shtml.

[16] 中国社会科学院语言研究所词典编辑室. 现代汉语词典[M]. 6 版. 北京：商务印刷馆,2012.

[17] 王凌峰. 未来中国大陆航运物流企业信息化的前进方向[EB/OL]. [2010 - 7 - 20]. http://www. ciotimes. com/show. php? contentid=8640.

[18] 龙海泉. 信息化：航运中心的必由之路[J]. 上海信息化. 2009 (5).

[19] 中国奥委会官方网站. 2008 北京奥运会[EB/OL]. http://2008. olympic. cn/

[20] 中央政府门户网站. 北京介绍 10 大奥运智能交通管理系统建设应用情况[EB/OL]. [2008 - 7 - 14]. http://www. gov. cn/gzdt/2008 - 07/14/content_1044262. htm.

[21] 人民网. 第十六届亚洲运动会[EB/OL]. http://sports. people. com. cn/GB/198868/index. html.

[22] RFID 世界网. 广州亚运会智能交通管理系统应用案例[EB/OL]. 2011 年 4 月 28 日. http:// success. rfidworld. com. cn/2011_04/307b4ce96583c72d. html.

[23] 世博网. 中国 2010 年上海世博会官方网站[EB/OL]. http://www. expo 2010. cn.

[24] Zhang Y. Daily visitor volume forecasts using least squares support vector machines for World

Exposition 2010 Shanghai China[C]. Transportation and Urban Sustainability. 15th International Conference of Hong Kong Society for Transportation Studies，Hong Kong，2010：433－440.

[25] Zhang Y. Daily visitor volume forecasts for Expo 2010 Shanghai China[C]. 14th International IEEE Conference on Intelligent Transportation Systems (ITSC 2011). Washington DC，USA，2011：496－500.

[26] 何连弟. 智能交通"网住"世博客流,入园人数预测准确率达 96%[N].《文汇报》，2010 年 8 月 18 日.

[27] 沈文敏. "中国速度"彰显城市智慧(大型活动的组织管理. 上海世博会成果转化系列报道(3)).《人民日报》. 2010 年 10 月 11 日.

[28] 上海交通出行网. 通畅交通,和谐上海[EB/OL]. http：//www. jtcx. sh. cn/

[29] 薛美根，朱洪, 邵丹. 上海世博交通研判技术与实践[M]. 上海：上海社会科学院出版社,2012.

[30] 世博会交通协调保障组. 上海世博交通[M].

第4章

相关领域数据资源

在城市交通管理决策和提供公众出行服务过程中，除了会使用到交通数据资源外，还会涉及与交通相关的，来自其他行业领域的数据资源，例如气象数据就是一个很重要的相关数据资源。不同的天气状况（如晴天或雨天）对交通管理和公众出行行为的影响有着明显的差异。而引入其他一些相关领域的数据资源，如手机信令、城市人口分布等，采用大数据技术手段，能为城市交通管理决策提供更精准的方法。

4.1　气象与环境

通俗地说，气象是指发生在天空中的风、云、雨、雪、霜、露、虹、晕、闪电、打雷等一切大气的物理现象。而环境既包括以大气、水、土壤、植物、动物、微生物等为内容的物质因素，也包括以观念、制度、行为准则等为内容的非物质因素；既包括自然因素，也包括社会因素；既包括非生命体形式，也包括生命体形式。环境是相对于某个主体而言的，主体不同，环境的大小、内容等也就不同。通常与气象共同表达的环境，是狭义的环境，往往指相对于人类这个主体而言的一切自然环境要素的总和。

1) 气象环境数据获取

气象环境数据，通常可以通过两个层面获取：

(1) 传统的气象、环境监测管理部门统计发布的报表　传统的气象、环境监测部门的统计发布数据，具有准确性高、完整性强的特点，但其实时性通常较差，数据颗粒度较粗，不利于多源数据的关联性分析。

(2) 通过互联网获取气象、环境监测站的实时数据　随着互联网的发展及数据透明度的提高，使得直接获取监测站实时或准实时的数据成为可能。此类实时数据同时具有较细的颗粒度，能够反映一个监测区域的精细化气象及环境状况，使得精细化、定量化的气象环境与其他行业领域关联分析应用成为可能。

国内比较有名的网上气象台有天气在线、中国天气网、上海天气网等；而环境监测站点有中国环境网、环境保护部网站等。

2) 气象环境数据属性

常见的气象环境数据包含以下属性：

(1) 气温　一般指大气的温度。天气预报中的气温，指在野外空气流通、不受太阳直射下测得的空气温度。

(2) 露点　指空气湿度达到饱和时的温度。当空气中水汽已达到饱和时，气温与露点相同;当水汽未达到饱和时,气温一定高于露点温度。

(3) 湿度　表示大气干燥程度的物理量。在一定的温度下在一定体积的空气里含有的水汽越少,则空气越干燥;水汽越多,则空气越潮湿。空气的干湿程度叫做"湿度"。

(4) 气压　是气体对某一点施加的流体静力压强,来源是大气层中空气的重力,即为单位面积上的大气压力。国际单位是帕斯卡(简称帕,符号是 Pa)。气象学中一般用千帕(kPa)或百帕(hPa)作为单位。

(5) 能见度　又称可见度,指观察者离物体多远时仍然可以清楚看见该物体。气象学中,能见度被定义为大气的透明度。因此在气象学里,同一空气的能见度在白天和晚上是一样的。能见度的单位一般为 m 或 km。

(6) 风向　指风吹来的方向。通常是通过基本方向或方位来表示。

(7) 风速　是指空气相对于地球某一固定地点的运动速率,在日常生活中通常称之为"风"。

(8) 天气状况　天气状况分为:晴、多云、阴、霾(灰霾)、轻雾、大雾、浓雾、强浓雾、特强浓雾、小雨、阵雨、雷阵雨、中雨、大雨、暴雨、大暴雨、特大暴雨、冰粒、阵雪、雨夹雪、中雪、大雪、冰雹等。

3) 气象环境数据特征

气象环境数据具有以下几个特征:

(1) 连续性　气温、湿度、气压的变化,在一定程度上体现出连续性的特征,通过定量分析,往往能够得到气象环境属性值随时间变化的连续曲线。

(2) 可预测性　可预测性是指应用大气变化的规律,根据当前及近期的天气形势,能够对某一区域未来一定时期内的天气及环境状况进行预测。通常可以根据对卫星云图和天气图的分析,结合有关气象资料、地形和季节特点、群众经验等综合研究后作出。

按照预测的时效,可将气象预测分为:

① 短时预报。短时预报是指根据雷达、卫星探测资料,对局部地区进行实况监测,对未来 1～6 h 的气象状况进行预报。

② 短期预报。短期预报是指针对未来 24～48 h 的气象状况进行预报。

③ 中期预报。中期预报是指对未来 3～15 天的气象状况进行预报。

④ 长期预报。长期预报是指对未来 1 个月～1 年的气象状况进行预报。

⑤ 预报时效在 1～5 年的称为超长期预报,10 年以上的则称为气候展望。

按照预测覆盖区域范围,可将气象预测分为:

① 大范围预报。一般指全球预报、半球预报、大洲或国家范围的气象状况预报。主要由世界气象中心、区域气象中心或国家气象中心制作。

② 中范围预报。常指省(区)、州和地区范围的预报,由省、市或州气象台和地区气象台制作。

③ 小范围预报。如一个县范围的预报、城市预报、水库范围的预报和机场、港口的预报等,这些预报由当地气象台站制作。

(3) 区域性　气象环境数据同时具有区域性的特点,城市与城市之间,甚至是一个城市内的各个区域的气象环境状况都各不相同,在大中型城市里这种情况更为明显。"东边日出西边雨"描述的就是这种情形。

4.2　人口与社会经济

　　城市人口分布、社会经济活动都会对城市交通产生重要的影响。人是交通的主要参与者,年龄、职业、家庭收入、受教育程度等在很大程度上决定了他的出行习惯,社会经济活动及城市商业设施、公共服务设施的布局,也对城市交通有一定的诱导作用。这部分数据也是城市交通大数据的重要组成部分之一。

4.2.1　人口普查数据与城市的社会空间分布

　　人口普查是在统一规定的时间、按统一的方法对全国人口进行逐户逐人的调查活动,可以获得性别、年龄、民族、受教育程度、职业、住房等社会经济属性信息,这对于城市社会空间分析、交通行为和活动建模具有重要意义。在交通领域中,这部分数据通常用于人口结构、家庭结构和就业结构的分析。下面以上海为例,说明这部分数据的分析和应用。基本数据来源于 2010 年第六次人口普查的调查统计。

1) 人口结构空间分布特征

　　(1) 人口数量和密度的空间分布　　人口数量和密度决定了交通需求的产生量,表 4 - 1 给出了上海市的人口比例和密度的空间分布情况。从空间分布上看上海市常住人口的分布,浦东新区占总人口的 21.9%,为上海市人口最多的一个区。闵行、宝山、嘉定、松江几个外围的行政区也占有较多的人口,中心城区人口相对较少。从人口密度上看,中心城区人

表 4 - 1　上海市人口比例和密度的空间分布

区　域	人口密度	人口比例	区　域	人口密度	人口比例
黄浦区	34 641	1.9%	闵行区	6 553	10.6%
卢湾区	30 904	1.1%	宝山区	7 029	8.3%
徐汇区	19 816	4.7%	嘉定区	3 169	6.4%
长宁区	18 031	3.0%	浦东新区	4 168	21.9%
静安区	32 387	1.1%	金山区	1 250	3.2%
普陀区	23 507	5.6%	松江区	2 613	6.9
闸北区	28 383	3.6%	青浦区	1 613	4.7%
虹口区	36 306	3.7%	奉贤区	1 576	4.7%
杨浦区	21 624	5.7%	崇明县	594	3.1%

口密度较高,外围区域人口密度较低,最低的崇明县为594人/km²,而上海市平均人口密度达到了3 631人/km²,远大于长三角地区平均人口密度。除此之外,即使最低的崇明县的人口密度也远远超过了全国平均水平(140人/km²)。可见,上海不仅人口密度过大,而且中心城区人口分布不合理。

(2) 性别结构的空间分布　从性别比例上看,上海市总体常住人口中男性占52%,女性占48%,但在各区的男女比例中可明显看出,中心城区的性别比例较平均,而上海外围区域(如闵行、宝山、嘉定、松江、青浦、奉贤等区)中男性比例高于女性将近10%(如图4-1)。

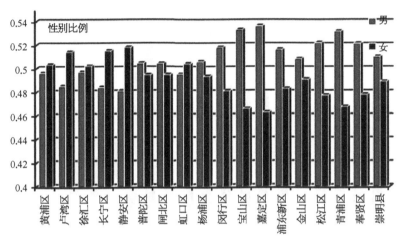

图4-1　上海人口性别比例的分区分布

(3) 年龄结构的空间分布　从年龄结构上看,全市的年龄结构组成呈现锥形,其中,20~29岁人群最多,30~60岁的人群为主力,社会呈现"成年型"(见图4-2)。值得注意的是,60岁以上老年人占15.1%,65岁以上老人占10.13%,而老龄化社会按照联合国的传统标准是一个地区60岁以上老人达到总人口的10%,新标准是65岁老人占总人口的7%,即该地区视为进入老龄化社会。上海市的这一比例已远超过该标准,人口已呈现老龄化。

上海中心城区如黄浦、卢湾、徐汇、长宁、静安、普陀、闸北、虹口、杨浦各区中年龄结构比较接近,50岁以上的老年人占40%,外围的闵行、宝山、嘉定、浦东、金山、松江、青浦、奉贤等区30岁以下年轻人的比例明显

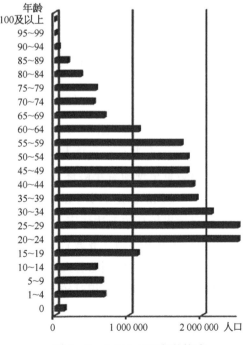

图4-2　上海人口的年龄构成

高出中心各区,接近40%,而50岁以上老年人的比例为20%～30%(见图4-3)。但崇明县虽然位于上海外围,但其年龄结构与中心城区类似,30岁以下年轻人为22%左右,50岁以上老年人占45%。

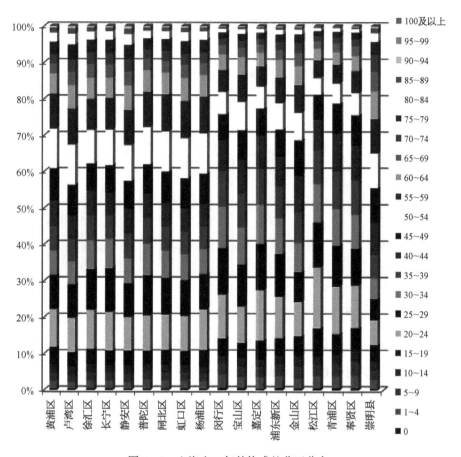

图4-3 上海人口年龄构成的分区分布

(4) 人口教育结构 图4-4给出了上海人口各年龄段的受教育程度。从受教育结构上看,受教育人口年龄分布与总人口年龄分布基本一致,除6～9岁年龄段外,其余年龄段的未上学人口数量呈现随着年龄逐步上升的趋势,且女性未上学人口为男性未上学人口的3.8倍。由于我国的法定上学年龄是6周岁,条件不具备地区可以推迟到7周岁,因此6～9岁年龄段显示出较高的未达法定上学年龄的未上学人口。在受教育人口中,学历越高,人口越少,由于中国九年制义务教育为小学和初中,所以初中文化程度的人比例最高。除学龄青少年外,小学学历比例随着人群的年龄增加而增大,20～60岁的人群均有30%～40%为初中学历,高中学历分布相对较平均,各年龄段均占10%～20%,但45～55岁的人群中高中学历比例达到30%～40%,与当时中国刚恢复高考的政策有关。研究生与本科学历主要集中在20～35岁的人群中。

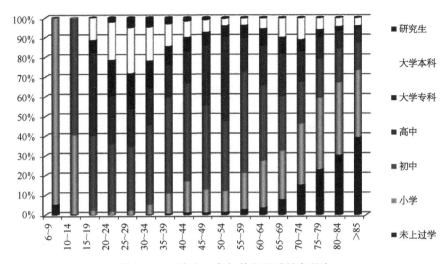

图 4-4 上海人口各年龄段的受教育程度

2) 家庭结构的空间分布

上海市平均户规模为 2.50 人/户,各行政区中,金山区的平均家庭户规模最高,为 2.78 人/户,崇明县的平均家庭户规模最低,为 2.22 人/户(见图 4-5)。上海的平均户规模低于全国的 3.1 人/户,并呈逐年下降趋势。

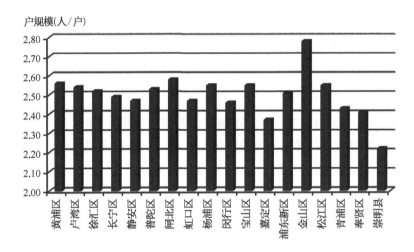

图 4-5 上海市平均家庭规模的分区分布

家庭中老年人的数量直接影响家庭的活动安排及产生的出行行为。上海各区家庭中有一个、两个或三个 60 岁以上老年人的户数与各区的总人口数变化趋势基本吻合,但单个家庭中有三个老年人的户数远低于前二者(见图 4-6)。

3) 就业的空间分布结构

(1) 就业人口比例 上海全市平均就业人口的比例为 55.6%,外围地区就业比例普遍偏高,此现象与各区域年龄结构相关,中心城区老年人较外围地区多,所以就业比例会相对低于外围地区(见图 4-7)。

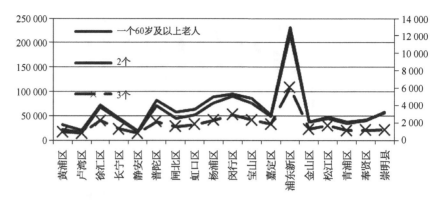

图4-6 上海市家庭中老年人数量的分区分布

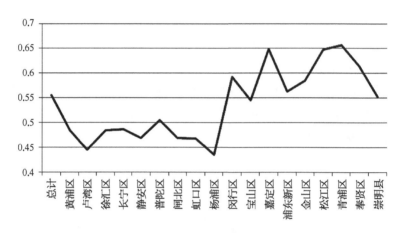

图4-7 上海市常住人口就业比例分区分布

(2) 不同职业就业人口比例 上海市居民就业职业结构中,最多的为生产运输设备操作人员及有关人员,为35%;其次为商业服务人员,为29%;国家机关党群组织企业事业单位负责人及农林牧渔水利业生产人员较少(见图4-8)。

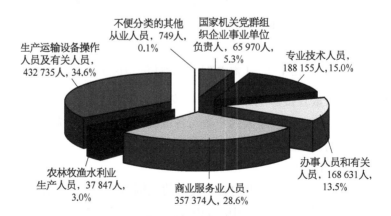

图4-8 上海市常住人口不同职业就业结构

　　上海市分区不同职业就业人口比例如图4-9所示。由图可以看出,各区居民的职业划分中,商业服务业人员在中心的几个行政区中分布比例较大,生产运输设备操作人员在外围的几个行政区中分布比例较大。农林牧渔水利业生产人员主要集中在崇明县。这样的分布与各区地域性与发展重点相关相适应。

　　从年龄组成上看,生产运输设备操作人员在青年与中年人群中所占比例较高,农林牧渔水利业人员集中在60岁以上人群,商业服务人员与办事人员在各年龄段分布较均匀,专业技术人员在20~40岁人群占有较高比例,单位负责人比例普遍较低,30~60岁人群中比例相对较高(见图4-10、图4-11)。

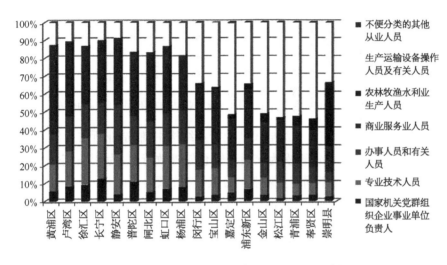

图4-9　上海市分区不同职业就业人口比例

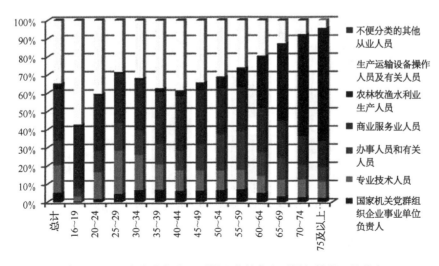

图4-10　上海市常住人口不同职业就业在不同年龄段上的分布

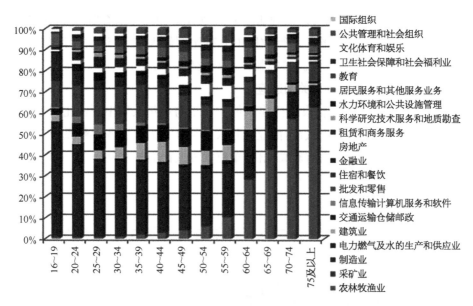

图 4-11　上海市常住人口在不同行业就业结构在不同年龄段的分布

（3）不同行业的就业分布　上海居民就业行业结构中,制造业所占比例最大,为35％;其次为批发和零售业,为16％;再次为交通运输仓储邮政行业,为8％;其余各行业比例为0~6％。上海市常住人口在不同行业就业的分区分布如图4-12所示。

从图4-12中可以看出:各区居民的行业划分中,农林牧渔水利业主要集中在崇明县;制造业在各区所占比例均较大,尤其在上海外围区域,最高达50％。

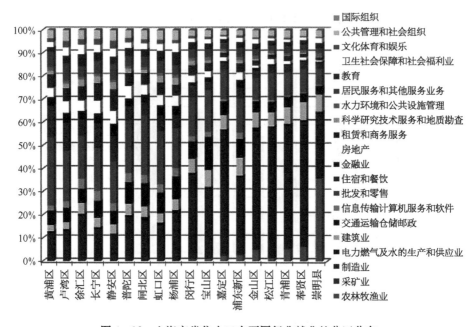

图 4-12　上海市常住人口在不同行业就业的分区分布

4) 就业人口的平均工作时间

全市平均周平均工作时间为 44.39 h,平均每天 8.9 h,城市居民周平均工作时间为 43.84 h,镇居民周平均工作时间为 46.45 h,乡村居民周平均工作时间为 45.36 h。总体上看,中心城区工作时间(42~44 h)普遍低于外围区域(44~47 h)。其中,金山区与青浦区周平均工作时间最高,为 47.7 h,崇明县最低,为 39.7 h(见图 4-13)。

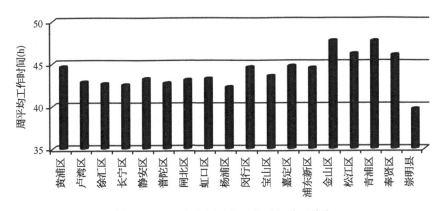

图 4-13　上海市周平均工作时间分区分布

图 4-14 显示:从年龄族群分析,15~50 岁的人群周平均工作时间均在 44 h 左右,50 岁以上人群随年龄增加平均工作时间逐渐减少。

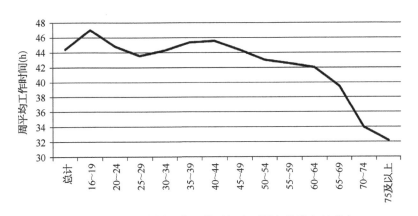

图 4-14　上海市周平均工作时间在不同年龄段上的分布

4.2.2　住宅价格的空间分布

从房地产行业中可以获取关于住宅价格的历史变化信息(见图 4-15),以及当月住宅价格信息(见表 4-2)。

在这些数据的基础上,对于时间影响进行适当修正,可以获得上海市部分地区房价分布示的房价空间分布信息,如图 4-16 所示。从城市规划和交通规划角度出发,人们关注的

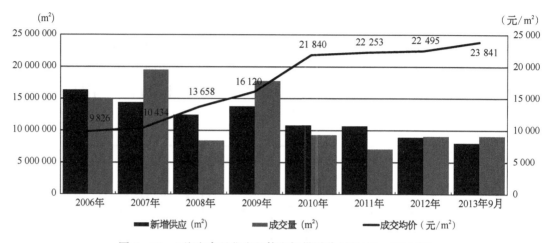

图 4-15 上海市商品住宅整体市场供需分析(2006~2013 年)

是房价的相对关系,从而研究城市交通区位与房价的关系、城市居民的空间迁移,以及城市功能的空间集聚等。

表 4-2 2013 年 9 月上海市公寓市场分区供求及价格情况

行政区域	新 增 供 应		成 交 量		成 交 价 格	
	套 数	面积(m²)	套 数	面积(m²)	交易均价(元/m²)	交易金额(元)
奉贤区	349	35 759.20	641	67 218.02	17 057.61	114 657.90
金山区	590	61 209.81	546	57 210.41	10 981.21	62 823.97
宝山区	834	72 365.76	1 141	119 913.90	19 157.16	229 721.10
杨浦区	715	92 709.13	230	40 756.93	43 148.04	175 858.20
虹口区	0	0	19	3 233.78	49 570.76	16 030.09
静安区	0	0	15	1 983.36	68 048.47	13 496.46
闸北区	0	0	118	15 578.85	40 167.82	62 576.85
普陀区	319	85 527.21	424	70 839.63	42 324.01	299 821.70
黄浦区	2	453.21	30	6 497.26	73 897.1	48 012.87
徐汇区	0	0	77	14 595.84	60 289.14	87 997.06
卢湾区	0	0	22	3 773.50	80 301.96	30 301.94
长宁区	6	843.58	24	3 769.72	49 750.75	18 754.64
闵行区	1 931	260 824.30	788	101 727.40	30 469.62	309 959.50
嘉定区	1 124	125 691.20	1 828	216 678.30	16 682.27	361 468.50
松江区	1 103	126 685.10	1 114	121 139.30	19 856.83	240 544.30
青浦区	1 901	185 665.70	769	84 741.28	19 619.00	166 253.90

（续表）

行政区域	新 增 供 应		成 交 量		成 交 价 格	
	套 数	面积(m²)	套 数	面积(m²)	交易均价(元/m²)	交易金额(元)
南汇区	1 224	125 496.00	1 738	188 071.90	15 502.53	291 559.10
崇明县	144	14 944.20	49	5 495.21	11 642.21	6 397.64
浦东新区	523	79 359.34	995	148 968.30	36 240.83	539 873.40

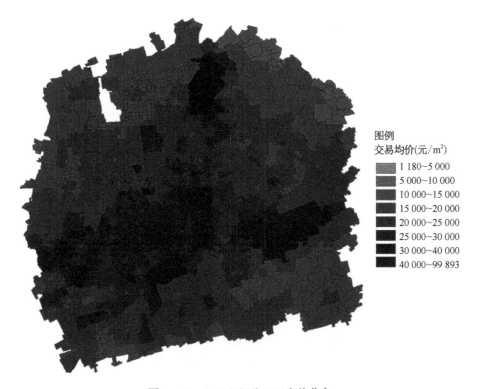

图例
交易均价(元/m²)
- 1 180~5 000
- 5 000~10 000
- 10 000~15 000
- 15 000~20 000
- 20 000~25 000
- 25 000~30 000
- 30 000~40 000
- 40 000~99 893

图 4-16 上海市部分地区房价分布

4.2.3 公共服务设施的空间分布

公共服务设施是指为公众提供公共服务的基础性、公共性、服务性设施,按对应的城市用地类型,可以分为:行政办公、商业金融、文化娱乐、体育、医疗卫生、教育科研设计和社会福利设施等[1]。行政办公设施主要是指党政行政机关、党派和团体等行政管理部门的办公设施。商业金融设施主要是指商业和服务业、金融业和保险业等设施。文化娱乐设施主要是指广播电视和出版、图书和展览、文化艺术和游乐等各类文化和娱乐设施。体育设施主要是指各级体育场馆及训练场地等设施。医疗卫生设施主要是指医疗、保健、防疫、康复、急救、疗养等设施。教育科研设计设施主要是指高等院校、中等专业学校、中小学、科研和勘察设计院所、信息和成人高等培训学校等设施。社会福利设施主要是指为孤儿、残疾人、老龄人等社会弱势群体所设置的学习、康复、服务和救助等设施。公共服务设施是吸引人员到达并进行活动的主要地点,是交通需求的主要吸引地。

公共服务设施与交通相关的信息主要包括:

① 公共服务设施基本情况,包括设施名称、地址(位置)、类型、建筑面积、土地面积、人均用地标准、业务规模、服务人口数量、服务半径、营业时间、停车场面积等。

② 从业人员信息,包括从业人员数量、年龄、性别、职业、收入、居住地址、出行方式等。

③ 来访者信息,包括来访者数量、年龄、性别、职业、居住地址、出行方式等。

公共服务设施数据可以从规划部门获取。随着互联网地图服务的发展和信息的不断丰富,也可以从 POI 数据中获取公共服务设施数据。POI 数据主要包括名称、类别(行业类别)、经纬度等信息,是基于位置的地图服务、出行信息查询、出行路径规划等服务的基础。

通过公共服务设施的空间布局与交通网络(道路、公交、轨道)的关联,可以进行公共服务设施的可达性分析。图 4 - 17 所示为某市中心某地点通过公交网络 45 min 内能到达的教育设施数量,反映了该地点到达附近公共设施的方便程度或可达性。

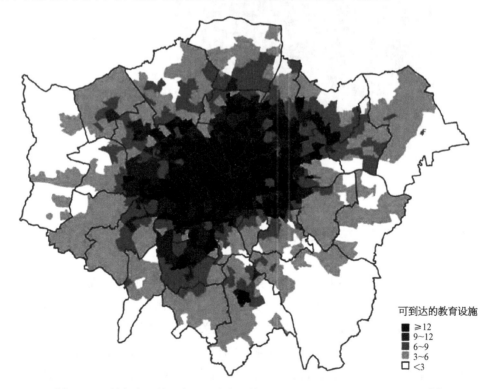

可到达的教育设施
- ≥12
- 9~12
- 6~9
- 3~6
- <3

图 4 - 17　某市中心某地点通过公交网络 45 min 内能到达的教育设施数量[2]

4.3　城市规划与土地利用

1) 土地开发强度与交通需求的关联信息

土地开发强度反映的是土地的利用程度。一方面,某区域的交通区位越好,土地利用的经济效益就越高,土地开发强度也就越大;另一方面,某区域的土地开发强度越高,其交通需求的产生量和吸引量也就越大,对配套的交通基础设施和交通服务设施的要求也就越高。

土地开发强度通常采用容积率、建筑密度、建筑高度等指标进行衡量。

土地开发强度与交通发生量(交通产生量与吸引量之和)之间存在相关性,可以通过回归分析方法建立二者之间的关联关系。戚浩平等利用常州市的数据建立了如下的回归公式[3]:

$$交通发生量＝小区总面积×0.06＋建筑密度×0.082＋总建筑面积×0.278＋$$
$$建筑容积率×0.281－工业用地×0.061－市政公用设施×0.054＋$$
$$公共设施×0.023＋居住用地×0.304－仓储用地×0.076－$$
$$道路广场用地×0.009－对外交通用地×0.045－$$
$$水域×0.008－绿地×0.009＋特殊用地×0.018$$

可以看出常州市的居住用地、建筑容积率、总建筑面积和建筑密度与交通发生量之间存在较强的正相关关系。

由于土地利用变量之间存在多重相关性,进一步分析土地利用各变量与交通发生量之间的相关关系,见表4−3。居住用地、建筑容积率、总建筑面积和建筑密度与交通发生量之间的相关系数分别为0.912、0.847、0.844、0.361,这说明居住用地、建筑容积率、总建筑面积和建筑密度对交通发生量的影响很大。

此外,还可以采用职住比(就业岗位与居住人口的比值)表示某区域的职住数量的平衡程度,职住比越高,表明该区域的就业功能越强,交通吸引量也越大;职住比越低,则表明该区域的居住功能越强,交通产生量也越大;若该区域的就业岗位与居住人口中的劳动者数量接近,则表明该区域达到职住平衡,也就是劳动者都可能就近就业,此时产生的通勤出行距离和出行时间最小,对城市交通的拥堵影响也越小[4]。

2) 居住与就业的空间分布

影响城市客运交通结构的重要因素是城市中的居住与就业,而这种空间分布关系的表达可以划分为静态和动态两种类型。例如日本东京都市圈的居住人口密度空间分布情况如图4−18所示,东京都市圈就业岗位密度的空间分布情况如图4−19所示。

表 4－3 土地利用各变量与交通发生量之间的相关系数[3]

	小区总面积	建筑密度	总建筑面积	建筑容积率	工业用地	市政设施用地	公共设施用地	居住用地	仓储用地	道路广场用地	对外交通用地	水域	绿地	特殊用地	交通发生量
小区总面积	1														
建筑密度	−0.142	1													
总建筑面积	0.279	0.561	1												
建筑容积率	−0.188	0.652	0.851	1											
工业用地	0.445	0.229	0.010	−0.229	1										
市政设施用地	0.005	0.028	−0.085	−0.051	−0.219	1									
公共设施用地	−0.133	0.614	0.395	0.476	−0.025	0.219	1								
居住用地	−0.058	0.364	0.764	0.854	−0.295	−0.113	0.198	1							
仓储用地	0.091	−0.131	0.013	−0.050	−0.036	−0.133	0.211	−0.061	1						
道路广场用地	0.103	−0.079	−0.057	−0.121	−0.058	0.120	−0.039	0.003	−0.045	1					
对外交通用地	−0.213	0.048	−0.088	0.0050 3	−0.186	−0.126	0.323	−0.118	−0.075	−0.061	1				
水域	0.668	−0.319	0.069	−0.271	0.144	−0.094	−0.548	−0.171	−0.095	0.051	−0.242	1			
绿地	0.657	−0.174	0.160	−0.181	0.486	−0.134	−0.424	−0.186	0.066	−0.053	−0.175	0.634	1		
特殊用地	−0.162	0.058	0.005	0.109	−0.317	−0.061	0.188	0.142	0.151	0.732	−0.111	−0.259	−0.276	1	
交通发生量	0.025	0.361	0.844	0.847	−0.182	−0.134	0.189	0.912	−0.161	0.064	−0.075	−0.086	−0.071	0.080	1

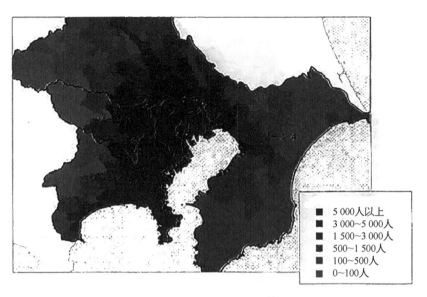

图 4-18　东京圈居住人口密度分布示意图[5]

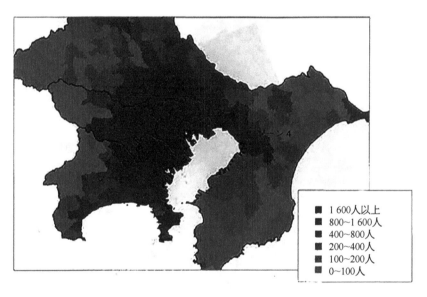

图 4-19　东京圈就业岗位密度分布示意图

　　与城市规划相比,交通规划等更加关注的是城市居住与就业的空间联系,正是这种联系形成了城市交通刚性需求的主要部分。图 4-20 说明了这种空间联系的结构。与图 4-21所示的城市交通 OD 期望路线图相比,图 4-20 不仅更加直观地说明了通勤通学客流的空间流向和流量,而且说明了从外围流向东京 23 区(中心城)的流量与 23 区内自身产生的流量的比例关系,以及外围各区流向东京 23 区流量占各区流出总量的比例结构。通过这样的方法,更加清晰地表达出城市居住与就业空间结构的联系。

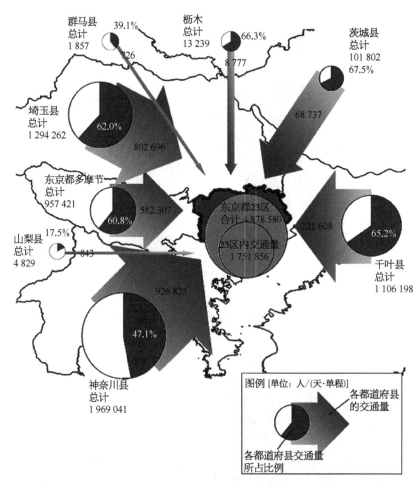

图 4 - 20　周边各县以东京 23 区为目的地的通勤、通学流动示意图[6]

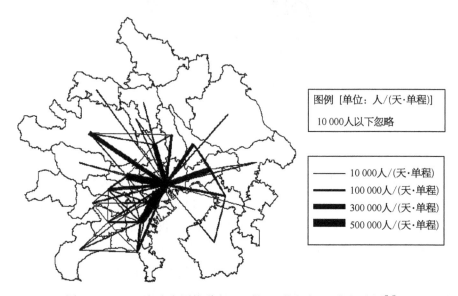

图 4 - 21　2010 年东京圈轨道交通通勤、通学客流 OD 期望线图[6]

4.4　移动通信数据

移动通信数据,是指用户在移动通信网络中产生的数据。当前应用于交通领域的移动通信数据,主要包括话单数据及信令数据两类。

话单指通信原始记录信息,又可以称为详单。而通信设备之间任何实际应用信息的传送总是伴随着一些控制信息的传递,它们按照既定的通信协议工作,将应用信息安全、可靠、高效地传送到目的地。这些信息在计算机网络中叫做协议控制信息,而在通信网中叫做信令(Signal)。由于信令及话单数据能够记录设备的基于基站小区的位置信息,故在交通领域有着较为广泛的应用。国内现阶段,移动通信终端主要是指手机终端,故后文除特别说明外,手机与移动通信(终端)不作区分。

1) 移动通信数据的获取

通常,运营商会保存一段时间的用户话单,作为话务量统计及网络优化的依据。交通规划及管理部门可以通过与运营商建立合作机制,获取与个人用户无关的统计数据及其分析结果。而信令数据的获取,则需要在移动通信网络的相关接口设置采集装置,由运营商负责采集和解析后通过一定的方式呈现给数据使用部门。关于移动通信网路各接口的位置、含义及相关信令类型,可以参考移动通信领域的文献,在此不进行赘述。

2) 移动通信数据的属性

根据移动通信网络的覆盖特性,以及移动通信网络需具备为移动通信用户连续提供服务的功能,移动通信用户的终端会定期或不定期地、主动或被动地与移动通信网络保持联系,这些联系被移动通信网络识别成一系列的控制指令。通过对这些指令的记录分析,能够获取到一系列移动通信数据,包括以下这些:

(1) 加密后的设备标识号　为了保证通信用户的绝对隐私,移动通信数据记录的用户编号是单向加密的结果,保证加密过程的不可逆性。

(2) 时间戳　移动通信数据,包含时间戳信息,记录数据产生时刻。

(3) 位置区编号　即移动通信系统中的位置区码,是为寻呼而设置的一个区域,覆盖一片地理区域。

(4) 小区编号　移动通信网络中小区编号,在移动、联通的网络中,位置区加上小区编号能够唯一确定终端所处位置,电信网络略有不同。

(5) 事件类型　即通信数据产生的事件类型,通常包含通话、短信、切换、位置更新等不同类型。

3) 移动通信数据的特征

以移动通信中典型的信令数据为例,移动通信数据具有以下特征:

（1）数据量大　例如上海移动通信网络中记录的数据，能应用于交通分析的信令数据约为 200 GB/天，一周数据量超过 1 TB，一个月这些记录所需的存储空间约为 30 TB，考虑到数据备份的需求，系统整体存储容量需求约为 1 PB/年。

（2）实时性强　移动终端在网络中，会与网络保持着密切的联系，产生的信令数据会被信令采集平台实时记录并保存，故具有很强的实时性。

（3）空间覆盖密度高　随着用户数量的不断增加，无线通信网络日趋完善，服务水平也日益提高。以上海为例，市域范围内平均基站间距＜500 m，基本不存在通信信号覆盖盲区，所以数据的空间覆盖密度很好。

4.5　公众互动信息

公众互动信息是指公众通过社交网络、广播互动平台、咨询投诉热线、移动终端应用程序等渠道，进行投诉、发表评论、传播交通信息、上传与交通状况或交通事件相关的图片、语音等信息，可以从这部分数据源中提取有关交通状态、交通事件、交通设施状况、公众对交通政策和措施的看法等信息。根据来源可以分为社交网络数据、广播电视数据和咨询投诉数据等几大类，各类数据的来源、类型和包含的交通信息等见表 4-4。

表 4-4　公众互动信息表

数　据　来　源		主要数据类型	主要包含的信息
社交网络	微博：政务、企业、个人	文字、图像、视频、音频	道路交通状况、交通事故等的信息，以及政府或企业发布的其他交通资讯，用户观点
	网站：门户网站、政务网站、专业网站（论坛）等		
	微信等		
	移动应用　路况交通眼、六只脚行踪等	出行轨迹数据、图像等	用户共享的出行轨迹数据、路况等出行信息
广播电视	交通广播	音频	交通资讯、路况、听（观）众互动信息
	移动电视	视频	
咨询投诉	电话、信件、网上、现场	文字、图像、视频、音频	公众对于交通事故、设施、管理等交通问题的反映、观点

1）社交网络数据
社交网络包括微博微信、网站和移动应用等多种形式。

（1）微博微信数据　自 2009 年新浪网推出"新浪微博"，2011 年腾讯公司推出"微信"

后,微博、微信等新型网络媒体已成为中国网民主要社交网络活动之一。截至 2013 年上半年,新浪微博注册用户已达到 5.36 亿,2013 年第四季度,微信月活跃用户数达到 3.55 亿。

根据注册用户类型,可以将微博或微信分为政务、企业和个人三种类型。

① 政务微博或微信。政务用户是指由政府部门推出的官方账户。据国家行政学院电子政务研究中心发布的《2013 年中国政务微博客评估报告》显示,截至 2013 年底,新浪网、腾讯网、人民网、新华网等四家微博网站共开通政务微博客账号 258 737 个,其中,党政机构微博客账号 183 232 个,党政干部微博客账号 75 505 个。在交通行业方面,交通、铁路系统数量在党政机构微博客中占比为 11.5%,仅次于公安系统(36%)和党委系统(12.7%)[7]。

对于交通行业,一方面,政府部门可以通过这些政务新媒体,及时发布公众关切的交通事件和政策法规等权威政务信息;另一方面,政府部门还可通过新媒体的评论、转发等互动功能,及时了解网络舆情对所发布信息的反应态势,应对网络上关于所发布信息的负面舆论影响。

② 企业微博或微信。企业用户通过微博、微信等打造属于自己的基于客户关系的信息传播、分享以及获取平台,可以通过网页及各种客户端组建(企业)专属社区,并实现即时商业分享。

我国各大城市的公交、地铁、公共交通卡公司、运输公司等交通行业企业,通过微博或微信发布相关交通线路及时刻表、公共交通卡技术服务、运输班次及时刻表、票价、优惠或促销信息等。例如,2013 年 7 月 1 日,北京公交集团官方微信正式开通,开设的栏目有"关于公交"、"服务台"、"线路信息"三大模块,具有九大功能。民众通过关注"公交微信"不仅可以随时了解最新出行信息,还可以查询定制公交招募线路、车厢遗失物信息、一日游线路、公共交通卡退卡点、长途线路、驾校班车等信息。10 月 1 日,公交集团官方微信升级后,增加了公交线路查询、公交换乘信息两大功能,用户可以通过微信可查询公交集团、地铁及沿途公交的线路信息和换乘信息。

③ 个人微博或微信。个人用户占微博、微信等新媒体的绝大多数,也是与政务用户和企业用户互动的主力。在交通方面,个人用户通过微博或微信发表交通设施状况、交通状况、交通事故,以及对交通政策或措施的评价等信息。通过对个人用户产生的社交网络数据进行挖掘分析,可以发现一些交通问题的信息,以及公众对交通政策或措施的看法,为交通管理部门及时处理交通问题或制定有效的交通管理措施提供依据。例如,当有交通事故等突发事件发生时,可能会有很多目击者利用微博、微信等个人账号将所掌握的事故发生时间、地点、起因等信息发布于网上,即产生所谓的社交网络数据,其数据格式可能包含有文本、图像、视频、音频等多种类型,通过对这些数据的挖掘与分析,能够对交通事故等异常事件的检测、原因分析、责任判定等提供支持。

(2) 网站数据　与微博、微信等新媒体类似,各级政府的交通管理部门及大中型交通企业都建立了自己的官方网站,交通管理部门可以通过网站发布交通资讯,公开最新的交通信息政策,交通企业单位也可以通过网站进行产品信息的宣传和品牌形象的推广。此外,也有一些交通行业网站、论坛等平台供网友进行交流互动,包括事件投诉、问题解答、政策讨论等。

网站的主办单位或企业通过网站进行信息的发布,同时还可以建立相应的网络舆情监测系统,通过对信息的浏览次数、转载次数、评论次数及反馈信息的时间密集度等数据来分析民众对于所公布的交通政策、管理措施、交通事件通报、交通产品发布等信息的反响,识别出给定时间段内的交通热点问题,并对其进行倾向性与趋势分析。有助于主办单位或企业及时了解网络舆情动态,建立网络舆情预警机制,为部门危机公关或品牌形象营销等提供数据支持。

(3) 移动应用数据 随着智能手机的日益普及,产业界从出行安全及出行服务质量等角度,推出了一些基于位置服务的移动应用软件。交通出行用户可通过这些应用来发布路况、行驶状况信息,向指定人群分享自己的出行轨迹等,即产生带有位置属性的数据(如图像、轨迹数据等)。而通过对这些数据的挖掘分析,可以了解路网的交通状况、热门景点或经典旅行线路,从而为出行用户(尤其是户外爱好者)提供更好的出行路径选择和相关推荐服务。

例如,"路况交通眼"是由北京世纪高通科技有限公司研发的一款移动应用软件,其路况信息每 5 min 更新一次,确保了路况等交通信息的实时性,通过简图路况显示模式,能直观准确地展示相关道路的路况。此外,该应用还提供"路况分享"服务,用户可通过该服务将道路交通信息(包括无良驾驶、交通事故、道路施工、交通拥堵、交通管制等)拍照并分享给微博好友。又如,"六只脚行踪"是面向户外爱好者的浏览、记录、分享户外线路(GPS 轨迹)的客户端,与"六只脚网站"相结合,为用户提供 GPS 轨迹记录与分享服务。用户可在徒步、自驾车、摩托车、山地骑行、越野、登山、滑雪、航海、观光旅游等户外活动时用作行程记录,并可与家人及好友分享。

2) 广播电视数据

广播电视,是通过无线电波或导线向广大地区播送声音、图像节目的传播媒介,具有形象化、及时性和广泛性等特点。交通广播较早在各大城市得到应用,通过交通广播发布道路交通状况信息,对交通诱导起到了重要作用;此外,交通广播电视在公交、地铁中也得到了广泛应用,进行公交、地铁的到站信息发布等。

例如,上海交通广播电台是中国大陆第一家以播报交通信息为主导的专业广播媒体,采用双频率(FM105.7/AM648)和双直播室(广播直播室/交警直播室)播出,每小时 7 次定点播报道路状况信息,并 24 小时播出,覆盖人群超过 1 亿,有效受众近 260 万。

上海交通广播与城市交通管理部门合作,通过技术手段,将城市路网交通流量 GIS 地图直接接入直播室,使得直播室能实时观测城市主要交通节点的动态图像。同时,通过 GPS 定位技术,交通广播可随时掌握近 3 万辆出租汽车运行状况;并通过与任意一辆行驶的出租车驾驶员通话,了解其所在位置的道路通行情况。此外,铁路、水运、航空,以及交通清障救援系统都与交通广播保持着紧密联系,并通过与长三角城市交通广播联盟等广播媒体的合作,及时发布城际间的高速公路状况信息。

交通广播虽能了解到道路拥堵路况,但多数情况下不能解释拥堵的成因。而许多网友通过微信公众账号向交通广播分享了其所在地点的道路通行状况,包括出行过程中所目睹的交通事故、交通违规事件等信息,结合网友提供的互动信息,交通广播可推测出相当比例交通拥堵的原因,并与交通管理部门实时信息共享。

3) 咨询投诉数据

城市的交通主管部门一般都开设有专门的咨询投诉热线、邮箱、电子信箱,针对交通领域所出现的各种问题收集民众的疑问与意见,接受民众的咨询与投诉。

例如,2013 年度上海市交通运输和港口管理局(以下简称"上海交港局")共接受市民咨询 3 864 次,其中电话咨询 2 627 次,现场咨询接待 339 次,网上咨询 898 次[8]。一方面,上海交港局等政府主管部门对重大交通基础设施建设、重大活动及交通政策等通过广播电视、微博等渠道向民众征求意见及公布时,民众会通过电话、现场、网站等渠道进行咨询反馈,通过对这些反馈内容进行梳理分析,可以从中得出民众对该类问题的看法和观点,从而为交通基础设施的建设与管理提供决策信息。另一方面,道路交通系统或公共交通系统在运行过程中,如果某些环节发生异常(如交通拥堵、交通事故、交通设施故障等),就可能会引来民众投诉,而通过投诉,交通主管部门可以及时发现问题,了解问题产生的原因,制定相应的解决方案。

◇ **参 ◇ 考 ◇ 文 ◇ 献** ◇

［1］ 中华人民共和国建设部. 城市公共设施规划规范(GB50442—2008)［S］. 中华人民共和国国家标准,2008.

［2］ Mayor of London. Trvael in London, Report 4［R］. Transport for London, 2011.

［3］ 戚浩平,张利,王炜,陆建. 基于偏最小二乘回归法的城市土地利用与交通发生量关系模型研究［J］. 公路交通科技,2011,28(3):138 - 142.

［4］ 孟晓晨,吴静,沈凡卜. 职住平衡的研究回顾及观点综述［J］. 城市发展研究,2009(6):23 - 28.

［5］ 东京市政调查会. 大都市的城市交通:世界四大都市的比较研究［M］. 日本出版社,1999.

［6］ 日本国土交通省. 2010 年大都市圈交通统计［R］. 2012.

［7］ 中国国家行政学院电子政务研究中心. 2013 年中国政务微博客评估报告［R］. 2014.

［8］ 上海市交通运输与港口管理局. 2013 上海市交通运输和港口管理局政府信息公开工作年度报告［R］. 2014.

第5章

城市交通大数据组织与描述

第 3 章和第 4 章介绍了城市交通大数据中的主要数据资源,事实上,与交通相关的其他数据资源还有很多。每一类数据资源中,又由于大量应用系统产生着几乎无穷无尽的数据。面对无法穷举的数据资源,怎样才能有效地组织这些数据资源,表达它们之间的关系,如何才能让用户和计算机能够轻松找到想要的数据,是需要解决的问题。本章将重点讨论这些问题。

5.1　城市交通大数据本体

本体论最早是一个在哲学上使用的概念。近年来,在语义网络、知识发现等研究领域兴起了一股本体(ontology)研究热潮。人工智能及信息技术相关领域的学者开始将本体论的观念用在知识表达上,即借由本体论中的基本元素——概念及概念间的关联,作为描述真实世界的知识模型;知识工程领域的学者也在开发知识系统时用本体来实现领域知识的获取。在大多数情况下,在计算机科学与信息技术领域,提及“本体”一词,更多地是指本体论所代表的有关本体的学问统称。习惯上,说到本体是指 ontology,即本体论。

本体很适合用来定义一个领域的基本概念、概念间的关系,以及它们之间固有的推理逻辑,可以很清晰地描述领域数据的固有性质和数据之间的关联,因此本体可以用来组织、表达城市交通大数据。

5.1.1　本体的含义

1) 本体的由来和定义

在计算机科学与信息技术领域,明确本体的定义经历了一个过程。1991 年,罗伯特·内奇斯(Robert Neches)等人最早给出本体的定义:“一个本体定义了组成主题领域的词汇的基本术语和关系,以及用于组合这些术语和关系以定义词汇的外延的规则[1]。”这个定义确定了本体在人工智能领域中的基本含义,即本体至少应定义某个领域的基本术语及这些术语之间的关系。此后,很多研究者在这个定义的基础之上,对本体的定义进行了更深入的探讨。1995 年,汤姆·格鲁伯(Tom Gruber)给出了计算机科学术语“ontology”的审慎定义,即“本体是概念体系(conceptualization,概念表达或概念化过程)的明确的规范说明(specification)”[2]。威廉·波斯特(Willem N. Borst)在此基础上,给出了本体的另外一个定义,即“本体是共享概念模型的形式化规范说明”[3]。Dieter Fensel 对格鲁伯和波斯特的两个定义进行了深入的研究,认为"本体是对一个特定领域中重要概念的共享的形式化规范描述"[4]。这个定义包含了四层含义:概念模型(conceptualization)、明确规范的(explicit)、形式化(formal)和共享(share)。"概念模型"指通过抽象出客观世界的一些现象的相关概念得到的模型。概念模型所表现出的含义独立于具体的环境状态。"明确规范的"指所使用的概念及使用这些概念的约束都有明确的、无二义性或暗示性的定义。"形式化"指本体是计算机可读的,即能被计算机处理。"共享"指本体中体现的是共同认可的知识,反映的是相关领域中公认的概念集,即本体针对的是团体而非个体的共识。

本体提供的是一种共享词表,也就是特定领域之中那些存在着的对象类型或概念及其属性和相互关系。或者说,本体实际上就是对特定领域之中某套概念及其相互之间关系的形式化表达。换而言之,本体就是一种特殊类型的术语集,具有结构化的特点,且更加适合在计算机系统之中使用。本体是人们以自己兴趣领域的知识为素材,运用信息科学的本体论原理而编写出来的作品。本体一般可以用来针对该领域的属性进行推理,亦可用于定义该领域,也就是对该领域进行建模。作为一种关于现实世界或其中某个组成部分的知识表达形式,本体目前广泛应用于人工智能、语义网络、软件工程、生物医学信息学、图书馆学及信息架构等研究领域,以及在其他一些研究领域作为一种新方法被提及。借助于来自哲学本体论的灵感,一些研究人员继而把计算机本体论视为一种应用哲学。

2) 本体的一般性分类

从详细程度对本体进行划分,详细程度高的,即描述或刻画建模对象程度高的被称为参考本体,反之称为共享本体。

从领域依赖程度对本体进行划分,分为顶级本体、领域本体、任务本体和应用本体等四类,这种划分方法更为常用。

(1) 顶层本体　指最常见的概念和这些概念之间的关系,如时间、空间、事件和行为等,顶层本体无关乎具体的领域或应用,可在多个领域之间共享。

(2) 领域本体　指某一个特定的领域内的概念和这些概念之间的关系,如交通和证券等。

(3) 任务本体　指特定任务或行为中的概念和这些概念之间的关系,如预测和规划等。

(4) 应用本体　指针对具体问题的概念和这些概念之间的关系,可以同时引用领域本体和任务领域本体的概念。

除了从详细程度和领域依赖程度对本体进行划分之外,还可以根据研究主题,将本体划分为知识表示本体、通用或常识本体、领域本体、语言学本体和任务本体等;或者根据本体表示的形式化程度划分为完全非形式化本体、结构非形式化本体、半形式化本体、形式化本体等。

3) 本体的特点

尽管本体的定义方式多种多样,但各个定义都把本体当作是领域内部不同主体之间进行交流的一种语义基础,即由本体提供一种明确定义的共识,本体提供的这种共识是为机器服务的。本体具有以下特点:

(1) 本体可以在不同的建模方法、范式、语言和软件工具之间进行翻译和映射,以实现不同系统之间的互操作和继承。

（2）从功能上来讲，本体和数据库有些相似，但是本体比数据库表达的知识丰富得多。定义本体的语言，在词法和语义上都比数据库所能表示的信息丰富得多。更重要的是本体提供的是一个领域严谨丰富的理论，而不单单是一个存放数据的结构。

（3）本体是领域内重要实体、属性、过程及其相互关系形式化描述的基础。这种形式化的描述可成为软件系统中可重用和共享的组件。

（4）本体可以为知识库的构建提供一个结构。以描述对象的类型而言，有简单事实及抽象概念，这些可以描述成一个本体的静态实体部分，它们主要描述的是事物或概念的各个组成部分及其之间的静态联系，可以描述事物或概念的运动和变化。应用本体，知识库就可以运用这类结构去表达现实世界中浩如烟海的知识和常识。

（5）对于知识管理系统来说，本体就是一个正式的词汇表。本体可以将对象知识的概念和相互之间的关系进行较为精确的定义。在这样一系列概念的支持下，进行知识搜索、知识积累和知识共享的效率将大大提高。

（6）本体适合表示抽象的描述。企业模型是对企业或者企业的某些业务模型的抽象描述，因此在企业逻辑建模中，本体可以清楚地表示企业特定领域的相关元素、概念和关系，让知识表达更加准确便捷，帮助管理者更好地进行企业决策。

5.1.2　本体的要素及一般表示方法

1）本体的主要要素及属性

一般来说，一个本体可以由概念、实例、关系、函数和公理等五种元素组成，即 $O = \{C, I, R, F, A\}$，其中 O 表示本体，C 表示概念（Concept），I 表示实例（Instance），R 表示关系（Relationship），F 表示函数（Function），A 表示公理（Axiom）。

本体中的概念是广义上的概念，可以是具体的概念，也可以是任务、功能、行为、策略、推理过程等。本体中的这些概念通常构成一个分类层次。

实例是指属于概念类的基本元素，即某概念类所指的具体实体，特定领域的所有实例构成的领域概念类在该领域中的指称域。

本体中的关系表示概念之间的一类关联，典型的二元关联如子类关系形成概念类的层次结构，一般情况下用 $R: C_1 \cdot C_2 \cdot \cdots \cdot C_n$ 表示概念类 $C_1, C_2, \cdots, C_n$ 之间存在 n 元关系 R。

函数是一种特殊的关系，其中，第 n 个元素相对于前 $n-1$ 个元素是唯一的。可以理解为 C_n 可以由 $C_1, C_2, \cdots, C_{n-1}$ 确定。一般情况下，函数用 $F: C_1 \cdot C_2 \cdot \cdots \cdot C_{n-1} \rightarrow C_n$ 表示。

公理用于表示一些永真式，即无须证明或推理既可知其断言为真，用来表示本体间最基本的相互语义逻辑的集合。更具体地，在许多领域中，函数之间或关联之间也存在着关联或约束，这些约束（Restriction）有时候也被视为公理的一部分。约束公理分为值约束

(Value Constraint)和基数约束(Cardinality Constraint)两种,值约束限制属性的取值范围(值域),基数约束限制属性取值的个数。

从语义上分析,实例表示的就是对象,而概念表示的则是对象的集合,关系对应于对象元组的集合。概念的定义一般采用框架结构,包括概念的名称与其他概念之间关系的集合,以及用自然语言对该概念的描述。

2) 概念间的基本关系

在本体中,概念间的基本关系有四种:part-of、kind-of、instance-of 和 attribute-of。part-of 表达概念之间部分与整体的关系;kind-of 表达概念之间的继承关系;instance-of 表达概念的实例和概念之间的关系,类似于面向对象中的类和对象之间的关系;attribute-of 表达某个概念是另外一个概念的属性。

(1) kind-of 关系 又被称为 subClassOf 关系或 is-a 关系,描述了概念之间典型的二元关系和上下位关系,用于指出事物之间在抽象概念上的类属关系,是概念之间的逻辑层次分类结构形成的基础。例如 kind-of(A,B),表示概念 A 是概念 B 的子类(子概念);相应地,概念 B 称为概念 A 的父类(父概念)。

kind-of 关系表明的是一种继承关系,即子概念自动具有父概念的 attribute-of 类关系,这种关系是可传递的(transitive)。相对父概念来说,子概念更具体,通常体现在对于父概念的某些属性(attribute)来说,子概念的这些属性的值可能是有限制的(包括为固定值);最常见的情况是,子概念基于父概念的某个属性的值进行分类。例如,图 5-1 表示概念"公交车"和概念"出租车"是概念"交通工具"的子类。

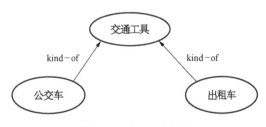

图 5-1 kind-of 实例

(2) part-of 关系 也可以称之为 member-of 关系,描述的是概念之间部分/成员与整体的关系。通常使用 part-of(A,B)表示概念 A 是概念 B 的一部分,或者概念 A 是概念 B 的成员。这一关系是很容易被误解的,因为严格来说,只有实例之间才能具有部分与整体的关系,两个一般概念之间并不会有 part-of 关系。当说两个一般概念具有 part-of 关系时,实际上说的是前者的所有实例与后者的对应实例具有 part-of 关系;当说一个实例概念和一个一般概念具有 part-of 关系时,实际上说的是实例与后者的某个实例具有 part-of 关系。

(3) instance-of 关系 instance-of 关系描述的是典型的概念与个体之间的二元关系,而个体则是来自实例集合的一个元素。instance-of(a,A)表示个体 a 是概念 A 的一个实例。与 kind-of 关系不同之处主要有两点:一是实例不能再被继承,即构成了继承关系图中的末端;二是从理论上来说,在一定的时空内,实例的属性值是确定的(虽然不一定知道是什么),而概念的属性值通常是无法确定的。例如图 5-2 表示个体"100 路公交车"是概念"公交

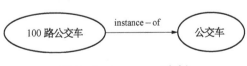

图 5-2 instance-of 实例

车"的一个实例。

（4）attribute-of 关系　attribute-of 关系表明的是属性概念与其对应概念的关系，这种关系是不可传递的。例如 A 是 B 的属性概念，B 是 C 的属性概念，A 未必是 C 的属性概念。只有当 A 与 B 是 attribute-of 的关系，而 A1 是 A 的子概念（子属性）时，A1 与 B 也具有 attribute-of 的关系。

在实际应用中，不一定要严格地按照概念、实例、关系、函数、公理这五类元素来构造本体。同时概念之间的关系也不限于上面列出的四种基本关系，可以根据特定领域的具体情况定义相应的关系，以满足应用的需要。

3）本体的一般表示方法

本体中的关系表示概念之间、概念和个体实例之间的关联。分析两个资源之间的二元关系后，可以建立资源的语义链。语义链表示为从一个资源到另一个资源类型化的指针，而语义链的集成构成语义网络图。语义网络图可以看成是语义链替代现有 Web 超链接结构的语义 Web 模型。其中，结点表示资源，有向边表示类型化的语义链。

本体描述语言起源于人工智能（Artificial Intelligence，AI）领域对知识表示的研究，这方面的本体描述语言主要有：KIF（Knowledge Interchange Format）、Ontolingua、OKBC（Open Knowledge Base Connectivity）、OCML（Operational Conceptual Modeling Language）、Frame-logic、Loom 等。近年来，随着 Web 技术的发展，Web 与本体理论的结合成为必然趋势，诞生了一些 Web 本体描述语言，主要有 RDF（Resource Description Framework）、RDF Schema 和 SHOE（Simple HTML Ontology Extension）等。

描述逻辑（Description Logics，DLs）是人工智能领域研究的一种重要的知识表示语言，描述逻辑可以用于知识表示的逻辑语言和以其为对象的推理方法，主要用于描述概念分类及其概念之间的关系，目前正被积极应用于本体的描述。以描述逻辑为基础的本体描述语言主要有 OIL、DAML＋OIL 和 OWL 等。

网络本体语言（Web Ontology Language，OWL）是万维网联盟（World Wide Web Consortium，W3C，又称 W3C 理事会）2004 年推荐的本体描述语言的标准，是在互联网上发布和共享本体的语义标记语言。OWL 作为 RDF/RDFS 的扩展，是在 DAML＋OIL 的基础上发展起来的，目的是提供更多的原语以支持更加丰富的语义表达并支持推理。

本体库模型是通过本体描述语言对本体进行形式化表示。一个好的本体描述语言应该具有定义完善的语法和语义，能够有效支持规则推理，表达充分而且使用方便。目前主流的本体描述语言有 XML、RDF/RDFS、OWL 等。

（1）XML　XML 是一种机器可读文档的规范，描述了文档的数据布局和逻辑结构，使用可嵌套的标签来对文档的内容进行标记。XML 是一种采用标准化方法来定义其他语言的元语言，因为可以由用户自定义标签，并使用文档类型定义来规范自定义的标签和文档结构，所以具有非常好的可拓展性，可以应用于多种文件格式。XML 最基本的语法单位是标记元素,包括起始标签、文字内容和结束标签。每个标记元素的属性对可以有一个或多个,为了保证可读性,元素嵌套时标签不能有交叉,XML 对层级结构的要求是十分严格的。XML 不会对数据本身做出解释,也就是说没有指出数据的用途和语义,故对于用于交换的 XML 内部数据,须在使用前定义它的词汇表、用途和语义。

下面是一个利用 XML 语言描述本体的例子,其中"交通工具"是一个类,"汽车"是它的子类,而"汽车"并不是"火车"的一个子类。

```
<class-def>
            <class name="交通工具"/>
            <subclass-of>
                <class name="汽车"/>
                <NOT>
                    <class name="火车"/>
                </NOT>
            </subclass-of>
</class-def>
```

XML 利用文档类型定义和 XML 框架来实现对文档结构的有效性验证,对文档逻辑结构进行描述/约束来表示数据的语义。XML 对本体的描述,就是使用文档类型定义或 XML 框架对本体所表达的领域知识进行结构化定义,接着使用 XML 文档结构和 XML 内容之间的关系实现对本体知识的描述,从而完成对数据内容的语义描述,具体过程如图 5-3 所示。

图 5-3 基于 XML 的本体定义过程

XML 的缺点是不能很好地描述一个完整的本体系统,不能有效地进行规则推理,也不具有提供数据语义互操作的能力。XML 的语法标准为 Web 内容的个性化和统一化提供了基础,同时 Web 页面的语义知识内容也可使用标签和属性来表示。鉴于 XML 在语义知识表示方面的优势所在,许多本体论语言都是以之为基础发展而来的。

(2) RDF/RDFS 资源描述框架(Resource Description Framework,RDF)是万维网联盟(W3C)提出的一组标记语言的技术标准,以便更为丰富地描述和表达网络资源的内容与结构。RDF 可以用来描述各类网络资源,如网页的标题、作者、修改日期、内容,以及版权信息等。RDF 是一种描述和使用数据的方法,是关于数据的数据,即元数据。它为互联网上应用程序间交换机器能理解的信息互操作性提供了基础。RDF 模型位于 XML

层次之上,它支持对元数据的语义描述和元数据之间的互操作性,同时支持基于推理的知识发现而非全文匹配检索,因此 RDF 为互联网中信息的表达和处理提供了语义化支持。

RDF 使用资源、属性和属性的值这个三元组来对互联网上的资源进行描述。其中资源是在互联网上被命名、具有统一资源标识符(Uniform Resource Identifier,URI)的事物,属性用来描述某个资源特定的方面、特征、性质和关系,资源可以通过属性与其他资源或者基本类型建立联系。另外,描述是对资源属性的一个声明,用来表示资源的特性或多个资源之间的关系;框架则是跟被描述资源无关的通用模型。

RDF 声明由属性的资源(主体)、属性名(谓词)和属性值(客体)所组成。声明的客体可以是另一个资源或文字,即客体既可以是由特定 URI 指定的资源,又可以是简单的字符串或者数据类型。RDF 的本质是使用{主体,谓词,客体}三元组作为基本建模原语,并引入标准语法。

以"Peter is the creator of the resource http://www.w3.org/HomePage/PeterWang"为例,可以从表 5-1 和图 5-4 看出 RDF 的三个组成部分。

表 5-1　RDF 的组成部分示例

主体(资源)	http://www.w3.org/HomePage/PeterWang
谓词(属性)	Creator
客体(值)	Peter

图 5-4　RDF 的组成部分示例

用 RDFS 描述语言表示如下:

```
<rdf:RDF>
    <rdf:Description about="http://www.w3.org/HomePage/PeterWang">
        <s:creator>Peter</s:creator>
    </rdf:Description>
</rdf:RDF>
```

其中,"s"指的是一个特定的命名空间前缀。

在 RDF 体系中,都柏林核心元数据倡议组织(Dublin Core® Metadata Initiative,DCMI)已创建了一些供描述文档的预定义属性。表 5-2 所示是 1995 年都柏林核心元数据倡议组织定义的第一份都柏林核心属性,Web 中的资源通常都会具有这些属性。在这份列表中,可以发现 RDF 是非常适合用来表示都柏林核心属性。

表 5 - 2 都柏林核心属性表

属 性	定 义
Contributor	一个负责为资源内容作出贡献的实体(如作者)
Coverage	资源内容的氛围或作用域
Creator	一个主要负责创建资源内容的实体
Format	物理或数字的资源表现形式
Date	在资源生命周期中某事件的日期
Description	对资源内容的说明
Identifier	一个对在给定上下文中的资源的明确引用
Language	资源智力内容所用的语言
Publisher	一个负责使得资源内容可用的实体
Relation	一个对某个相关资源的引用
Rights	有关保留在资源之内和之上的权利的信息
Source	一个对作为目前资源的来源的资源引用
Subject	一个资源内容的主题
Title	一个给资源起的名称
Type	资源内容的种类或类型

RDF 中的主体和对象可以是某一个资源,也可以是另外一个〈资源、属性,属性的值〉三元组或三元组集合,如图 5 - 5 所示。

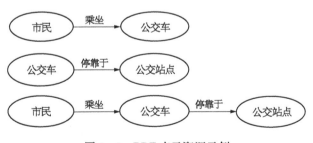

图 5 - 5 RDF 表示资源示例

图 5 - 5 的三个例子中,前两个都是单个的三元组,第三个例子是由两个三元组构成的图,也被称作三元组集合。前两个三元组之和与第三个图这两种表示是等价的,它的意思

非常简单,就是市民乘坐公交车,公交车停靠于公交站点。从这个例子里可以看出,主体和对象可以是三元组集,亦即图中的每个节点都可以是另一个图。

RDF 不仅可以用来定义本体,还可以用来进行查询和推理。假如对上面提到的这个简单的语义网络进行以下查询:谁乘坐公交车? 公交车停靠在哪里? 谁乘坐公交车,同时公交车停靠在哪里? 对于这几个查询,用图的形式来表示,如图 5 - 6 所示。

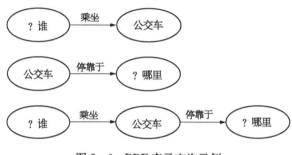

图 5 - 6　RDF 表示查询示例

上面的查询是包含变量的图匹配。实际上,RDF 查询就是经典的"子图匹配"问题。

可以把 RDF 声明的序列,划分为一些由连通子图构成的集合,或者称之为三元组集合。在进行语义查询时,按照带有一定规则的子图匹配算法与知识库中的每个三元组集合进行匹配。在这个过程中,会用到闭包、闭包路径和归结等技术来解决多匹配与匹配带有规则的集合等复杂的问题。

资源描述框架模式(RDF Schema,RDFS)是经常与 RDF 配套使用的一种模式规范语言。RDFS 作为语义网络上信息表示和交换的标准,为在 Web 上进行数据交换的应用开发提供了技术支持。RDFS 并不提供实际的应用程序专用的类和属性,而是提供了描述应用程序专用的类和属性的框架。RDFS 中的类(class)与面向对象编程语言中的类非常相似,一个 RDFS 类就是一个 RDF 资源,这就使得资源能够作为类的实例和类的子类来被定义。

RDFS 提供了由一组核心概念构成的类型系统和一套领域建模机制。RDFS 定义了可以扩充到不同领域的核心概念,以及这些概念的层次和实例关系,充当元模型;同时它提供了扩充机制,由核心模型中的层次化类型系统派生出特定领域的主要词汇,以及词汇关联合附加在这些词汇本身和词汇关联上的约束,并进行领域建模,形成可以定义和描述特定应用领域的领域建模语言,充当模型。这种建模语言可以以实例化形式描述具体的应用领域中本体、本体关联,以及相关约束。

在 RDFS 里定义了一种模式定义语言,提供了一个定义在 RDF 之上抽象的词汇集。RDFS 在 RDF 基础之上定义了一组可清晰描述本体的元语集合。RDFS 中的资源、类和属性等概念如图 5 - 7 所示。在 RDFS 中,最上层的抽象根类结点是 rdfs:Resource,它又派生出两个子类:rdfs:Class 和 rdf:Property,任何领域的知识都可以认为是这两个子类的实例。rdfs:Class 语义上代表了领域中的本体,rdf:Property 代表了领域中本体的属性。在

RDFS 规范中,特别定义了 rdfs：subClassOf 作为 rdf：Property 的实例来表示 rdfs：Class 的实例属性。这样,就可以定义不同本体之间类的从属关系,从而建立知识表达中最基本的本体语义层次结构。类似的 rdfs：subPropertyOf 作为 rdf：Property 的实例表示 rdf：Property 的实例属性,可以定义不同 Property 之间的从属关系。在 RDFS 规范中,定义了 rdfs：domain 和 rdfs：range,表示 rdf：Property 的实例所应用的范围。

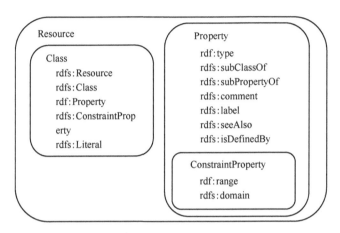

图 5-7　RDFS 中的资源、类和属性等概念

RDFS 定义的主要类介绍如下:

(1) rdfs：Resource　RDFS 中最通用的类。它有两个子类,即 rdfs：Class 和 rdf：Property。当定义一个特定领域的 RDFS 模式时,这个模式定义的类和属性将成为这两个资源的实例。

(2) rdfs：Class　表示关于资源的所有类的集合。

(3) rdf：Property　与 rdfs：Class 定义一样,即在一个特定应用的 RDFS 定义中每一个属性是一个 rdf：Property 的实例。

(4) rdfs：subClassOf　说明类之间的子类/超类关系。rdfs：subClassOf 属性是可传递的,即如果类 A 是某一更抽象的类 B 的子类,B 是 C 的子类,则 A 同样是 C 的子类。因此,rdfs：subClassOf 定义了类的层次关系。

(5) rdfs：subPropertyOf　定义了一种属性的层次关系,它是 rdf：Property 的一个实例,用于说明一个属性是另一个属性的特殊化。

(6) rdfs：domain、rdfs：range　允许定义与属性相关的领域和范围的约束。

(7) rdfs：ConstraintProperty　定义了 rdf：Property 的一个子类,其所有的实例都用于说明约束的属性。

在语义网的体系结构中,RDFS 可以定义类、子类、超类,并且可以定义属性和子属性,以及它们的约束,如领域和范围等。因此,在某种意义上说,RDFS 本身就是一种简单的本体语言,但是 RDF/RDFS 对特定应用领域的词汇的描述能力比较弱,需要进行扩展。

（3）网络本体语言（Web Ontology Language，OWL） OWL 主要被用来描述语义网络中术语的明确含义并确定它们之间的关系。随着互联网信息的飞速增长，人们面对的信息量变得非常巨大，用户对于互联网应用的需求不再仅限于提供可阅读的文档，更希望它能够自动处理文档内容信息。而运用网络本体语言能够使词汇表中的词条的含义和词条之间的关系清楚明了地表达出来。语义网络是源于对网络中的所有信息都被赋予了明确的含义，使得机器可以根据需求自动处理网络上的全部信息的一个设想。

OWL 提供了分别用于特定用户群体的子语言 OWL Lite、OWL DL 和 OWL Full，其表达能力依次递增。

OWL 精简版（OWL Lite）用于提供给只需要一个分类层次和简单约束的用户。例如，虽然 OWL Lite 支持基数限制，但只允许基数为 0 和 1，也就是说只支持要么属性无取值（相当于 NULL），要么属性只能在值域范围内取一个值。提供支持 OWL Lite 的工具应该比支持其他表达能力更强的 OWL 子语言更简单，并且从词典和分类系统转换到 OWL Lite 更为迅速。相比 OWL DL，OWL Lite 还具有更低的形式复杂度。

OWL 描述逻辑版（OWL Description Logics，OWL DL）用于需要较强的表达能力和最强的推理能力的情形，即用户需要能够同时保持计算的完备性和可判定性的知识表示，确保所有的结论都可以被计算出来，并且所有的计算都能在有限的时间内完成。OWL DL 的命名是因为它对应于描述逻辑（Description Logics）。OWL DL 包括了 OWL 语言的所有语言成分，但是使用时必须符合一定的约束，例如，一个类可以是多个类的子类，但它不能同时是另一个类的实例。

OWL 完整版（OWL Full）支持最强的表达能力和完全自由的 RDF 语法，但是 OWL Full 没有可计算性保证。例如，在 OWL Full 中，一个类可以在本身作为一个个体，同时又被看作为多个个体的一个集合。它允许在一个本体上增加预定义的 RDF、OWL 词汇的含义。由于 OWL Full 的复杂程度和开放的自由度，不太可能有推理软件能支持对 OWL Full 所有成分的完全推理。

OWL Full 可以看成是对 RDF 的扩展，而 OWL Lite 和 OWL DL 可以看成是对一个受限 RDF 版本的扩展。所有的 OWL 文档都是一个 RDF 文档，所有的 RDF 文档都是一个 OWL Full 文档，但只有一些 RDF 文档是一个合法的 OWL Lite 和 OWL DL 文档。

实际应用中进行 OWL 子语言的选择时，选择 OWL Lite 还是 OWL DL 主要取决于用户在多大程度上需要 OWL DL 所提供的更强的表达能力；而选择 OWL DL 还是 OWL Full 则主要取决于用户在多大程度上需要 RDFS 的元建模机制，如定义关于类的类，以及为类赋予属性等。相对于 OWL DL，OWL Full 对推理的支持是更难预测的，如果用户倾向于利用 OWL 来完成自动推理，OWL DL 会是更好的选择。

OWL 设计的最终目的是提供一种可以用于各种应用的语言，在这些应用中，除需要提供给用户或应用程序可读的文档内容，还需要用户或应用程序可理解并处理文档内容。作为语义网络的一部分，XML、RDF 和 RDFS 提供支持针对术语描述的词汇表，共同推进机器表达的可靠性。相对于 RDFS、DAML＋OIL，OWL 拥有更多的机制来表达语义。因此，基于 OWL 的知识表示成为研究和应用的热点。

5.1.3 城市交通大数据本体概念范围

城市交通大数据本体就是将城市交通大数据中的概念、涉及的相关领域的外部概念，以及它们之间的关系用明确的形式化方式进行描述说明。由于城市交通本身包含许多概念，涉及的相关领域外部概念也很多，如果完全描绘在一个本体中，势必会过于复杂。另一方面，以道路交通、公共交通、对外交通等为代表的城市交通不同术语集之间的区分度较为明显，交叉概念所占比例较低，因此可以将交通本体拆成若干个小范围概念集合的本体（子本体），这样比较容易表达清楚集合内的概念之间的关系。以这些城市交通子本体的全体及描述子本体核心概念之间关系的本体（可以看成是本体的本体）构成交通本体库。

在前面的章节中已经介绍了城市交通大数据中的主要数据资源类型、来源、构成等。城市交通大数据本体的概念也将围绕这些数据资源，以及城市交通的规划、决策、管理、参与者等各方面所涉及的内容进行抽象归纳和梳理，按分层定义、逐步细化的思想，从顶层出发，逐步形成交通本体库。

在顶层本体之下，分出了交通事件、交通地理、交通工具、交通指标、交通线路、交通设施、交通角色、交通信息和交通相关信息等九个抽象概念集，或称为领域本体，并以此为基础继续向下划分。对这九类抽象概念的定义，将形成关键的九个核心抽象类。交通实体中的各个具体概念类和实例都将从这些抽象核心类派生出来，并不断具体化。

（1）交通事件 交通事件是指在道路上出现的同时会对交通运行状况产生影响的情况。交通事件又包含了交通事故和设施维护两个子类。交通事故是指车辆在道路上因过错或者意外造成人身伤亡或者财产损失的事件。设施维护是指为防止道路设施性能劣化或失效，按规定对其进行维护和保养。

（2）交通地理 交通地理是交通运输的基础，是指交通网络和枢纽的地域结构。在本体库中交通地理本体包含匝道、单位、桥梁、立交、站点、路口、路段、道路和隧道等子本体。

（3）交通工具 交通工具是指人造的用于人类代步或运输的装置。在本体库中交通工具包含公交车、出租车、地铁、大型客车、大型货车、有轨电车、火车、私家车、轮船、飞机等子本体。

（4）交通指标 交通指标是指用于衡量交通运输状态的方法和标准，一般用数据表示。在本体库中交通指标包含占有率、流量、车速和通行状态等子本体。

（5）交通线路 交通线路是指按一定技术标准与规模进行修建，并具备必要运输设施和技术设备，旨在运送各种客货运的交通道路。在本体库中，交通线路还包括公交车线路、出租车线路和轨交线路等子本体。

（6）交通角色　交通角色是指交通运输及管理过程中可能涉及的各种类型的人物。在本体库中，交通角色包括乘客、交通警察、养护工人、行人、驾驶员等子本体。

（7）交通设施　交通设施是指城市交通系统保障安全正常运营而设置的设施。在本体库中包含信息板、可变限速板、摄像机、收费站、气象站、线圈、能见度仪和车检器等子本体。

（8）交通相关信息　交通相关信息是指非交通领域的但是与交通运行状况有一定联系的其他领域信息。在本体库中交通相关信息包含活动信息、人口信息、气象信息等子本体。

（9）交通信息　交通信息是指由交通信息系统收集整理并存储以供查询使用的数据。在本体库中交通信息包含交通流采集信息、交通事件采集信息、交通设施采集信息、交通管理控制信息、运营信息和客流信息等子本体。

一个简单的交通本体例子如图5-8所示。

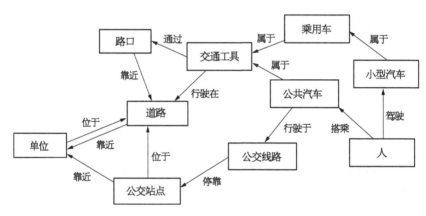

图5-8　交通本体示例

其中道路、交通工具、公交线路、单位是抽象概念（抽象类），公共汽车、小型汽车是具体概念（子类），路口、公交站点是属性概念，人是外部概念。概念间的关系使用交通领域的部分术语对概念间的基本关系进行了扩展。从这个本体中，可以推理出（即分解得到的子图，可以简单理解为从某个概念出发，延箭头方向叙述概念间的关系）：公共汽车是交通工具，行驶在道路上；人搭乘属于某条公交线路上的公共汽车，在停靠的公交站点，靠近想去的单位；小型汽车不能停靠至公交站点（因为没有一条路径可以从小型汽车到达公交站点，而到达公交站点这个概念的关系只有"停靠"）；小型汽车是交通工具（"是"关系通过乘用车进行传递）。

5.1.4　城市交通大数据本体概念间的关系

交通本体库中的本体概念之间并不是各自孤立的点，通过数据分析，发现这些概念之间除了父子、从属等关系外,还或显或隐地存在着一定的关联关系。在本体库中提出了16种本体关系,分别是乘坐、位于、停靠、去往、处理、实施、属于、影响、搭载、收集、显示、经过、维护、行驶于、靠近和驾驶等。

(1) 乘坐关系　乘坐关系是本体乘客和交通工具之间的关系。例如乘客"乘坐"交通工具。另外这个关系是可继承的,因此,本体乘客和本体公交车、出租车、地铁等的关系都可以是乘坐的关系。

(2) 位于关系　位于关系表示多个本体和交通地理本体的关系。例如交通事故"位于"路口,交通设施"位于"路段等。

(3) 停靠关系　停靠关系表示本体交通工具和交通地理之间的关系。例如交通工具"停靠"交通地理,公交车"停靠"公交站点等。

(4) 去往关系　与停靠关系相似,去往关系也表示本体交通工具与交通地理之间的关系。例如交通工具"去往"交通地理,出租车"去往"单位等。

(5) 经过关系　经过关系与去往关系相似,表示本体交通工具与交通地理之间的关系。

(6) 处理关系　处理关系表示本体交通警察和本体交通事故之间的关系。例如交通警察"处理"交通事故。

(7) 实施关系　实施关系表示本体养护工人和本体设施维护之间的关系。例如养护工人"实施"设施维护。

(8) 属于关系　属于关系表示本体公交车与公交车线路,出租车与出租车线路,地铁与轨交线路之间的关系。例如公交车"属于"公交车线路,地铁"属于"轨交线路等。

(9) 影响关系　影响关系表示本体交通事件与交通指标之间的关系。例如交通事件"影响"交通指标。

(10) 搭载关系　搭载关系表示本体交通工具与乘客之间的关系。例如交通工具"搭载"乘客。

(11) 收集关系　收集关系表示本体交通设施与交通相关信息之间的关系。例如交通设施"收集"交通相关信息。

(12) 显示关系　显示关系表示本体交通设施与交通指标以及交通信息之间的关系。例如交通设施"显示"交通指标,交通设施"显示"交通信息,在信息板上显示附近停车场的信息等。

(13) 行驶于关系　行驶于关系表示本体交通工具与交通地理之间当前相对位置状态的关系。例如公交车"行驶于"路段。

(14) 靠近关系　靠近关系表示本体交通地理子本体之间的关系。例如公交站点"靠近"单位。

(15) 驾驶关系　驾驶关系表示本体驾驶员与交通工具之间的关系。例如驾驶员"驾驶"交通工具。

（16）维护关系　维护关系表示本体养护工人与交通设施和交通地理之间的关系。例如养护工人"维护"桥梁，养护工人"维护"交通设施等。

5.1.5　交通本体文件结构和描述说明

OWL 本体的元素大多数涉及类、属性、类的实例和这些实例之间的关系。OWL 本体描述语言的总体结构为：

＜本体＞::=[＜命名空间定义＞]＜本体头定义＞[＜类定义＞][＜个体定义＞][＜属性定义＞]

其中命名空间的定义语法为：

＜命名空间定义＞::=[＜实体集定义＞][＜封闭在 RDF 的 XML 命名空间＞]
＜实体集定义＞::=＜! DOCTYPE rdf:RDF [{＜实体定义＞}1_n]＞
＜实体定义＞::=＜! ENTITY ＜实体名＞ "＜URL＞"＞
＜封闭在 RDF 的 XML 命名空间＞::=＜rdf:RDF{＜XML 命名空间＞}1_n＞
＜XML 命名空间＞::=＜xmlns＞|＜xml＞[:＜引用术语＞]="{＜实体名＞|＜URL＞}"

本体头定义语法为：

＜本体头＞::=＜owl:Ontology rdf:about="＜本体名＞"＞
　　　　　　　[＜注释说明＞][＜版本控制＞][＜其他本体的包含＞][＜本体标签＞]
＜/owl:Ontology＞
＜注释说明＞::=＜rdfs:comment＞＜说明内容＞＜/rdfs:comment＞
＜版本控制＞::=＜owl:＜版本控制标记＞＜资源说明＞ /＞
＜版本控制标记＞::=｛versionInfo | priorVersion | backwardCompatibleWith | inCompatibleWith| DeprecatedClass|DeprecatedProperty｝
＜包含本体＞::=＜owl:imports＜资源说明＞/＞
＜资源说明＞::=＜rdf:resource="＜资源＞"＞
＜本体标签＞::=＜rdfs:label＞＜标签名＞＜/rdfs:label＞

类定义语法为：

＜类定义＞::=＜owl:Class rdf:ID ="＜类名＞"＞
　　　　　　　[{＜标签定义＞}1_n[{＜子类定义＞}1_n][{＜复杂类定义＞}1_n]
[＜约束定义＞][＜类映射定义＞]

```
          </owl:Class>
<标签定义>::=<rdfs:label<标签设置>>
               <标签名>
          </rdfs:label>

<子类定义>::=<rdfs:subClassOf rdf:resource=["#<类名>"]["&{,类名}1_n"]
/>
<约束定义>::=<rdfs:subClassOf>
               <owl:onProperty rdf:resource="#<属性名>">
               <owl:<部分属性约束 1> rdf:resource="#<类名>" />|
               <owl:<部分属性约束 2> rdf:datatype="<数据类型>">基数值</
owl:<部分属性约束 2>>
          </rdfs:subClassOf>
<部分属性约束 1>::={allValuesFrom|someValuesFrom|hasValue}
<部分属性约束 2>::={Cardinality|maxCardinality|minCardinality}
<复杂类定义>::=[<部分复杂类定义>][<补操作定义>][<枚举类定义>][<不相
交类定义>1_n]
<部分复杂类定义>::=<owl:<部分集合操作符> rdf:parseType="Collection">
               {<对应类定义>}1_n|<约束定义>
               </owl:<部分集合操作符>>
<部分集合操作符>::={intersectionOf|unionOf}
<对应类定义>::=<owl:Class rdf:about="#<类名>">
<补操作定义>::=<owl:Class rdf:ID="#<类名>">
               <owl:complementOf rdf:resource="#<类名>">
          </owl:Class>
<枚举类定义>::=<owl:one of rdf:parseType="Collection">
{<枚举类设置>}1_n
          </owl:one of>
<枚举类设置>::=<<类名> rdf:about="#<枚举值>">
<不相交类定义>::=<owl:disjointWith rdf:resource="#<类名> />
<等价类定义>::=<owl:equivalentClass rdf:resource="&<{,类名}1_n>" />
```

个体定义语法为：

```
<个体定义>::={<<类名>rdf:ID="<个体名>" />}|
          {<<类名>rdf:ID="<个体名>">
```

<个体恒等定义>|<不同个体定义>

</<类名>>}

<个体恒等定义>::=<owl:sameAs rdf:resource="#<个体名>" />

<不同个体定义>::={<differentFrom 定义>}1_n|<AllDifferent 定义>

<differentFrom 定义>::=<owl:differentFrom rdf:resource="#<个体名>" />

<AllDifferent 定义>::=<owl:AllDifferent>

      <owl:distinctMembers rdf:parseType="Collection">

   <{<成员定义>}1_n>

      </owl:distinctMembers>

     </owl:AllDifferent>

<成员定义>::=<<类名>rdf:about="#<个体名>" />

 属性定义语法为：

<属性定义>::=<owl:<属性类型>rdf:ID=<属性名>>

    [<领域特征定义>][<领域定义>][<范围定义>][<属性约束>]

   </owl:<属性类型>>

<属性类型>::={ObjectProperty|DatatypeProperty}

<属性特征定义>::=<rdf:type rdf:resource="&owl;<属性特征>">|

    <owl:inverseOf rdf:resource="#<属性名>">

<属性特征>::={TransitiveProperty|SymmetricProperty|FunctionalProperty}

<领域定义>::=<rdfs:domain rdf:resource="#<类名>" />

<范围定义>::=<rdfs:range rdf:resource="#<类名>" />

    <rdfs:range rdf:resource="<数据类型>>（针对属性类型是 DatatypeProperty）

<数据类型>::={string|normalizedString|Boolean|

     decimal|float|double|

     integer|nonNegativeInteger|positiveInteger|

     nonPositiveInteger|negativeInteger|

     long|int|short|byte|

     unsignedLong|unsignedInt|unsignedShort|unsignedByte|

     hexBinary|base64Binary|

dateTime|time|date|gYearMonth|gYear|gMonthDay|gDay|gMonth|

     anyURI|token|language|

     NMTOKEN|Name|NCName}

在定义本体时,先初始声明 XML 命名空间,该命名空间被封装在 rdf：RDF 开始的标记中,提供一种明确解释文档中后续出现的所有标识符的方法,使本体的主体部分更加容易理解。命名空间建立以后,通常包括一个关于本体的断言集,即本体头,使用 owl：Ontology 标记标明。本体头中的标记用于支持关键性的内部管理工作,如注释说明、版本控制和其他本体的包含声明等。

在 OWL 中,每个个体是类 owl：Thing 的一个成员,也就是说每个用户自定义的类都是 owl：Thing 的一个子类。类定义包含名字介绍和约束表两个部分。类的基本分类构造器是 rdfs：subClassOf,表示父类与子类的关系,这个关系是可传递的。如果 A 是 B 的一个子类,那么每个 A 的实例也是 B 的实例。属性是被用来说明类的共同特征以及某些个体的专有特征的。一个属性是一个二元关系。属性类型有两种：DatatypeProperty 和 ObjectProperty,前者表示类元素和 XML 数据类型之间的关系,后者表示两个类元素之间的关系。OWL 提供了五种属性特征：传递属性、对称属性、函数属性、逆属性和逆函数属性。

下面给出一个简单的例子,说明 OWL 是如何描述本体的。在该例中,有两个父类"交通工具"和"交通角色",分别具有"汽车"、"火车"、"飞机"三个子类和"乘客"、"驾驶员"两个子类：

```
<? xml version="1.0"? >
<rdf:RDF xmlns="http://www. semanticweb. org/ontologies/2013/6/traffic-ontology#"
    xml:base="http://www. semanticweb. org/ontologies/2013/6/traffic-ontology. owl"
    xmlns:rdfs="http://www. w3. org/2000/01/rdf-schema#"
    xmlns:owl="http://www. w3. org/2002/07/owl#"
    xmlns:xsd="http://www. w3. org/2001/XMLSchema#"
    xmlns:rdf="http://www. w3. org/1999/02/22-rdf-syntax-ns#">
    <owl:Ontology rdf:about="交通"/>
    <owl:Class rdf:about=" #乘客">
        <rdfs:subClassOf rdf:resource=" #交通角色"/>
    </owl:Class>
    <owl:Class rdf:about="交通工具"/>
    <owl:Class rdf:about=" #交通角色"/>
    <owl:Class rdf:about=" #汽车">
        <rdfs:subClassOf rdf:resource=" #交通工具"/>
    </owl:Class>
      <owl:Class rdf:about=" #火车">

        <rdfs:subClassOf rdf:resource=" #交通工具"/>
```

```
</owl:Class>
    <owl:Class rdf:about="#飞机">
    <rdfs:subClassOf rdf:resource="#交通工具"/>
</owl:Class>
<owl:Class rdf:about="#驾驶员">
    <rdfs:subClassOf rdf:resource="#交通角色"/>
</owl:Class>
</rdf:RDF>
```

完整的城市交通大数据本体定义可从上海市数据科学重点实验室网站下载[①]。

5.1.6 本体的应用

本体的应用主要涉及两方面：第一，本体作为一种能在知识层提供知识共享和重用的工具在语义网中的应用；第二，在信息系统中的应用。

在 XML2000 国际学术会议上，蒂姆·伯纳斯-李(Tim Berners-Lee)正式提出了语义网络的概念。语义网络是基于本体和元数据的语义和知识的表达，是对现有万维网的扩展，将万维网从一个仅仅显示信息的结构改变为一个可以对信息进行解释、交换和处理的结构。语义网络的目标是使用语义分析的搜索代理从多种来源收集机器可读的数据，对它们进行处理并推理出新的事实，使得不兼容的程序可以共享原先不相容的数据。语义网络的体系结构如图 5-9 所示。

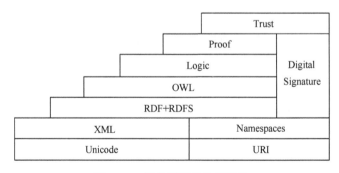

图 5-9 语义网络的体系架构

语义网络中，与本体相关的研究和应用主要包括以下几方面：

(1) 元数据和本体形式化语言的研究。

(2) 基于逻辑的断言机制的研究。

(3) 查询语言的研究。

---

① 网址：http://www.datascience.cn.

（4）支持 RDF 等元数据和本体表达语言的软件接口 API。

（5）软件建设应用。

（6）本体互操作研究。

（7）智能主体研究。

（8）语义服务。

本体具有良好的概念层次结构和对逻辑推理的支持，因此在信息检索特别是基于知识的检索中得到了广泛的应用。基本设计思想如下：

（1）在领域专家的帮助下，建立相关领域的本体。

（2）收集信息源中的数据，并参照已建立的本体，把收集来的数据按规定的格式存储在元数据库（关系数据库或知识库）中。

（3）对用户检索页面获取的查询要求，查询转换器能按照本体把查询请求转换成规定的格式，在本体的帮助下从元数据库中匹配出符合条件的数据集合。

（4）检索的结果经格式定制处理后，返回给用户。

如果检索系统不需要太强的推理能力，本体可以以概念图的形式表示并存储，数据可以保存在一般的关系库中，采用图匹配技术来完成信息检索；否则一般需要用一种描述语言（如 Loom and Ontolingua）表示本体，数据保存在知识库中，采用描述语言的逻辑推理能力来完成信息检索。

在城市交通大数据中，本体起着重要的作用。交通信息综合平台作为多种交通方式耦合的城市交通出行信息基础，注重交通方式的高效衔接并协调其运行，诱导公众出行及换乘，基于现有智能交通系统，通过大粒度的信息服务集成，实现面向公众信息服务的动态智能集成平台。该平台一方面要满足面向公众的综合出行信息服务需求，未来交通信息服务呈现出智能化、个性化、规范化、集成化的特点，需要方便出行者随时获取全方位信息服务，以体现以人为本的交通理念；另一方面要解决综合信息服务的管理、集成和发布问题，能跨职能部门跨系统地集合现有交通信息服务资源，并对其进行有效的管理，达到以服务为导向为公众提供所需信息的目的。

若想为公众出行实现如交通工具对比、最佳路径查询及费用计算等多元化的信息服务，就需要能够从各种不同的内容服务供应商那里获取服务授权，并将特色服务集成在一起满足用户出行的个性需求。这些服务供应商包括公交、地铁、出租车等不同交通系统运营商，城市交通运输部门等政府职能机构，以及提供特色交通项目服务的企业单位。

通过把不同业务部门的私有业务过程或功能封装为服务，并对这些服务进行统一的语义描述、注册，然后对所建立的领域本体和服务本体进行管理，使参与集成的各应用系统基于开放的标准、技术和公共的语汇，来屏蔽不同部门或企业之间的差异性，降低业务流程与具体业务实现之间的耦合程度，从而实现跨部门跨企业的业务过程集成。在这个过程中需要一个本体库作为统一规范，来保证发布服务与请求服务具有一致的描述术语。针对资源本身的语义信息采用本体描述方法和描述规范来整合并扩充服务描述语义信息,并对语义信息进行管理,在服务发布时实现服务信息存储,将服务的操作信息按照规范存储在服务管理器中,同时将描述服务的语义信息存储在本体库中。

5.2　城市交通大数据核心元数据和数据资源描述方法

元数据(metadata)作为计算机可以自动解析的、用以描述数据的方法,已经有许多成熟的应用。元数据具有良好的扩展能力和自解释功能,常常用来定义数据集(数据资源),被称为"描述数据的数据"。城市交通大数据中的数据资源,可以通过定义一系列核心元数据来描述和定位,使用户和计算机能够很方便地找到这些数据资源。

5.2.1　城市交通大数据核心元数据定义思路

所谓元数据,是描述数据的数据,主要是描述数据属性(property)的信息,用来支持如指示储存位置、历史资料、资源寻找、文件记录等功能。"metadata"一词起源于1969年,由杰克·梅尔斯(Jack E. Myers)提出,metadata 是关于数据的数据(data-about-data),可以认为是一种标准,是为支持互通性的数据描述所取得一致的准则。"metadata"的基本定义出自 OCLC 与 NCSA 所主办的"Metadata Workshop"研讨会,与会专家将 metadata 定义为"描述数据的数据"(Data about data),此后各种有关 metadata 的定义纷纷出现。现存很多 metadata 的定义,主要视特定群体或使用环境而不同,例如有关数据的数据(data about data),有关信息对象的结构化数据(structured information about an information object),描述资源属性的数据(Data describes attributes of resources)等。无论何种定义,对于元数据的作用认同都是一样的,即元数据主要用在数据共享和信息服务过程中,使不同用户、应用程序间可以很方便地获得有关数据属性的基本信息,从而能够方便地获得自己想要的数据,而不需要数据生产者或拥有者代为获取数据。这类似于去超市购物,根据超市摆放在货架上的标签信息和物品包装上提供的信息,就能找到想要的物品,而不必拿着清单请售货员帮忙提货。

随着我国交通规划、建设、生产、生活和管理过程等领域信息资源的积累及数字化技术应用不断深入,交通信息共享与服务的需求已经变得越来越迫切。一方面,各地的交通信息平台之间需要进行数据共享和交换,例如各省市违章监控信息的交换;另一方面,其他行业和公众也迫切需要获得交通信息,为出行、旅游等提供参考,企业也可以通过交通信息深加工,为用户提供更好的服务。此外,政府相关部门的城市规划、交通建设和管理政策制定等活动,也都需要交通数据作为基础;科研机构也需要真实的交通数据来支持科研活动,以确保研究成果真实可用,这不是模拟数据可以达到的效果。如何充分利用这些数据资源,如何使用户迅速有效地发现、存取和使用所需的信息就变得非常关键,因此需要一个交通信息资源核心元数据的标准,以满足数据共享和交换的需要。

我国在 2009 年由交通运输部科技司提出、交通部信息通信及导航标准化技术委员会负责起草,发布了《JT/T 747—2009 交通信息资源核心元数据》、《JT/T 748—2009 公路水路交通信息资源业务分类》、《JT/T 749—2009 交通信息资源标识符编码规则》等一系列与交通元数据相关的推荐性标准。其中《交通信息资源核心元数据》标准规定了如何编制交通信息资源元数据,以及元数据中必须要包含的内容;《公路水路交通信息资源业务分类》和《交通信息资源标识符编码规则》则是详细地规定了在业务分类和交通信息资源标识符方面如何编码,并定义了部分编码的标准代码及其含义。虽然这些标准不是强制标准,但在交通数据共享和交换方面还是具有非常重要的指导作用。

《交通信息资源核心元数据》规定了描述交通信息资源特征所需的核心元数据及其表示方式,给出了各个核心元数据的语义定义和著录规则,用来描述有关交通信息资源的标识、内容、管理、服务及维护等信息,并给出了元数据的扩展原则与方法。该标准适用于交通信息资源的编目、建库、发布及共享有关的数据交换和网络查询服务等。在这个标准里,它定义了元数据是定义和描述其他数据的数据;元数据由一系列元数据元素(metadata element)构成,元数据元素是元数据的基本单元,用以描述信息资源某个特性;由一组描述数据同类特征的元数据元素的集合被称为元数据实体(metadata entity),元数据实体可以是单个实体,也可以是包括一个或多个实体的聚合实体。在这个标准中所称的交通信息资源(transportation information resource),是指从公路水路交通规划、建设、生产、生活和管理过程中产生的、有利用价值的信息资源,这些信息资源内容主要分布在交通运输行业政府、公路运输、水路运输、民航运输、邮政运输、海事系统、搜救打捞系统等交通行业管理机构及企事业单位中。

可见,该标准主要侧重在制定一个用于描述交通行业信息的元数据定义规范。交通行业信息可以看作是在城市交通大数定义中所说的"由交通直接产生的数据",以及与交通直接相关的部分"交通管理设施产生的非结构化数据"。从这个意义上说,交通行业信息完全涵盖了城市交通大数据中"由交通直接产生的数据"以及"交通管理设施产生的非结构化数据"所涉及的数据资源。一方面,交通信息资源核心元数据是可以用来表达城市交通大数据中的这部分数据资源,亦即城市交通大数据的元数据应该完全包含交通信息资源核心元数据。另一方面,对那些来自公众互动交通状况数据、相关的行业数据,以及政治、经济、社会、人文等领域重大活动数据,《交通信息资源核心元数据》中并没有给出一个明确的定义方法,但是根据该推荐标准所阐述的元数据扩展方法,可以遵循其编制思路,对交通信息资源核心元数据进行适当扩展,形成城市交通大数据资源核心元数据,以满足对城市交通大数据中所有可能的数据资源的描述需要。

5.2.2　城市交通大数据核心元数据定义方法

采用规范化方式来定义和描述城市交通大数据资源核心元数据的元数据实体及元数据元素,需要用到的属性描述包括:中文名称、定义、英文名称、数据类型、值域、短名、注解。

(1) 中文名称是元数据元素和元数据实体的中文名,如"信息资源名称"等。

(2) 对应的英文名称,一般用英文全称,要求所有组成词汇为无缝连写。元数据元素的首词汇全部采用小写字母,其余每个词汇的首字母采用大写;元数据实体的每个词汇的首字母大写。

(3) 定义是用来描述元数据实体或元数据元素的基本内容,给出城市交通大数据资源某个特性的概念和说明。

(4) 数据类型指元数据元素的数据类型,需要对元数据元素的有效值域及允许的有效操作进行了规定。例如,整型、实型、布尔型、字符串、日期等。

(5) 值域则是元数据元素可以取值的范围。

(6) 短名是元数据元素的英文缩写名称,具体缩写规则应遵循以下规则:

① 短名在标准范围内应唯一。

② 对存在国际或行业领域惯用英文缩写的词汇等元数据实体或元数据元素对象,采取该英文缩写为其标识符。

③ 对于根据英文名称或其他认知自定义的标识符,在保持唯一性的前提下,统一取每个单词前三个字母作为其短名缩写标识。当如此取词不能保证唯一性时,应延展取词位数,通常仅增加一位;如此仍不能保证唯一性时,如前继续延长取词,直至保证唯一性为止。

④ 对于元数据实体的标识短名的写法是,所有组成词汇的缩写为无缝连写,并且每个词汇缩写的首字母大写。

⑤ 对于元数据元素的标识短名的写法是,所有组成词汇的缩写为无缝连写,首词汇全部采用小写字母,其余每个词汇的缩写的首字母采用大写。

(7) 有额外需要解释的内容,可用注解对元数据元素的含义的进一步解释,包括该元数据元素的约束(必选、可选)和最大出现次数等。约束是用来说明元数据实体或元数据元素是否必须选取的属性。包括以下两种:

① 必选:表明该元数据实体或元数据元素必须选择。

② 可选:根据实际应用可以选择、也可以不选的元数据实体或元数据元素。已经定义的可选元数据实体和可选元数据元素,可指导部门元数据标准制定人员充分说明其交通信息资源。可选元数据实体可以包含必选元数据元素,但只当可选实体被选用时才成为必选。如果一个可选元数据实体未被使用,则该实体所包含的元素(包括必选元素)也不

选用。

最大出现次数则是指元数据实体或元数据元素可以具有的最大实例数目。只能出现一次的用"1"表示，多次重复出现的用"N"表示。允许不为1的固定出现次数用相应的数字表示，如"2"、"3"等。

5.2.3 城市交通大数据核心元数据描述

城市交通大数据资源核心元数据由10个元数据元素和9个元数据实体构成，其中6个为必选，用字母M标明；13个为可选，用字母O标明。19个城市交通大数据资源核心元数据基本名称见表5-3，各元数据的具体定义见表5-4～表5-11。

表5-3 城市交通大数据资源核心元数据一览表

序 号	名 称	类 型	约 束
1	信息资源名称	元数据元素	M
2	信息资源发布日期	元数据元素	O
3	信息资源摘要	元数据元素	M
4	信息资源语种	元数据元素	O
5	数据志说明	元数据元素	O
6	信息资源提供方	元数据实体	M
7	限制信息	元数据实体	O
8	关键字说明	元数据实体	O
9	信息资源分类	元数据实体	M
10	在线资源链接地址	元数据元素	O
11	信息资源标识符	元数据元素	M
12	时间范围信息	元数据实体	O
13	空间表示信息	元数据实体	O
14	坐标系信息	元数据实体	O
15	服务信息	元数据实体	O
16	信息资源维护信息	元数据实体	O
17	元数据标识符	元数据元素	M
18	元数据维护方	元数据元素	O
19	元数据更新日期	元数据元素	O

表 5 - 4　城市交通大数据资源核心元数据定义表

序号	中文名称	英文名称	短名	定义	数值类型	值域	注解	取值示例
1	信息资源名称	resource Title	resTitle	缩略描述信息资源内容的标题	字符串	自由文本	必选项；最大出现次数为 1	×× 交通委人员数据库
2	信息资源发布日期	date Of Publication	pubDate	信息资源供方发布共享信息资源的日期	日期型	按 GB/T 7408 - 2005 执行，格式为 CCYY - MM - DD	可选项；最大出现次数为 1	2014 - 05 - 10
3	信息资源摘要	abstract	abstract	对资源内容进行概要说明的文字	字符串	自由文本	必选项；最大出现次数为 1	×× 交通委会数据库建立 ×× 范围内乘务员个人档案，包含 ×× 范围内公交车辆驾驶员的基本信息，服务簿信息，合格证信息等
4	信息资源语种	language	language	描述信息资源采用的语言	字符串	采用 GB/T 4880. 2 - 2000	可选项；最大出现次数为 N	eng,chi
5	数据志说明	statement	statement	资源生产者有关数据志、来源、处理等信息的一般说明	字符串	自由文本	必选项；最大出现次数为 1	×× 交通委数据通过 ×× 交通委数据管理系统进行管理统计，包括 ×× 交通委管理范围内所有注册登记的人员最新信息记录
6	信息资源提供方	Point Of Contact	IdPoC	对信息资源的完备性、正确性、真实性等负有责任的交通行业管理部门的名称和地址信息	复合型	包括 3 个元素：〈资源提供方单位〉〈资源提供方地址〉〈电子邮件地址〉各元素定义见表 5 - 5	可选项；最大出现次数为 N	参见表 5 - 5 示例

（续表）

序号	中文名称	英文名称	短名	定义	数值类型	值域	注解	取值示例
7	资源限制信息	Constaints Information	ConstsInform	管理者对信息资源访问、使用、安全等施加限制所需的信息	复合型	包括4个元素：〈使用限制名称〉〈编码〉〈安全访问限制级别〉〈访问级别编码〉各元素定义见表5-6	可选项；最大出现次数为1	参见表5-6示例
8	关键字说明	Descriprive Keywords	DescKeys	说明共享交通信息资源的关键字内容及其依据	复合型	包括2个元素：〈关键字〉〈词典名称〉各元素定义见表5-7	可选项；最大出现次数为N	参见表5-7示例
9	信息资源分类	Resource Category	ResCat	说明信息资源分类方法及其相应的分类信息	复合型	包含4个元素：〈分类方式〉〈分类方式编码〉〈类目名称〉〈类目编码〉各元素定义见表5-8	可选项；最大出现次数为N	参见表5-8示例
10	在线资源链接地址	online Source	onlineSrc	可以获取到共享数据资源的网络地址	字符串	自由文本按RFC2396规定	可选项；最大出现次数为N	http://www.moc.gov.cn
11	信息资源标识符	resource ID	resID	数据资源的唯一不变的标识编码	字符串	自由文本取值遵循JT/T749—2009第四章和第五章的规定	必选项；最大出现次数为1	100000/YK0003（此标识符说明该信息资源属于交通运输部可公开的业务信息，编码的分段含义详见JT/T749—2009）

（续表）

序号	中文名称	英文名称	短名	定义	数值类型	值域	注解	取值示例
12	时间范围信息	Time Period	Timeperiod	城市交通大数据资源的时间覆盖范围	复合型	包含 2 个元素：〈起始时间〉〈结束时间〉各元素定义见表 5－9	可选项；最大出现次数为 1	参见表 5－9 示例
13	空间表示信息	Spatial Representation	SpatRep	用于表示基于坐标和地理标识的空间参照信息	复合型	包含 3 个元素：〈空间范围〉〈大地坐标参照系统名称〉〈垂向坐标参照系统名称〉各元素定义见表 5－10	可选项；使用参照对象的约束条件，最大出现次数为使用参照对象的最大出现次数	参见表 5－10 示例
14	坐标系信息	Coordinate System	CoorSys	有关坐标系统的信息	复合型	包含 2 个元素：〈坐标系类型名称〉〈类型编码〉各元素定义见表 5－11	可选项；使用参照对象的约束，最大出现次数为使用参照对象的最大出现次数	参见表 5－11 示例
15	服务信息	Service Information	ServInfo	描述信息资源提供者所提供的计算机服务功能接口的基本信息	复合型	包含 2 个元素：〈服务地址〉〈服务类型〉各元素定义见表 5－12	可选项；最大出现次数为 1	参见表 5－12 示例
16	信息资源维护信息	Maintenance Information	MaintInfo	对信息资源数据进行日常维护、更新所需的元数据信息	复合型	包含 2 个元素：〈发布日期〉〈维护更新周期〉各元素定义见表 5－13	可选项；最大出现次数为 N	参见表 5－13 示例

（续表）

序号	中文名称	英文名称	短名	定义	数值类型	值域	注解	取值示例
17	元数据标识符	metadata Identifier	mdId	元数据（描述文件）的唯一标识	字符串	自由文本	必选项；最大出现次数为1；一般是第一著录项目标识符唯一，由字母（含下划线（_）、短划线（—）、点（.）、斜线（/）、逗号（,）和空格）或数字组成，可由系统自动随机产生	jtmetadata_100000/YK0003（表示这是是号YK0003资源100000/YK0003对应的元数据描述）
18	元数据维护方	metadata Contact	MdContact	对元数据内容负责的交通行业主管部门的名称和地址信息	复合型	包括2个元素：〈元数据联系单位〉〈元数据维护方地址〉各元素定义见表5-14	必选项；最大出现次数为N	参见表5-14示例
19	元数据更新日期	Metadata Date Update	mdDateUpd	更新元数据的日期	日期型	按GB/T 7408－2005执行，格式为CCYY-MM-DD	必选项；最大出现次数为1	2014－05－16

表5-5 "信息资源提供方"值域元素定义

中文名称	英文名称	短名	定义	数值类型	值域	注解	取值示例
资源提供单位	organisation Name	rpOrgName	提供信息资源的单位名称	字符串	自由文本	必选项；最大出现次数为1	××交通委
资源提供方地址	address	rntAdd	资源提供单位的联系地址	字符串	自由文本	可选项；最大出现次数为1	××省××市××区××大街××号
电子邮件地址	electronic Mail Address	eMailAdd	资源提供人或者负责单位的电子邮件地址	字符串	自由文本	可选项；最大出现次数为N。采用"用户名@域名"的格式，如果电子邮件地址有不止一个，电子邮件地址之间用西文符号中的分号（";"）分隔	user@abc.com；abcguest@msa.gov.cn

表 5-6 "资源限制信息"值域元素定义

中文名称	英文名称	短名	定义	数值类型	值域	注解	取值示例
使用限制名称	use Constraints Name	useConstsName	为保护隐私或知识产权,对使用资源施加限制和约束的名称	字符串	见表5-15"中文名称"列	必选项;最大出现次数为1	受限制
使用限制编码	use Constraints Code	useConstsCode	为保护隐私或知识产权,对使用资源施加的限制和约束的编码	字符串	见表5-15"代码"列	必选项;最大出现次数为1	8
安全访问限制分级	security Access Classification	secAccClass	对资源访问处理的限制级别的名称	字符串	见表5-16"中文名称"列	必选项;最大出现次数为1	内部
安全访问限制分级编码	Security Access Classification Code	secAccClassCode	对资源安全限制级别的编码	字符串	见表5-16"代码"列	必选项;最大出现次数为1	3

表 5-7 "关键字说明"值域元素定义

中文名称	英文名称	短名	定义	数值类型	值域	注解	取值示例
关键字	keyword	keyword	用于概括共享交通信息资源主要内容的通用词,形式化词或短语	字符串	自由文本	必选项;最大出现次数为N	××交通委、人员,信息
词典名称	thesaurus Name	thesaName	关键字所属的专业关键字词典的名称	字符串	自由文本	可选项;最大出现次数为1	

表 5 - 8 "资源限制信息"值域元素定义

中文名称	英文名称	短 名	定 义	数值类型	值 域	注 解	取值示例
分类方式	categroy Standard	cateStd	说明信息资源所采用的分类方式	字符串	见表 5 - 17 "中文名称"列	必选项;最大出现次数为 1	业务分类
分类方式编码	categroy Standard Code	cateStdCode	分类方式对应的编码	字符串	见表 5 - 17 "代码"列	必选项;最大出现次数为 1	002 (表示) Y (表示)
类目名称	category Name	cateName	给出对应某种交通信息资源分类中某个具体类目的名称	字符串	交通信息资源业务分类名称取值根据 JT/T 748—2009 表 A.1 中的 "名称"列	必选项;最大出现次数为 1	人员管理
类目编码	category Code	cateCode	类目名称对应的编码	字符串	交通信息资源业务分类名称取值根据 JT/T 748—2009 表 A.1 中的 "代码"列	必选项;最大出现次数为 1	BG08

表 5 - 9 "时间范围信息"值域元素定义

中文名称	英文名称	短 名	定 义	数值类型	值 域	注 解	取值示例
起始时间	beginning Date	begDate	资源的起始时间	日期型	按照 GB/T 7408—2005 执行,格式为 CCYY - MM - DD	必选项,最大出现次数为 1	2012 - 05 - 11
结束时间	ending Date	endDate	资源的结束时间	日期型	按照 GB/T 7408—2005 执行,格式为 CCYY - MM - DD	必选项,最大出现次数为 1	2014 - 05 - 11

表 5 - 10 "空间表示信息"值域元素定义

中文名称	英文名称	短名	定义	数值类型	值域	注解	取值示例
空间范围	spatial Domain	sptDom	资源涉及的空间或地理范围	字符串	自由文本 可参照 GB/T 2260—2002	可选项；最大出现次数为1	上海市，山东省
大地坐标系参照系统名称	coordinate Reference System Identifier	coorRSID	描述空间范围所采用的大地坐标系参照系统名称	字符串	见表5-18中"文名称"列	可选项；最大出现次数为1	1980年国家大地坐标系
垂向坐标系参照系统名称	vertical Reference System Identifier	verRSID	描述空间范围所采用的垂向坐标系参照系统名称	字符串	见表5-19"名称"列	可选项；最大出现次数为1	1985年国家高程系

表 5 - 11 "坐标系信息"值域元素定义

中文名称	英文名称	短名	定义	数值类型	值域	注解	取值示例
坐标系类型名称	coordinate System Type Name	coorName	使用的坐标系参照系统名称	字符串	见表5-20中"文名称"列	可选项；最大出现次数为1	大地坐标系
坐标系类型编码	coordinate System Type Code	coorType	使用的坐标系类型	字符串	见表5-20"代码"列	可选项；最大出现次数为1	002

表 5 - 12 "服务信息"值域元素定义

中文名称	英文名称	短名	定义	数值类型	值域	注解	取值示例
服务地址	service URL	servURL	可以访问服务的网络地址	字符串	自由文本	必选项；最大出现次数为1	http://192.168.0.3:8080/service
服务类型	service Type	serv Type	服务所属的类型	字符串	见表5-21中"文名称"列	可选项；最大出现次数为1	目录服务

表 5 - 13 "信息资源维护信息"值域元素定义

中文名称	英文名称	短 名	定 义	数值类型	值 域	注 解	取值示例
发布日期	release Date	relDate	信息资源发布的日期	日期型	按 照 GB/T 7408—2005 执 行，格 式 为 CCYY - MM - DD	必选项，最大出现次数为 N	2011 - 03 - 09
维护更新周期	Maintence Update Frequency	mainFreq	对信息资源进行日常维护和更新的频率	字符串	见表 5 - 22"代码"列	必选项;最大出现次数为 1	006 (表示数据更新频率为每季度更新一次)

表 5 - 14 "元数据维护方"值域元素定义

中文名称	英文名称	短 名	定 义	数值类型	值 域	注 解	取值示例
元数据联系单位	Mdorganisation Name	MdOrgName	负责元数据维护的单位名称	字符串	自由文本	必选项;最大出现次数为 1	××市×× 局
元数据维护方地址	Mdaddress	MdAdd	元数据联系人或联系单位的地址	字符串	自由文本	必选项;最大出现次数为 1	中国××省 ××市××区 ××街××号

城市交通大数据各代码示例见表 5－15 至表 5－22。核心元数据涉及的其他代码表参见以下这些标准：

GB/T 4880.2	语种名称代码第 2 部分：3 字母代码（eqv ISO 639－2：1998）
GB/T 7408—2005	数据元和交换格式信息交换日期和时间表示法（eqv ISO 8601：2000，IDT）
GB/T 21063.2—2007	政务信息资源目录体系第 2 部分：技术要求
GB/T 21063.3—2007	政务信息资源目录体系第 3 部分：核心元数据
JT/T 748—2009	公路水路交通信息资源业务分类
JT/T 749—2009	交通信息资源标识符编码规则

表 5－15　使用限制代码表

代　码	中文名称	英文名称	定　　义
000	无限制	noRestriction	没有限制
001	版权	copyright	法律批准的作家、作曲家、艺术家、发行者在确定的时间内，对出版、创造或销售文学、戏剧、音乐或艺术品的专有权利，或使用商业印刷品或商标的权利
002	专利权	patent	政府已经批准的制造、出售、使用或特许发明或发现的专门权利
003	专利权	patentPending	等待专利权的生产或销售信息
004	商标	trademark	正式注册标识产品的、法律上只限于所有者或厂商使用的名称、符号或其他图案
005	许可证	license	正式许可作某事
006	知识产权	intellectualPropertyRights	从创造活动生产的无形资产的分发或分发控制获得经济的权利
007	受限制	restricted	控制一般的流通或公开
009	其他限制	otherRestriction	未列出的限制

表 5－16　安全访问限制代码表

代　码	汉语拼音代码	中文名称	英文名称	定　　义
001	GK	公开	disclosure	可以公开
002	NB	内部	confine	一般不公开，限制在一定范围内专用
003	MM	秘密	confidential	受委托者可以使用该信息

（续表）

代　码	汉语拼音代码	中文名称	英文名称	定　　义
004	JM	机密	secret	除经过挑选的一组人员外，对所有的人都保持或必须保持秘密、不为所知或隐藏
005	UM	绝密	topsecret	最高机密
006	WFJ	未分级	unclassified	一般可以公开

表 5-17　城市交通大数据资源分类方式代码表

数字代码	字母代码	中文名称	英文名称	定　　义
001	Z	政务主题分类	aTopicCategory	按照描述的内容对资源进行主题分类
002	Y	业务分类	aDomainCategory	按照交通运输行业范畴，以主干业务为描述内容对信息资源进行分类
003	K	科技资源分类	aScienceAndTechnology Category	根据信息资源的属性或特征，将其按照交通科技信息资源进行分类
004	Z	重大社会活动分类	aActivityCategory	
005	Q	气象与环境分类	aEnvironmentCategory	
006	R	人口与社会经济分类	aPopulationCategory	
007	C	城市规划与土地利用	aCityPlanning	
008	YD	移动通信信息	aMobileCommunication	
009	S	社会网络	aSocialNetwork	

注：政务主题分类的值引自 GB/T 21063.3—2007。

表 5-18　大地坐标参照系统名称代码表

代　码	中　文　名　称	英　文　名　称	说　　明
001	1954 年北京坐标系	BeijingCoordinateSystem	
002	1980 年国家大地坐标系	NationalCoordinateSystem	
003	地方独立坐标系	RegionalCoordinateSystem	相对独立于国家坐标系的局部坐标系

表 5 - 19 垂向坐标参照系统名称代码表

代 码	名 称	说 明
100	高程	
101	1956 年黄海高程系	1961 年以后全国统一采用
102	1985 年国家高程系	经国务院批准,国家测绘局于 1987 年 5 月 26 日公布使用
103	地方独立高程系	
200	深度	
201	略最低低潮面	1956 年前采用
202	理论深度基准面	1956 年起采用
300	重力相关	
301	国家 1985 重力控制网	重力基准由前苏联引入,属波兹坦重力基准
302	国家重力基本网	综合性的重力基准
303	维也纳重力基准	世界重力基点:维也纳系统(1900 年)
304	波茨坦重力基准	世界重力基点:波茨坦系统(1894~1904 年)
305	国际重力基准网 1971	1971 年 IUGG 决定采用 IGSN71 代替波茨坦国际重力基准
306	国际绝对重力基准网	
400	相对高度	

表 5 - 20 坐标系类型代码表

代 码	中文名称	英文名称	定 义
001	笛卡尔坐标系	Cartesian	相互正交于原点的 n 个数轴组成的 n 维坐标系
002	大地坐标系	Geodetic	用经度和维度所表示的地面点位置的球面坐标
003	投影坐标系	Projected	由不同的投影方法所形成的坐标系
004	极坐标系	Polar	用某点至极点的距离和方向表示该点位置的坐标系
005	重力相关坐标系	GravityRelated	重力测量及其计算的一种基准

表 5 - 21 服务类型代码表

代 码	中文名称	英文名称	定 义
001	目录服务	CatalogService	按照 GB/T 21063.2—2007 目录服务接口要求建立的目录服务,用于资源发现与定位的服务

表 5 – 22　维护和更新频率代码表

代　码	中 文 名 称	英 文 名 称	定　　义
001	连续		数据重复地频繁地进行更新
002	按日		数据每天更新一次
003	按周	Weekly	数据每周更新一次
004	按两周	Fortnightly	数据每两周更新一次
005	按月	Monthly	数据每月更新一次
006	按季	Quarterly	数据每季更新一次
007	按半年	Biannually	数据每半年更新一次
008	按年	Annually	数据每年更新一次
009	按需要	AsNeeded	数据按需要更新
010	不固定	Irregular	数据不定期更新
011	无计划	Noplanned	尚无更新计划
012	未知	Unknow	数据维护频率未知
013	按旬	EveryTenDay	数据每十天更新一次

5.2.4　城市交通大数据核心元数据扩展原则和方法

允许对核心元数据进行的扩展包括：增加新的元数据元素；增加新的元数据实体；建立新的代码表，代替值域为"自由文本"的现有元数据元素的值域；创建新的代码表元素（对值域为代码表的元数据的值域进行扩充）；对现有元数据施加更严格的可选性限制；对现有元数据施加更严格的最大出现次数限制；缩小现有元数据的值域。在扩展元数据之前，应仔细地查阅现有的元数据及其属性，根据实际需求确认是否缺少适用的元数据。

对于每一个增加的元数据，采用摘要表示的方式，定义其中文名称、英文名称、数据类型、值域、短名、约束条件，以及最大出现次数，最后给出合适的取值示例。对于新建的代码表和代码表元素，应说明代码表中每个值的名称、代码，以及定义。

新建元数据需要遵循以下基本原则：

（1）选取元数据时，既要考虑数据资源单位的数据资源特点，以及工作的复杂、难易程度，又要充分满足交通信息资源的利用，以及用户查询、提取数据的需要。

（2）选取的元数据不但要满足当前阶段交通行业信息化建设的标准化需求，更应该考虑将来一定时间内可能产生的标准化需求。扩展过程中，可以参考国内和国外先进标准。

（3）新建的元数据不应与已定义的元数据中的现有的元数据实体、元素、代码表的名称、定义相冲突。

（4）增加的元数据元素应按照确定的层次关系进行合理的组织。如果现有的元数据实体无法满足新增元数据的需要，则可以新建元数据实体。

（5）新建的元数据实体可以定义为复合元数据实体，即可以包含现有的和新建的元数据元素作为其组成部分。

（6）允许以代码表替代值域为自由文本的现有元数据元素的值域。

（7）允许增加现有代码表中值的数量；扩充后的代码表应与扩充前的代码表在逻辑上保持一致。

（8）允许对现有的元数据元素的值域进行缩小。

（9）允许对现有的元数据的可选性和最大出现次数施以更严格的限制（如定义为可选的元数据，在扩展后可以是必选的；定义为可无限次重复出现的元数据，在扩展后可以是只能出现一次）。

◇ 参 ◇ 考 ◇ 文 ◇ 献 ◇

［1］ Robert Neches，Richard E. Fikes，Tim Finin，Thomas Gruber，Ramesh Patil，Ted Senator and William R. Swartout. Enabling Technology for Knowledge Sharing ［J］. AI Magazine，1991，12 (3)：37－53.

［2］ Thomas R. Gruber. Toward Principles for the Design of Ontologies Used for Knowledge Sharing ［J］. International Journal of Human-Computer Studies，1995，43(5－6)：907－928.

［3］ Willem N. Borst. Construction of Engineering Ontologies for Knowledge Sharing and Reuse ［D］. PhD. Thesis，Enschede，University of Twente，1997.

［4］ Dieter Fensel. Ontologies：A Silver Bullet for Knowledge Management and Electronic Commerce ［M］. 2nd ed. . Springer，2003.

第**6**章

城市交通大数据技术

城市交通大数据技术并不是能够以某个概念或名词来定义的单一技术内容或方法,它是一个技术体系,早在大数据概念出现之前,交通数据挖掘和分析中就需要面临以下几个层面的客观现实问题:

(1) 基础交通数据很多来自电子检测设备,无论是路上固定检测器还是车上移动检测器,都常年处于复杂的自然环境和电磁环境的状态下全年无休的持续工作,因此有可能产生数据完整性、质量等问题,而这些问题会随着数据的转移和转化,带入到存储、计算、传输和后续各项应用中。

(2) 城市交通虽然是一个整体,但交通数据却是由不同数据来源获取且由不同的职能部门进行管理,分散在各职能部门数据库系统中的数据资源仅能部分反映交通特征,然而交通应用和分析需要整合各方面的数据才能获得更加真实可靠、符合人们真实感受的“信息产品”。因此,在传统模式下的数据共享、汇聚等集聚问题就自然被大数据时代的分析纳入考虑。

(3) 存储于数据库中的交通数据,就如同堆放在“物流仓库”中的货品,当这个“仓库”比较小时,通过一个管理员或者一个小团队可以实现有效管理。但随着交通数据量的急速膨胀,每个“仓库”都在迅速增大,对于一个管理员或者一个小团队而言,数据的种类、规模、复杂性、流动性等的管理变得更加困难。

(4) 交通数据应用的核心是挖掘与分析,如何从海量数据中发现城市交通运行的整体特征,掌握人们日常出行的普遍规律,发现当前交通建设、管理、服务等方面存在的现实问题等,都需要从深度数据挖掘与分析中来寻求答案。

(5) 交通数据挖掘和分析的根本目的是为了人们能更好地理解数据中折射出的社会问题和交通问题,相比那些生硬、过于结构化、专业性很强的数字、表格、公式和文件,生动的图形更能易于人们理解和接受。因此,数据分析的一项重要工作就是如何对接需求,实现对数据分析产品的结果呈现。

以上这些问题是城市交通领域数据挖掘和分析需要每天需要处理的众多现实问题总结,在大数据概念快速普及的趋势下,交通数据分析与挖掘将在城市交通大数据技术上面临新环境、新模式和新挑战。

6.1　城市交通大数据基本问题

这些年来,无论是国家还是地方都对交通信息化建设投入了巨大的精力,也进行了大量的财力和物力投入。随着城市智能交通系统建设规模的不断扩大,交通数据采集的范围、广度和深度急剧增加,正在形成以微波、线圈、GPS、车牌等交通流检测数据,交通监控视频数据,以及系统数据和服务数据等为主体的海量交通数据;受制于数据存储技术的传统习惯,目前交通领域采集的数据大多转化为结构化数据,如时间、地点、车辆信息、采集设备状态等,主要存储在关系型数据库中,而新型的车牌、电子警察等图片、视频等半结构化数据,则存储在文件系统中。

在数据量上,传统关系数据库的存储逐渐无法满足海量的数据,达到物理限制的周期在变短,例如原来可以存储一年数据量的设备,逐渐变成存放了半年、三个月的数据就已经没有剩余空间;在数据格式上,不再只是单一的结构化数据,也有来自更多的领域很多非结构化的数据,例如公共交通、出租车上的语音记录数据、路上电子警察、车牌识别提供的录像和图片数据等与交通密切相关的数据信息。

在处理方式上,传统的集中式存储和处理方式,效率低下,所有数据都要集中传输到一台或几台机服务器上进行计算,存在网络传输的问题,也无法充分利用计算资源;在数据可视化处理方面,当前也缺乏一种有效的分析工具,把结构化和非结构化的数据串联起来,挖掘出有效的信息,展现在用户面前。

除了以上问题,还有它自己的特点,交通数据存储分散、数据资源条块化分割、数据缺乏统一标准等问题;再者,交通中的各类数据来源往往涉及多个部门,每个部门为了自己的利益通常情况下并不愿意共享这些数据,由此造成了数据很难集聚的问题;在这样的现实背景下,尤其是当前信息量增长日益加剧的情况下,城市交通大数据需要不得不面临以下若干基本问题。

6.1.1　数据质量

从理论上说,数据并不是孤立存在的,数据之间往往存在着各种各样的约束,这种约束描述了数据的关联关系。数据必须能够满足这种数据之间的关联关系,而不能够相互矛盾。数据的真实性、完备性、自洽性是数据本身应具有的属性,这是保证数据质量的基础。

其实从很多事件上都能发现这种约束。战争题材的影视作品总有一个情报室收集从四面八方汇聚来的信息,然后由参谋人员分析汇总,整编情报是否正确,是否可以采纳等,最后在依托这些情报的基础上,做出合理的假设和分析,支撑战争决策。如果信息来源错误,那么影响就是巨大的,甚至会直接导致战争的失败。从根本上说,这也是数据质量的问题。由此可见,人们已经非常注重数据质量的问题了。

从现代来看,这个问题更加重要,无论从企业经营还是投资分析,数据质量都是至关重要的。当然在交通领域也一样,大到道路的规划与建设决策,小到每条路的车流量与人流量统计等,都与数据质量分不开。可以说高质量的数据质量能够引导正确的决策,促使人们的决策行为向好的方向发展。

目前,交通领域以前遗留的数据并没有考虑要整合、分析,为后续行为提供决策,所以很大一部分数据在质量上是无法满足要求的。高质量的交通数据是智能交通系统有效发挥其功能的基础,也是进行道路规划与设计、交通信号优化、交通信息发布等的基础,同样也是大数据分析的前提。没有高质量的数据,大数据分析的结果就无法反映现实,因此也就没有了分析的意义。由于进入大数据平台的数据来源不一,涉及部门众多,道路交通、公共交通、对外交通和重大活动交通等,其辖下又细分多种数据来源,而且数据产生的标准不统一,所以目前交通大数据建设面临的第一个问题就是数据质量的问题。为了解决数据质量的问题,要联合与交通相关联的多个部门,制定统一的策略,有效整合,多层清洗,以求达到数据分析的基本要求。

6.1.2　数据存储

传统交通领域里存储到底有哪些问题呢? 还是得从自身说起。由于以前并没有统一的规划和管理,各个部门都是各自为政,建立自己的信息处理系统,管理和计算自己关心的问题,这在当时是没有什么问题的;随着信息化建设的加快,各地城市智能交通的加速建设,好多交通部门的数据来源和数据量都发生了巨大的变化,除了自动化采集的各类系统数据外,同时也产生了更多的服务性数据;由于没有规划和预估,这些数据千差万别,大多仍存储在以磁盘、磁带为主的存储设备上。在磁盘上主要以关系型数据库为主,受限于关系数据库范式的特性,由此产生了大量的数据表,维护起来相当的麻烦。另一方面,关系型数据库能够有效管理以 GB 为单位的数据,这在当下动辄就达到 TB 或 PB 级的数据来说,基本无法满足要求,虽然可以扩充,但仍然限制重重,麻烦很多。磁带库受限于其顺序读写的技术特性,要想在上面进行一些查询代价十分巨大,因此一般只用做数据备份。

过去十年中,存储技术发展很快,涌现了许多具有代表性的存储技术,从直连式存储(Direct-Attached Storage,DAS)、到网络附加存储(Network Attached Storage,NAS)、存储区域网络(Storage Area Network,SAN),从独立硬盘冗余阵列(Redundant Array of Independent Disks,RAID)到 iSCSI、PCIe 闪存卡,每种技术都代表了一定的市场细分。另一方面,国内外互联网行业的迅速发展,也给存储行业的发展也带来的很大的外部推动力,特别是分布式存储系统、固态硬盘(Solid State Disk,SSD)、大容量闪存技术在互联网行业的大量运用,已经明显影响到传统企业的存储解决方案,而且这种趋势越来越明显。

要想实现统一的大数据平台,首先要解决存储上的这些问题,一是要解决数据来源的统一管理,二是解决数据容量的自由扩展问题,解决了这两个基本问题,将为大数据基本打下一个好的基础。

6.1.3 数据计算

当今时代,计算机已经无处不在,时时刻刻影响着人们的生活,当然交通领域也不除外。现在社会交通四通八达,各类运输工具层出不穷,为社会的发展带来了极大的便利,但是,极具膨胀的城市交通,也给人们的出行带来了严重的影响,于是人们开始考虑引入信息技术来解决这些问题。在十年前,或许这不是个问题,各国城市都有一套自己的信号系统,通过计算机技术的运用,监控整个城市的交通运行状况。但是近年来,尤其是国内城市建设的发展速度太快,而规划却没有进步,很快就遇到了大城市病。虽然国外很早就遇到了这种状况,但至今仍没有有效的解决办法。信息技术的运用仅仅缓解了过早遇到的麻烦,远没有找到最终的解决办法。可是城市仍旧在发展,基础建设也在不断扩大,采集的交通类数据越来越多,已有的交通解决方案逐渐无法满足这样海量的数据计算。

在分布式计算出现以前,几乎没有人想到现在这样的状况:海量的交通基础数据和更多的服务性数据的融合。举例来说,现在无论什么都讲行业融合,但在交通领域,用什么技术来实现交通管理系统跨区域、跨部门的集成和组合的融合呢? 究其原因,无非是受限制于技术上的瓶颈,传统以关系数据库为基础的交通数据分析方法,在 GB 为单位的数据量面前,配合高性能的硬件,还是能够游刃有余的处理,但如果考虑融合其他相关行业的数据,这就不容易了;本来交通行业采集的数据已经逐步攀升到 TB 或 PB,有些问题已经无法分析出来,再加上数倍于自己的其他行业数据,已有的方法已很难有效支撑这么庞大的数据的开发与利用了。

数据量大是计算要面对的第一个问题,另一个问题是数据源的问题,传统数据是以数据库为主存储的,相对来说比较规整,有较好的定义,在自己的范围内操作方便。现在要考虑其他服务性数据,由于约束较少,无法实现约定,所以以后的大数据平台要考虑融合计算的问题,以适应不同的数据来源。

6.1.4 网络传输

大数据时代,很多数据都是以一种松散的、没有严格约束的格式,利用便捷的网络,存储在分布式文件系统上,通过构建在分布式文件系统之上的分布式处理系统,对存储在里面的数据进行高效的计算。而在大数据处理技术出现以前,各个企业或机构都自己建立独立的数据中心,所有的数据都集中式存储,每次执行数据计算任务,所有的数据都从存储中心传输到计算中心,如果计算任务特别集中,这就给网络传输带来了严重的压力。

虽然网络传输技术发展得很快,但人们的要求却增长得更快。随着云计算时代的到来,传统的网络流量模型发生了很大的变化,经调查发现 16% 的流量集中在运营商网络,14% 在企业网络,而 70% 的流量将全部流向了数据中心内部。数据中心流量和带宽的指数级增长,已经远超出了人们对传统网络的想象。大带宽,高扩展能力已成为大数据时代用户最主要的诉求。

不妨先回顾一下以太网的发展历程。以太网经过近 30 年的发展,带宽从 10 Mb 开始,分别经历了 100 Mb、1 000 Mb、10 Gb、40 Gb、100 Gb 的发展阶段。现阶段 10 GbE 的以太网已经批量应用,40 GbE 和 100 GbE 的以太网开始逐步应用。以太网的发展历程其实是见证了数据中心流量快速增长的趋势。从 x86 服务器迈入虚拟化开始,虚拟机的逐渐增多,以及虚拟机之间的数据交互通信逐渐频繁,使服务器对于网络带宽的需求越来越强烈;当数据中心开始进入到云计算时代时,数据中心的服务器、存储,以及网络所有 IT 基础架构资源都趋向于虚拟化,这意味着整个数据中心需要有强有力的网络带宽来满足这种趋势;现在,数据中心在逐渐完成云计算数据中心的改造之时又迎来了大数据时代,如果说云计算使数据中心内部资源高度虚拟化从而大幅提升数据中心网络带宽需求,那么大数据时代的到来则让数据中心的数据来源变得无比广泛,数据设备接入变得多样化,数据容量变得无比庞大,数据处理需要更加快速与高效,这一切无疑对数据中心网络提出了更高层次的要求。

当看到谷歌、脸谱、亚马逊、百度、腾讯、阿里巴巴这些用户所拥有的超大型数据中心,能够体会到云计算、社交网络、大数据、移动化等趋势浪潮对于数据中心发展的影响。正是有这些变革性的浪潮,使以太网带宽升级的间隔正在大幅缩短。因此,面向云计算和大数据的数据中心新一代核心网络交换机必须要在带宽和容量上具备超强的能力,能够支持更高密度的接口。交通领域现在正处于云计算和大数据建设的前期,根据以往经验,做好城市交通大数据中心网络的规划,有利于应对将要面对的网络问题。

6.1.5　数据格式

数据格式是数据保存在文件或记录中的编排格式,可以是数值、字符或二进制数等形式,由数据类型及数值长度来描述。数据格式应满足一定条件:

(1) 保证记录所需要的全部信息。

(2) 提高存贮效率,保证存贮空间的充分利用。

(3) 格式标准化,保证有关数据处理系统间数据的交换。

根据数据记录长度的特点,一般分为定长格式和变长格式。前者文件中记录具有相同的长度,后者长度由记录值长短确定。

计算机领域的数据格式并不是什么新鲜概念,但在交通领域数据格式却有着更加丰富的含义。在大数据概念出现之前,动态交通数据主要以关系型数据表为主,依托 Oracle、IBM DB2、SQL Server 等关系型数据库,将道路上固定检测设备、移动检测设备的数据转换成标准结构的表文件。然而,随着采集交通信息的手段不断丰富,尤其是视频图像、语音记录、交通网站、智能手机等方式获取交通信息的手段不断增加,存储的交通数据由传统的表,增加了文本文件、视频文件、音频文件、图片、网站等半结构化和非结构化数据。

　　数据格式的复杂,带来了数据组织管理方式和使用方法的改变,单纯依赖关系型数据库已经不能满足大数据的交通数据分析要求。因此,需要引入分布式文件系统和非关系型数据库作为有益补充。城市交通大数据的格式问题是数据分析需要面临的永恒问题,随着物联网、云计算、移动互联网的深度发展和繁荣,大量的智能终端设备都将具备生产数据的能力,千差万别的交通数据种类将会在大数据这个"熔炉"里进行整合淬炼,最终加工出信息产品,服务全社会。

6.2　城市交通大数据处理

　　"大数据"本身是一个内涵和外延极其丰富的概念,并不局限于某种具体的技术、方法或系统,但人们在实际积累数据、组织数据、查询数据和分析应用数据时,却需要有实实在在的方法、模式或者系统,这是信息技术领域乃至交通行业的工程技术人员最希望看到的,工程师和数据分析师们对理念等内容的兴趣远没有实实在在的系统和工具来得高。

　　城市交通大数据本质上是"大数据"理念和技术在交通行业的应用,更偏重面向用户的应用服务和产品生成,而底层的数据库系统、操作系统的基本原理和方法却是"拿来主义"。目前市场上面向大数据应用的数据管理系统层出不穷,受到了热烈的追捧,无论是老牌的IT 精英公司,还是一些新锐公司都在"大数据"的大旗下奋勇前进,开发出了大量的系统产品,但其基本原理和模式却是大同小异,主要是基于 MapReduce 的分布式数据文件存储和计算,本节将就分布式存储、分布式计算和本地计算进行简单的原理性介绍和说明,并重点对 Hadoop 系统的数据管理系统进行介绍。

6.2.1　分布式存储

　　为了保证高可用、高可靠和经济性,大数据一般采用分布式存储的方式存储数据,并采用冗余存储的方式进一步保证数据的可靠性,基于 Hadoop 的分布式文件系统(Hadoop Distributed File System,HDFS)信息存储方式是目前较为流行的数据存储结构,如图 6-1 所示。通过构建基于 HDFS 的云存储服务系统,解决智能交通海量数据存储难题,降低实施分布式文件系统的成本。Hadoop 分布式文件系统是开源云计算软件平台 Hadoop 框架的底层实现部分,具有高传输率、高容错性等特点,可以以流的形式访问文件系统中的数据,从而解决访问速度和安全性问题。

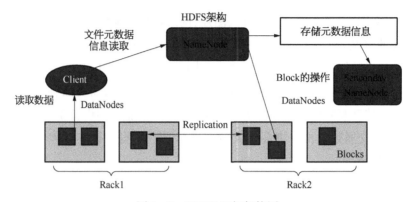

图 6-1　HDFS 逻辑架构图

6.2.2　分布式计算

城市交通大数据的强大计算能力能对庞大、复杂而又无序的交通数据进行分析处理。基于大数据平台的交通数据建模及时空索引、历史数据的挖掘、交通数据的分布式处理和融合及交通流动态预测,都需要大数据平台的分布式计算能力,即高性能并行计算模型MapReduce。MapReduce 是一个用于海量数据处理的编程模型,它简化了复杂的数据处理计算过程,将数据处理过程分为 map 阶段和 reduce 阶段,其执行逻辑模型如图 6-2 所示。MapReduce 通过把对数据集的大规模操作分散到网络节点上实现可靠性。每个节点会周期性地把完成的工作和状态的更新传报告回来,如果一个节点保持沉默超过一个预设的时间间隔,主节点记录下这个节点状态为死亡状态,然后把分配给这个节点的任务发到别的节点上。MapReduce 是完全基于数据划分的角度来构建并行计算模型的,具有很好的容错能力。

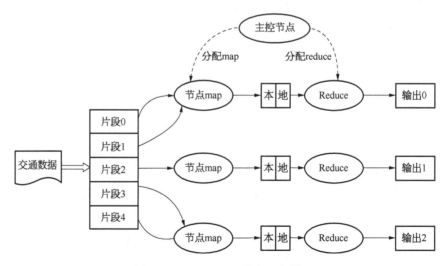

图 6-2　MapReduce 执行逻辑模型

6.2.3　本地计算

如果分布式计算是利用网络完成数据共享和计算,那么本地计算就是传统的以数据库为中心的计算模式,分布式计算无疑拥有巨大潜力和优越性。

所谓数据库中心的本地计算模式,就是将软件系统的处理能力和负载主要集中在一两台数据库服务器。如果要提高计算处理能力,只能不断提高数据库服务器的硬件水平,从普通双核多核 PC 机到小型机,直至中型机和超级计算机,随着处理能力提高,系统的建设成本也越来越高。

两种计算模式有者鲜明的对比,分布式计算通过软件来管理所有的数据和计算任务,资源都通过网络共享,计算任务下发后,被分发到多个计算机上进行计算。本地计算则把所又需要计算的资源统统传输到计算中心的计算机上进行处理。对比可以发现,二者都是多任务的管理,但一个是集中式多任务管理,一个是分布式多任务管理,在数据量巨大的情况下,各有优缺点,能够形成互补优势,需要根据实际应用的需求选取合适的技术。

6.2.4　开源的分布式框架 Hadoop

前文从系统的角度阐述大数据普遍遵循的技术原理和方法,从存储、计算的角度阐述了 MapReduce 的基本原理和实现逻辑,本节将进一步介绍大数据领域最热门的开源分布式系统 Hadoop。在详细阐述 Hadoop 之前,先介绍几种目前在工业界(学术界)里比较流行的分布式计算框架(平台):

(1) MapReduce(MR)　这是最为常见和流行的一个分布式计算框架,Hadoop 是其开源实现之一,已经得到了极为广泛的运用,同时在 Hadoop 基础上发展起来的项目也有很多(例如 HBase、Hive 等),另外类似于 Cloudera、Hortonworks、MapR 这样的在 Hadoop 基础上发展起来的公司也有很多。

(2) Pregel　Pregel 也是谷歌发明的一种分布式计算框架,其优势是可以更为高效地完成一些适合于抽象为图算法的应用,Giraph 是一个比较好的开源实现。

(3) Storm　Storm 是推特的项目,号称是 Hadoop 的实时计算平台,对于一些需要实时性高性能的任务可以拥有比 MR 更高的效率。

(4) Spark　Spark 是 UC Berkeley AMPLab 的项目,其很好地利用了 JAVA 虚拟机中的堆处理技术,对于中间计算结果可以有更好的缓存支持,因此其在性能上要比 MR 高出很多,因为侧重于堆计算,所以对内存要求较高。Shark 是其基础上类似于 Hive 的一个项目。

(5) Dryad 和 Scope　这两个都是微软研究院推出的 MR 类的项目,Dryad 是一个更为通用的计算框架,支持有向无环图类型数据流的并行计算,通过通道实现通信,二者组成一个二维的管道流模型;而 Scope 有点类似于 Hive 和 Shark,都是将某种类似于 SQL 的脚本语言编译成可以在底层分布式平台上计算的任务。但是这两个项目因为不开源,所以资料不多,也没有开源项目那样的社区支持。

除了以上一些有名气的系统外,还有一些例如谷歌的 Dremel 系统,Yale 的 HadoopDB 等,这些分布式计算系统基本都是以 MR 为原理,在此不再赘述,有兴趣的读者可以参阅相关技术文献。以下详细引述使用最广泛的 Hadoop 框架。

Hadoop 由 Apache 软件基金会于 2005 年秋天作为 Lucene 的子项目 Nutch 的一部分正式引入。它受到最先由谷歌开发的 MapReduce 和谷歌文件系统(Google File System,GFS)的启发。2006 年 3 月份,MapReduce 和 Nutch 分布式文件系统(Nutch Distributed File System,NDFS)分别被纳入 Hadoop 项目中。发展到现在,围绕着 Hadoop 已经形成了一个丰富的生态圈,这主要由 HDFS、MapReduce、HBase、Hive 和 ZooKeeper 等成员组成。其中,HDFS 和 MapReduce 是两个最基础最重要的成员。HDFS 是谷歌 GFS 的开源版本,是一个高度容错的分布式文件系统,它能够提供高吞吐量的数据访问,适合存储海量(PB 级)的大文件。MapReduce 则是用于并行处理大数据集的软件框架。因此,Hadoop 是一个能够对大量数据进行分布式处理的软件框架,它是一种技术的实现,并且在其上整合了包括数据库、云计算管理、数据仓储等一系列平台,其已成为工业界和学术界进行云计算应用和研究的标准平台。

通俗地说,Hadoop 是一套开源的、基于 Java 的分布式计算框架,能够让数千台普通、廉价的服务器组成一个稳定的、强大的集群,使其能够对 PB 级的大数据进行存储和计算。基于 Hadoop,用户可编写处理海量数据的分布式并行程序,并将其运行于由成百上千个结点组成的大规模计算机集群上。Hadoop 已被全球几大 IT 公司用作其云计算环境中的重要基础软件,亚马逊公司则基于 Hadoop 推出了亚马逊简单存储服务(Amazon Simple Storage Service,Amazon S3),提供可靠、快速、可扩展的网络存储服务。

Hadoop 分布式文件系统(HDFS)被设计成适合运行在通用硬件上的分布式文件系统。它和现有的分布式文件系统有很多共同点,但区别也是很明显的。HDFS 是一个高度容错性的系统,适合部署在廉价的机器上。HDFS 能提供高吞吐量的数据访问,非常适合大规模数据集上的应用。HDFS 放宽了一部分 POSIX 约束,来实现流式读取文件系统数据的目的。Hadoop 从发布至今已经发布到了 2.×.×版本,其中 1 和 2 两种版本是有很大区别的。Hadoop2.0 其实与 Hadoop1.0 建立在完全不同架构上,针对 Hadoop1.0 时代的缺陷做了很大的变革,架构对比图 6-3 所示。

Hadoop1.0 下 MapReduce 实现流程如图 6-4 所示。

从图 6-4 中可以清楚地看出原 MapReduce 程序的流程及设计思路:

(1) 首先用户程序(JobClient)提交了一个作业(job),job 的信息会发送到 JobTracker 中,JobTracker 是 Hadoop MapReduce 框架的中心,它需要与集群中的机器定时检测心跳(heartbeat),需要管理哪些程序应该在哪些机器运行,需要管理所有 job 的失败、重启等操作。

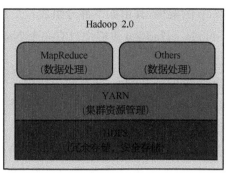

图 6-3 Hadoop1.0 与 Hadoop2.0 架构对比

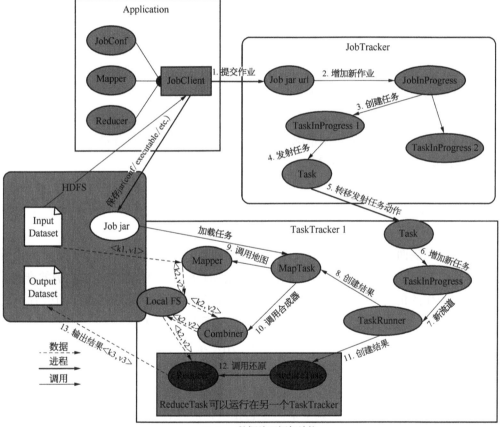

图 6-4 Hadoop1.0 下 MapReduce 实现流程

（2）TaskTracker 是 Hadoop 集群中每台机器都有的一个部分，主要是监视自己所在机器的资源情况。

（3）TaskTracker 同时监视当前机器的任务运行状况。TaskTracker 需要把这些信息通过心跳（heartbeat）发送给 JobTracker，JobTracker 会搜集这些信息以确定新提交的作业分配到哪些机器上运行。图 6-4 中虚线箭头就是表示消息的发送—接收的过程。

总结 Hadoop 的架构,其由如下部分组成:

(1) NameNode　Hadoop 集群中只有一个 NameNode,它负责管理 HDFS 的目录树和相关文件的元数据信息

(2) SencondaryNameNode　它有两个作用,一是镜像备份 NameNode 上的元数据,二是日志与镜像定期合并,并传输给 NameNode。SencondaryNameNode 可以在 NameNode 崩溃时提供恢复集群的能力。

(3) DataNode　负责实际的数据存储,并将信息定期传输给 NameNode。

可以看得出原来的 Hadoop 架构是简单明了的,在最初推出的几年,也有众多的成功案例,获得业界广泛的支持和肯定。但随着分布式系统集群的规模和其工作负荷的增长,原框架的问题逐渐浮出水面,主要的问题集中如下:

(1) JobTracker 是 Hadoop 的集中处理点,存在单点故障。

(2) JobTracker 完成了太多的任务,造成了过多的资源消耗,当作业非常多的时候,会造成很大的内存开销,也增加了 JobTracker 失效的风险,这也是业界普遍总结出的规律:Hadoop 的 Map-Reduce 只能支持 4 000 个节点主机的上限。

(3) 在 TaskTracker 端,以 map/reduce 任务的数目作为资源开销的表示过于简单,没有考虑到中央处理器、内存的占用情况。如果两个大内存消耗的任务被调度到了一台机器上,很容易出现内存不足(Out of Memory)的情况。

(4) 在 TaskTracker 端,把资源强制划分为 map 任务槽(task slot)和 reduce 任务槽。如果当系统中只有 map 任务或者只有 reduce 任务的时候,会造成资源浪费,也就是前面提过的集群资源利用不足的问题。

(5) 源代码层面分析的时候,会发现代码非常难读,常常因为一个 Java 类(class)做了太多的事情,代码量过大,造成类的任务不清晰,增加缺陷(bug)修复和版本维护的难度。

(6) 从操作的角度来看,现在的 Hadoop MapReduce 框架在有任何重要的或者不重要的变化(例如缺陷修复、性能提升)时,都会强制进行系统级别的升级更新。更糟的是,它不管用户的喜好,强制让分布式集群系统的每一个用户端同时更新。这些更新会让用户为了验证之前的应用程序是否还适用新的 Hadoop 版本而浪费大量时间。

从业界使用分布式系统的变化趋势和 Hadoop 框架的长远发展来看,JobTracker-TaskTracker 机制需要大规模的调整来修复它在可扩展性、内存消耗、线程模型、可靠性和性能上的不足。在过去的几年中,Hadoop 开发团队做了一些缺陷的修复,但是最近这些修复的成本越来越高,这表明对原框架做出改变的难度越来越大。

为从根本上解决旧框架的性能瓶颈,促进 Hadoop 框架的更长远发展,从 0.23.0 版本开始,Hadoop 的 MapReduce 框架完全重构,发生了根本的变化。新的 Hadoop MapReduce 框架命名为 MapReduceV2,也被称为最新的下一代的资源管理系统(Yet Another Resource Negotiator,YARN)。

重构的基本思想是将 JobTracker 的两个主要功能分离成单独的组件,这两个功能是资

源管理和任务调度/监控。新的资源管理器（ResourceManager）全局管理所有应用程序计算资源的分配，每一个应用的应用管理器（ApplicationMaster）负责相应的调度和协调。一个应用程序是一个单独的传统 MapReduce 任务或者一个有向无环图任务。ResourceManager和每一台机器的节点管理器（NodeManager）能够管理用户在那台机器上的进程，并能对计算进行组织。

事实上，每一个应用的 ApplicationMaster 是一个详细的框架库，它从 ResourceManager 获得资源，并与 NodeManager 协同工作来运行和监控任务。

ResourceManager 支持分层级的应用队列，这些队列享有集群一定比例的资源。从某种意义上，它就是一个纯粹的调度器，它在执行过程中不对应用进行监控和状态跟踪。同样，它也不能重启因应用失败或者硬件错误而运行失败的任务。ResourceManager 是基于应用程序对资源的需求进行调度的；每一个应用程序需要不同类型的资源，因而需要不同的容器。资源包括：CPU、内存、磁盘、网络等。可以看出，这同之前的 Hadoop 固定类型的资源使用模型有显著区别。ResourceManager 提供一个调度策略的插件，它负责将集群资源分配给多个队列和应用程序。调度插件可以基于现有的能力调度和公平调度模型。

Hadoop2.0 下 MapReduce 实现流程如图 6-5 所示。图 6-5 中 NodeManager 是每一台机器框架的代理，是执行应用程序的容器，监控应用程序的资源使用情况（CPU、内存、磁盘、网络等），并向调度器汇报。

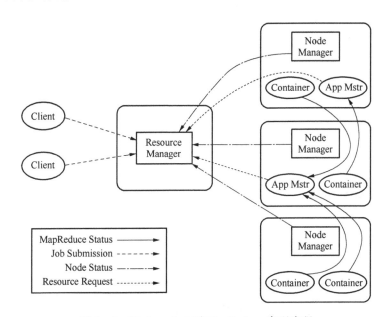

图 6-5　Hadoop 2.0 下 MapReduce 实现流程

每一个应用的 ApplicationMaster 的主要职责是向调度器索要适当的资源容器，运行任务，跟踪应用程序的状态和监控它们的进程，处理任务的失败原因。

Hadoop2.0 主要由以下几部分组成：

（1）ResourceManager：负责集群中的所有资源的统一管理和分配，接受来自各个节点（NodeManager）的资源汇报信息，并把这些信息按照一定的策略分配给各种应用程序（ApplicationMaster）。

（2）NodeManager：与 ApplicationMaster 承担了 MapReduce1 框架中的 tasktracker 角色，负责将本节点上的资源使用情况和任务运行进度汇报给 ResourceManager。

（3）DataNode：负责实际的数据存储（这点没有发生变化）。

本节主要介绍城市交通大数据的基础处理技术，重点对 MapReduce、Hadoop 系统进行了引述。Hadoop 系统是当前非常热门的分布式系统之一，其与大数据的有机结合为整个 IT 行业带来的影响已经渗透到各个方面。由于这个系统本身也在不断成长和进化，且详细讨论其运行机理和版本差异已经不属于本书的核心内容，在此不再展开介绍，有兴趣的读者可进一步阅读 Hadoop 的相关文献。

6.3　城市交通大数据分析挖掘和可视化技术

数据分析挖掘有许多成熟的技术，其中不乏适用于城市交通大数据的技术。限于篇幅，在此选择数据检索、数据分类、数据聚类、数据关联等城市交通大数据分析中常用的技术来讨论大数据背景下交通数据分析挖掘方法，并以一些实际案例来说明这些方法的使用。由于城市交通大数据尚处于刚刚起步阶段，还没有形成成熟的和普遍认同的城市交通大数据处理方法，这些案例仅为读者了解这些技术在交通领域应用提供参考。但随着大数据技术的快速进步，城市交通大数据分析和挖掘主题的深度交叉和融合，可以创新出很多新方法、新技术、新流程和新思维。其中，6.3.1～6.3.5 节主要介绍城市交通大数据分析挖掘技术，6.3.6～6.3.11 节主要介绍可视化技术基础。

6.3.1　数据检索

1）HDFS 文件检索与 Oracle 检索对比

在交通领域，数据检索主要是以关系型数据库的库表检索为主体，这是当下主流的数据组织和检索环境。然而随着很多半结构化、非结构化数据的到来，基于图片、视频流、文本自然语义（如 110 报警记录）的信息检索会越来越多地出现在日常的数据分析中。前文在介绍 Hadoop 系统时，曾经提及 HDFS 数据检索模式，在这里简单对比介绍一下 Oracle 和 HDFS 的数据检索机制。

在关系数据库中，索引是一种与表有关的数据库结构，它可以使对应于表的 SQL 语句执行得更快。索引的作用相当于图书的目录,可以根据目录中的页码快速找到所需的内容。Oracle 检索是使用 B 树的形式进行的,通过层层查找,最终找到索要的记录。

Oracle 基于 B 树索引原理如图 6-6 所示。跟节点记录 0～50 条数据的位置,分支节点进行拆分记录 0～10,……,42～50,叶子节点记录数据的长度和值,并由指针指向具体的数据。最后一层的叶子节点是双向链接,它们是被有序地链接起来,这样才能快速锁定一个数据范围。

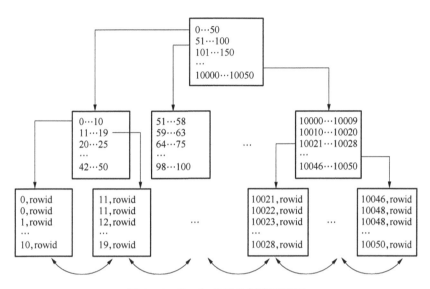

图 6-6 Orcale 基于 B 树索引原理

大数据的检索与 Oracle 不同,其原理是使用多台主机,每台主机中存放部分数据,然后生成多个子任务,子任务分别进行计算,最后统一返回结果。为了进一步的性能提升,可以将磁盘上的数据加载到内存中进行运算,如图 6-7 所示。

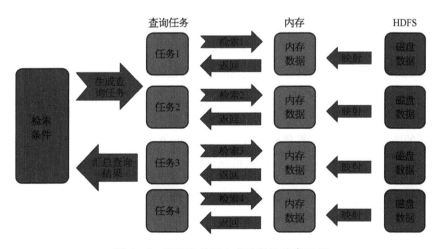

图 6-7 HDFS 基于内存映射的检索原理

之所以采用 HDFS 系统的检索机制就是因为其多子任务分别计算的机制,能够在数据文本检索条件下显著提升检索效率,随着数据规模的增大,其启动和准备动作的固有时间消耗占比会越来越小,检索效率的强大性能会显现出来。下面就以城市交通大数据平台某次测试来从一个侧面了解城市交通大数据平台 Hadoop 的数据处理效率。

2) 数据检索应用案例

(1) 实验1　根据车牌出现规律统计出现天数,以 5、10、15、……等等分组。数据来源为 2010 年 1 月至 2012 年 10 月共 34 个月,超过 60 亿条车牌采集记录,数据量约为 810GB。设定三组测试,查询的时间条件分别为:2010. 01. 01～2012. 10. 31、2011. 10. 20～2012. 10. 31、2012. 02. 20～2012. 10. 31(见表 6-1)。

表 6-1　基于 Hadoop 与 Oracle 数据检索对比测试(实验 1)

HIST_CPVEHICLEID	数　据　量	用　　时
测试 1	2025200230 行(2012. 02～2012. 10)	Hadoop=18 min 04 s,Oracle=18 m 32 s
测试 2	3006092973 行(2011. 10～2012. 10)	Hadoop=29 min 18 s,Oracle=8 h+
测试 3	6892156378 行(2010. 01～2012. 10)	Hadoop=1 h 11 min 57 s,Oracle=23 h+

根据表 6-1 结果分析得出结论:Hadoop 执行时间以"分钟"计,Oracle 执行时间以"小时"计,数据量越大,越能体现 Hadoop 的优势。

(2) 实验2　计算车辆 OD 集散分析数据的出行平均时间,根据 20 天的数据进行处理,计算 D 的出行时间减去 O 的出行时间,并计算平均值(见表 6-2)。

表 6-2　基于 Hadoop 与 Oracle 数据检索对比测试(实验 2)

LS_ODDMPP	数　据　量	用　　时
测试 1	10652335 行	Hadoop=44 s,Oracle=50 s
测试 2	223699035 行	Hadoop=84 s,Oracle=209 s

根据以上结果分析得出结论:Hadoop 执行时间超过 84 s,Oracle 执行时间超过 200 s。数据量增长后,执行时间差异更大。

作为一种参考案例,上述对比分析虽然不具有权威性,但从测试结果不难发现,随着测试数据规模的膨胀,Hadoop 的性能损失要小于 Oracle 的性能损失。换句话说,在同等服务器规模下,基于 HDFS 的数据组织和检索机制更加适合城市交通大数据的海量分析处理。

6.3.2　分类分析

分类分析简单讲就是把一个大的数据包,根据内在数据特征划分成若干个类别或组别。在交通领域,数据分类是几乎每天都需要面对的问题,大量的连续型、复合型数据批量进入数据库中,需要根据其地域、交通流特征、属性进行分类。数据分类技术种类很多,如 k 最近邻法(k-NN)、支持向量机、神经网络等等。数据分类和数据聚类是一对孪生的技术组合,本节仅以决策树为案例简介其基本原理和构建方法。

1) 决策树算法简介

决策树方法的起源是概念学习系统(CLS算法),然后发展到多叉树(ID 3 算法)方法,最后又演化为能处理连续值的树 C 4.5。著名的决策树方法还有 CART(classification regression tree)和 Assistant 等算法。

总体上看,决策树方法是利用信息论中的信息增益寻找示例数据库中具有最大信息量的属性字段,建立决策树的一个节点,再根据该属性字段的不同取值建立树的分枝:在每个分枝集中重复建立树的下一个节点和分枝的过程。决策树的根节点是整个数据集合空间,每个分节点是对一个单一变量的测试,该测试将数据集合空间分割成两块或更多块。每个叶节点是属于单一类别的记录。

决策树分为分类树和回归树两种,分类树对离散变量做决策树,回归树对连续变量做决策树。树的质量取决于分类精度和树的大小。一般来说,决策树的构造主要由两个阶段组成:

(1)建树阶段 选取部分受训数据建立决策树,决策树是按广度优先建立直到每个叶节点包括相同的类标记为止。

(2)调整阶段 用剩余数据检验决策树,如果所建立的决策树不能正确回答所研究的问题,用户要对决策树进行调整(剪枝和增加节点)直到建立一棵正确的决策树。

这样在决策树每个内部节点处进行属性值的比较,在叶节点得到结论。从根节点到叶节点的一条路径就对应着一条规则,整棵决策树就对应着一组析取表达式规则。

决策树技术之所以能够被广泛地应用,主要得益于以下几点:

(1)决策树可以生成可理解的规则。数据挖掘产生的模式的可理解度是判别数据挖掘算法的主要指标之一,相比于一些数据挖掘算法,决策树算法产生的规则比较容易理解,并且决策树模型的建立过程也很直观。

(2)决策树在进行分类时所需的计算量不大。

(3)决策树既支持离散数据也支持连续数据。

(4)决策树的输出包含属性的排序。生成决策树时,按照最大信息增益选择测试属性,因此决策树中可以大致判断属性的相对重要性。

决策树技术也存在着一定的不足。例如训练一棵决策树的耗费很大,在类标签过多的情况下分类容易出错等。

2) 决策树构造方法描述

决策树构造的输入是一组带有类别标记的例子,构造的结果是一棵二叉树或多叉树。二叉树的内部节点(非叶子节点)一般表示为一个逻辑判断,形式为 $a_i = v_i$,其中 a_i 是属性,v_i 是该属性的某个属性值,树的边是逻辑判断的分支结果。多叉树的内部节点是属性,边是该属性的所有取值,有几个属性值,该节点下就有几条边。树的叶子节点都是类别标记。

构造决策树的方法是采用自上而下的递归构造。以多叉树为例,其构造思路是,如果训练例子集合中的所有例子是同类的,则将之作为叶子节点,节点内容即是该类别标记;否则,根据某种策略选择一个属性,按照属性的各个取值,把例子集合划分为若干子集合,使每个子集上的所有例子在该属性上具有同样的属性值;然后再依次递归处理各个子集。这种思路实际上就是"分而治之"(divide and conquer)的道理。二叉树同理,差别仅在于要选择一个好的逻辑判断。

构造决策树的一般步骤包括:数据准备、数据预处理、构造决策树、决策树检验。

通过递归分割的过程构建决策树的过程大致如下:

(1) 寻找初始分裂 把整个训练集作为产生决策树的集合,该训练集的每个记录必须是已经分好类的。寻找初始分裂即是决定将哪个属性域(Field)作为目前最好的分类指标。一般的做法是穷尽所有的属性域,对每个属性域分裂的好坏做出量化,计算出最好的一个分裂。重复直至每个叶节点内的记录都属于同一类。

(2) 数据的修剪 剪枝(Pruning)是一种克服噪声的技术,同时它也能使决策树得到简化而变得更容易理解。分为两种剪枝策略:向前剪枝(forward pruning)和向后剪枝(backward pruning)。向前剪枝方法是在生成树的同时决定是继续对不纯的训练子集进行划分还是停止。向后剪枝方法是一种两阶段法:拟合-化简(fitting and simplifying)。首先生成与训练数据完全拟合的一棵决策树,然后从树的叶子开始剪枝,逐步向根的方向剪。剪枝时要用到一个调优数据集合(tuning set 或 adjusting set),如果存在某个叶子剪去后能使在调优集上的准确度或其他测度不降低(不会变得更坏),则剪去该叶子,否则停止。理论上讲,向后剪枝优于向前剪枝,但计算复杂度大。剪枝过程中一般要涉及一些统计参数或阈值,如停止阈值。值得注意的是,剪枝并不是对所有的数据集都好,就像最小树并不是最好(具有最大的预测率)的树。当数据稀疏时,要防止过分剪枝(over pruning)。从某种意义上讲,剪枝也是一种偏向(bias),对有些数据效果好而对有些数据则效果差。

构造好的决策树的关键就在于如何选择好的逻辑判断或属性。对于同样一组例子,可以有很多决策树能符合这组例子。一般情况下,从概率的角度,树越小则树的预测能力越强。要构造尽可能小的决策树,关键在于选择恰当的逻辑判断或属性。由于构造最小的树是一个非定常多项式时间复杂性类(Non-deterministic Polynomial,NP)难题,因此只能采取用启发式策略选择好的逻辑判断或属性。

类似决策树这种分类技术还有很多,这些算法能够在智能交通的事故事件检测、异常交通特征在线识别,以及交通状态预测等问题发挥很好的作用。尤其在大数据背景下,很多需要数据抽样、小样本分析的研究主题,将能够在全样本、海量数据规模下进行处理和运算,使得分类算法对现实问题的表达能力进一步提高。

6.3.3 聚类分析

城市交通大数据常用的另一类数据挖掘技术就是聚类分析。传统的聚类分析方法包括系统聚类法、分解法、加入法、动态聚类法、有序样品聚类、有重叠聚类和模糊聚类等。采用 k-均值、k-中心点等算法的聚类分析工具已被加入到许多著名的统计分析软件包中,如 SPSS、SAS 等。

1) 聚类分析简介

所谓聚类是指把整个数据分成不同的组,并使组与组之间的差距尽可能大,组内数据的差距尽可能小。与分类不同,在开始聚集之前用户并不知道要把数据分成几组,也不知道分组的具体标准,聚类分析时数据集合的特征是未知的。聚类根据一定的聚类规则,将具有某种相同特征的数据聚集在一起,这一过程也称为无监督学习。而分类,用户则知道数据可分为几类,将要处理的数据按照分类分入不同的类别,也称为有监督学习。

从机器学习的角度来看,簇相当于隐藏模式。聚类是搜索簇的无监督学习过程。与分类不同,无监督学习不依赖预先定义的类或带类标记的训练实例,需要由聚类学习算法自动确定标记,而分类学习的实例或数据对象有类别标记。聚类是观察式学习,而不是示例式学习。

以实际应用的角度来看,聚类分析是数据挖掘的主要任务之一。而且聚类能够作为一个独立的工具获得数据的分布状况,观察每一簇数据的特征,集中对特定的聚簇集合作进一步地分析。聚类分析还可以作为其他算法(如分类和定性归纳算法)的预处理步骤。

常用的聚类方法主要包括:划分方法(k-means, k-medoids 等)、层次聚类方法(BIRCH、CURE 等)、基于密度的方法、基于网格的方法,以及基于模型的方法。

2) 基于 k-means 的快速路交通事件影响等级标定模型

k-means 算法是很典型的基于距离的聚类算法,采用距离作为相似度的评价指标,即认为两个对象的距离越近,其相似度就越大。该算法认为簇是由距离靠近的对象组成的,因此把得到紧凑且独立的簇作为最终目标。

k-means 算法的工作过程说明如下:首先从 n 个数据对象任意选择 k 个对象作为初始簇中心,而对于所剩下的其他对象,则根据它们与这些簇中心的相似度(距离),分别将它们分配给与其最相似的(簇中心所代表的)簇;然后,再计算每个所获新簇的中心(该簇中所有对象的均值),不断重复这一过程直到标准测度函数开始收敛为止。一般都采用均方差作为标准测度函数,具体定义如下:

$$E = \sum_{i=1}^{k} \sum_{p \in C_i} |p - m_i|^2 \tag{6-1}$$

式中　E——簇中所有对象的均方差之和;

　　　p——代表簇中的一个点,可为多维;

m_i——簇 C_i 的均值,可为多维。

式(6-1)所示的聚类标准,旨在使所获得的 k 个簇具有各簇本身尽可能地紧凑,而各簇之间尽可能地分开的特点。例如将事件对交通的时间影响范围和空间影响范围聚成四类,即 $k=4$,$p=\{时间_p,空间_p\}$,$m_i=\{时间_i,空间_i\}$。

聚类分析是交通领域不可或缺的一项重要技术,尤其对于海量离散时间序列数据集,例如交通事故、长时间大面积拥堵等问题,都是需要在多年历史数据的离散样本中进行聚类获得特征集,然后再定义事件或拥堵类型。数据分类和聚类分析这一对孪生应用,在城市交通大数据时代不仅能够为连续型数据集和离散型数据集分别带来更加细致、多样的单项数据区间域,更能够实现多源、多维数据的多元整合和解析,为全样本数据分析和挖掘注入新的活力。

6.3.4　关联分析

从大数据思维考虑,当大量同时空的跨行业数据同时获得积累后,其彼此之间是否存在关联性往往就变得更加重要,这种关联性分析往往是打开行业交叉和交通特征的社会化深入分析的"数据通道"。本节以灰色关联分析(Grey Relational Analysis,GRA)为技术案例[2],说明其基本原理和方法,并引述其在交通领域的应用,以供参考。

1) 关联分析技术方法

灰色关联分析是基于灰色系统理论的一种分析方法,研究对象是"部分信息已知、部分信息未知"的"小样本"、"贫信息"不确定性系统。灰色关联分析的基本思想是根据序列曲线几何形状的相似程度来判断其联系是否紧密,曲线越接近,相应序列之间关联度就越大,反之就越小。

灰色关联分析法的具体计算步骤如下:

(1) 设序列 $X_0=(X_0(1),X_0(2),\cdots,X_0(k),\cdots,X_0(m))$ 和 $X_i=(X_i(1),X_i(2),\cdots,X_i(k),\cdots,X_i(m))$ 分别为系统的参考数列和比较数列。其中 $i=1,2,\cdots,n$。

(2) 无量纲化处理。较为常用的有初值化变换、均值化变换、极差变换,以及效果测度变换。对于较稳定的社会经济系统数列作动态序列的关联度分析时,多采用初值化变换,其具体计算公式为

$$X_i=\left(\frac{X'_{i(1)}}{X'_{i(1)}},\frac{X'_{i(2)}}{X'_{i(1)}},\cdots,\frac{X'_{i(m)}}{X'_{i(1)}}\right) \tag{6-2}$$

(3) 求灰色关联系数 $\gamma(X_0(k),X_i(k))$。计算公式为

$$\gamma(X_0(k),X_i(k))=\frac{X(\min)+\zeta X(\max)}{\Delta_{0i}+\zeta(\max)} \tag{6-3}$$

式中　$x(\min)=\min_i\min_k|X_0(k)-X_i(k)|$;

$$x(\max) = \max_i \max_k |X_0(k) - X_i(k)|;$$

$$\Delta_{0i}(k) = |X_0(k) - X_i(k)|.$$

$\zeta \in [0, 1]$ 为分辨率系数，一般按最少信息原理取为 0.5，即 $\zeta = 0.5$。

（4）求关联度 $\gamma(X_0, X_i)$。聚集灰色关联系数 $\gamma(X_0(k), X_i(k))$ 在各点 $k = 1, 2, \cdots,$ m 的值，得到灰色关联度计算公式如下：

$$\gamma(X_0, X_i) = \frac{1}{m} \sum_k^m \gamma(X_0(k), X_i(k)) \tag{6-4}$$

这样，便可求到灰色关联度 $R[R = \gamma(X_0, X_i)]$，根据比较数列与参考数列的关联度 R 的大小，判断各因子对交通噪声的影响大小，关联度大则意味着该因子的影响较大，为主要影响因子，关联度小则意味着该因子的影响较小，为次要因子。

2）交通领域应用案例

以南方某城市 2002～2009 年的交通噪声为例，探讨灰色关联分析法在城市交通噪声影响因素分析中的应用。交通噪声数据来源于该城市四个交通噪声固定监测站的平均值，为真实体现该城市交通噪声状况，在噪声普查的基础上，利用平均值法对噪声监测数据进行优化设定。其步骤如下：

（1）建立数据序列　机动车辆数、道路行车线长度、行驶机动车辆密度等因素直接影响城市交通噪声，而 GDP、常住人口等因素作为体现城市特征的主要指标，一定程度上也反映了城市交通噪声水平。选用常住人口、GDP、机动车辆数、道路行车线长度、行驶机动车辆密度这五个因素，通过建立数据序列，利用灰色关联分析法分析五个因素与城市交通噪声之间的关系。其中，城市居住人口、GDP、机动车辆数、道路行车线长度、行驶机动车辆密度五个因素作为影响交通噪声的比较数列，即：$X_i = (X_i(1), X_i(2), \cdots, X_i(k), \cdots X_i(m))$；城市交通噪声设为参考数列，即：$X_0 = (X_0(1), X_0(2), \cdots, X_0(k), \cdots X_0(m))$。2002～2009 年这五个因素的基础数据序列见表 6-3。

表 6-3　2002～2009 年五个因素的基础数据序列

年　　份	2002	2003	2004	2005	2006	2007	2008	2009
交通噪声[dB(A)]	70.42	71.46	71.07	70.23	69.91	70.08	70.78	70.55
常住人口（人）	441 637	448 495	465 333	484 300	513 400	538 100	549 200	542 200
GDP（亿元）	548	636	822	922	1 137	1 502	1 735	1 693
机动车辆数（辆）	122 345	130 472	141 258	152 542	162 874	174 520	182 765	189 863
道路行车线长度（km）	341	345.2	362.1	368.2	383.6	400.8	404.4	413.1
行驶机动车辆密度（辆/km）	358.8	378	390.1	414.3	424.6	435	452	460

利用式(6-3)对这五个因素的基础数据进行初值化处理后,实现了数据的无量纲化,结果见表6-4。

表6-4 各因素数据初值化处理结果

年 份	2002	2003	2004	2005	2006	2007	2008	2009
交通噪声[dB(A)]	1	1.015	1.009	0.997	0.993	0.995	1.005	1.002
常住人口(人)	1	1.016	1.054	1.097	1.162	1.218	1.244	1.228
GDP(亿元)	1	1.161	1.5	1.682	2.075	2.741	3.166	3.089
机动车辆数(辆)	1	1.066	1.155	1.247	1.331	1.426	1.494	1.552
道路行车线长度(km)	1	1.012	1.062	1.08	1.125	1.175	1.186	1.211
行驶机动车辆密度(辆/km)	1	1.054	1.087	1.155	1.183	1.212	1.26	1.282

(2) 计算灰色关联系数及关联度。令 $\zeta = 0.5$,利用DPS统计分析软件计算经初值化的数据,得 $X(\min) = 0$, $X(\max) = 2.161$。则关联系数 $\gamma(X_0, X_i) = \dfrac{0 + 0.5 \times 2.161}{\Delta_{0i}(k) + 0.5 \times 2.161}$。将各关联系数式代入式(6-3),可得到关联度分别为:$\gamma_1 = 0.902$, $\gamma_2 = 0.586$, $\gamma_3 = 0.810$, $\gamma_4 = 0.915$, $\gamma_5 = 0.882$。对关联度进行排序,$\gamma_4 > \gamma_1 > \gamma_5 > \gamma_3 > \gamma_2$。其中 γ_1、γ_4、γ_5 的关联度均大于 0.880。

关联序列表明,道路行车线长度和常住人口对城市交通噪声的关联度最大,关联度分别为 0.915 和 0.902,表明道路行车线长度和常住人口与城市交通噪声具有很大的关联性。总体而言,道路行车线越长,会稀释交通流量,使交通噪声变低,对城市交通噪声的影响为正极性影响;常住人口增加则会导致交通噪声的增加,呈现明显的负极性。

行驶机动车辆密度和机动车辆总数对城市交通噪声的关联度分别为 0.882 和 0.810,表明行驶机动车辆密度和机动车辆总数与城市交通噪声有较大的关联性。一般情况下,车辆密度和机动车辆总数越高,交通噪声也会相应增加。

相对于其他四个因素,国内生产总值 GDP 与城市交通噪声的关联度较小,仅为 0.586。GDP 对城市交通噪声的影响没有明显的正负极性。一般而言,GDP 增加后,政府对城市道路建设的投入也会相对加大,势必会改善城市交通状况,进而减少城市交通噪声污染,但 GDP 的增加也会导致城市机动车辆的增加,机动车辆的增加势必又会导致交通噪声污染加剧,各种因素导致 GDP 这一因素对城市交通噪声的影响变得较小。

6.3.5 特异群组分析

特异群组分析是利用特异群组挖掘(Abnormal Group Mining,AGM)算法对数据进行分析处理,找出数据中有别于大多数数据的一群数据是一种新的数据挖掘任务[3]。特异群组分析的应用领域广泛,具有重要的应用价值。与聚类和异常挖掘分析类似,特异群组挖掘也是根据数据对象的相似性来划分数据集的数据,但特异群组挖掘的目标与聚类和异常挖掘不同。聚类是将大部分具有相似性的数据对象分到若干个簇中的过程;异常挖掘发现数据集当中明显不同于大部分对象(具有相似性)的数据对象;而特异群组挖掘是发现数据集当中明显不同于大部分数据对象(不具有相似性)的数据对象,其在问题定义、算法设计和应用效果都不同于聚类和异常挖掘,不能由现有的聚类、异常等数据挖掘技术实现。

形象地说,特异群组分析就是要在数据中找出有别于大众群体的小群体。这些小群体内对象具有高度的相似性,即它们之间是类似的。但从对象数量上来说,它们比通常聚类问题给出的簇中的对象数量要少,有时候甚至相差好几个数量级。但它们又不同于异常挖掘所要找的孤立点,孤立点之间一般不具有相似性。这些小团体被称为“特异群组”(Abnormal Group)。例如,以车辆出行行为分析,驾车犯罪团伙行为就是典型的特异群组。以汽车为作案工具的犯罪案件中,一种常见的情况是多辆汽车共同参与作案。作案车辆为熟悉作案地点和行程,通常会提前准备,在多天内共同出现在多个地点,随着智能交通技术的发展,这些信息都将由高清摄像头识别记录。由于城市道路上的车辆行驶是个体主动行为为主的,所以这种有一批车辆在多天共同出现在多个监控点的行为是一种异常现象。从监控数据库中挖掘到这些车辆(特异群组)可以为案件侦破提供线索。

Yun Xiong 等人[4]将特异群组挖掘形式化地定义成:在一个数据集中发现特异群组的过程,这些特异群组形成的集合包含 τ 个数据对象,τ 是一个相对小的值($\tau \ll n * 50\%$,n 是数据集中对象总个数)。这样的特异群组挖掘也称为 τ-特异群组挖掘。对于给定数据集,特异群组挖掘问题就是找到该数据集中所有的特异群组,满足特异群组集合 ζ 的紧致度是最大,且 $|\zeta| = \tau$,其中 $\tau \geqslant 2$ 是一个给定阈值。所谓“紧致度”,是指该群组中所有对象的总体特异度评分之和,所谓的特异度评分,即在定义了相似性函数的前提下,一个对象 O_i 和该数据集中其他对象间的最大相似性值。

在此基础上,Yun Xiong 等人介绍了一种两阶段特异群组挖掘算法[4]。第一阶段是找到给定数据集中的最相似的数据对象对,并采用剪枝策略将不可能包含特异对象的对象对删除,然后从候选对象对中计算得到特异对象;第二阶段将包含特异对象的对象对划分到特异群组中。

在第一阶段,采用最相似点对查询策略找到前 kp 个最相似点对,在这些相似点对中的对象被认为是候选特异对象,$kp = \tau * (\tau - 1)/2$。因为 τ 是一个相对小的数,因此使用一个具有剪枝策略的最相似点对查询算法,它对于较小的 kp 具有良好的运行效率。然后在获得的前 kp 个最相似点对中,找到前 τ 个具有最大特异度评分的对象作为特异对象。根据特异群组定义,特异群组中的每对对象之间必须相似。因此,特异群组事实上是一个最大团,采用最大团挖掘算法可将所有的 τ 个特异对象划分到相应的特异群组中。在该算法中,τ 是一个易于用户设置关键参数,因此整个算法具有较好的实际运行效果。

6.3.6　OLAP 分析与即席查询

在线分析处理(On-Line Analytical Processing,OLAP)是指对数据从各个角度进行分析,从而发现数据内在的规律。例如,针对交通指数的颗粒度来进行分析,可以按照时间信息和空间信息进行分析,时间又可以按照不同颗粒度来进行分析,如 2 min,10 min,1 h 等,这样就可以得到各个不同时间的指数值,还可以对指数进行切片,组合分组分析等,或通过图表的形式展示数据。

即席查询是针对数据按照不同条件和不同查询项等进行即席查询,从而获取到自己想要查看的数据。OLAP 分析和即席查询的实现过程中只需要通过简单的拖拽就能实现。

图形展示技术是将数据以图形化展示的技术,Highcharts 是一款开源、美观、图表丰富、兼容绝大部分浏览器的纯 JavaScript 图表库。它用 R 语言技术做后台计算,用 Highcharts 做前台展示。R 语言是一款统计学上专业的语言,里面封装了很多函数,使用方便,计算速度快。另外,Highcharts 图表丰富,页面展示很美观。

图形与图形之间的关联分析,例如按照空间进行分组,将上海高架 48 个区域进行分组,用饼图展示交通指数的总占比,即双击饼图各个区域的指数值,查看该区域当天的交通指数走势,以线形图展示。

6.3.7　地理编码

地理编码(Geo-coding),也称地址匹配,是指根据各数据点的地理坐标或空间地址(如省市、街区、楼层等),将数据库中数据与其在地图上相应的图形元素一一对应,即给每个数据赋以 X、Y 轴坐标值,从而确定该数据标在图上的位置的过程。借助于 GIS 的地理编码技术,可以将原有信息系统和空间信息进行融合,实现日常城市交通生活中的信息空间可视化,以便于在空间信息支持下进行空间分析和决策应用,从而成为城市交通 GIS 数据中比较重要的一个功能。

分析现有的城市交通数据资源不难发现:非空间资源都有具体的发生地,这也是非空间数据资源与空间数据发生关联的一个关键环节。利用地理位置的编码技术可以在地理空间参考范围中确定数据资源的位置,建立空间信息与非空间信息之间的联系,实现各类信息资源的整合。

通过对交通对象的地理编码,制定出交通对象的编码基本原则和方式,便于交通信息的交流,并能精确表达交通信息的编码规范。通过编码后发布的交通信息能满足大多数用户的需求,让用户可以精确地了解各路网的交通路况,了解交通事故、道路施工等所发生的具体位置及其对道路的影响情况,从而将各交通信息应用系统有机地结合起来,发挥交通信息平台的综合性作用。

　　整个编码体系分四个层次：基础性应用、专业性应用、扩展性应用、开放性应用。

　　（1）基础性应用　　直接应用在《上海市道路、路段、节点编码标准》的道路、路段、节点代码和对应的图形要素。主要基础性应用信息包括：地面中心线、高架中心线等。

　　（2）专业性应用　　继承于基础性对象编码，将道路路段、节点图形要素和编码扩展为有向的双线路段，以及对应的分节点和编码；也可以人为地划分和定义有向的分路段和分节点；对于快速路、高速公路和其他各等级公路，上下匝道和桥接路段也是专业性应用考虑的范围。主要专业性应用信息包括：地面发布段、快速路发布段、高速公路发布段、国省干道发布段等。

　　（3）扩展性应用　　继承于专业性对象编码，对于实际交通基础设施、设备，根据其具体的物理位置，可以从所属实际有向路段、分节点、匝道等进行扩展编码。主要包括：

　　① 道路交通：摄像机、情报板、线圈、收费站、路口机、检测器、公安卡口、能见度仪、气象站等。

　　② 公共交通：停车场、公交线路、公交站点、轨道线路、轨道站点、轮渡码头等。

　　③ 对外交通：机场、火车站、码头、长途汽车站等。

　　（4）开放性应用　　只定义编码原则，不定义编码方法。主要包括非地理类型的交通对象，例如气象信息、GPS 信息、车辆信息、事件信息、各种统计信息等。

6.3.8　空间聚类分析

　　空间聚类作为聚类分析的一个研究方向，是指将集中的空间数据对象分成由相似对象组成的类，同类中的对象间具有较高的相似度，而不同类中的对象间则差异较大。作为一种无监督的学习方法，空间聚类不需要任何先验知识，例如预先定义的类或带类的标号等。空间聚类方法由于能根据空间对象的属性对空间对象进行分类划分，已经被广泛应用于城市规划、环境监测、交通管理等领域，发挥着较大的作用。

　　GIS 空间聚类分析技术为城市交通大数据提供了新的思路[5]。在城市交通的 GIS 数据中，信息可以分为两类，即反映空间对象的非空间属性的属性信息和反映空间对象的空间位置的空间信息（也称为坐标信息）。所以根据聚类对象的信息，GIS 空间聚类可以分为如下三种类型的操作：

　　（1）属性聚类　　GIS 对象中的属性信息同一般对象的属性信息并无本质上的不同，只不过在 GIS 中属性信息通过实体关系与空间信息联系了起来，形成了空间实体，所以 GIS 属性聚类与一般对象的多维聚类方法基本相同。

　　（2）坐标聚类　　空间坐标信息描述了对象的空间位置，空间坐标数据的相似性直观地表现为空间位置的邻近性。GIS 坐标聚类具有三个主要特点：

　　① 坐标信息的低维性和格式一致性使得聚类操作较为简洁，并且聚类的集簇较为明显，体现了空间坐标聚类的简洁性和有效性。

　　② 空间坐标信息聚类本质上是发现空间中对象分布的"密集区域"，如客流密集区域的

测定、城市公交站点分布密度等。从抽象"类别"到具体直观的"区域",空间坐标聚类具有同一般聚类操作不同的意义,同时空间区域的多样性及低维数造成了空间集簇的稠密性,都增加了聚类的复杂度。

③ 空间信息是 GIS 处理对象的基础信息或者称为第一信息,属性信息建立在空间信息之上,并依赖空间信息而存在。因此,对空间坐标信息的处理是对 GIS 对象的数据挖掘,也是聚类操作首先应当处理的问题。

(3) 空间-属性信息混合聚类 GIS 对象是一个将空间信息和属性信息关联起来的空间实体,空间实体是 GIS 中存储和处理的基本单元,所以 GIS 中的各种操作包括数据挖掘、可视化在内,最终都应当能够在空间实体的层次上进行操作。换言之就是要能够将属性信息和空间信息联系起来进行处理。聚类作为空间数据挖掘的一部分,最终也应当能够在同时包含了空间信息和属性信息的混合高维向量上进行操作。但是由于空间信息和属性信息所表述的信息格式和意义的区别,不能简单地将混合向量中的空间信息和属性信息等价看待,所以混合向量对距离的定义及对聚类结果的解释等等都是混合聚类需要解决的问题。空间-属性信息混合聚类目前仍然是空间聚类领域的一个前沿问题。

6.3.9 时空动态分析

传统的 GIS 记录的往往是某一时刻的影像,描述的只是数据的一个瞬态(snapshot),不具有处理数据的时间动态性。当数据发生变化时,用新数据代替旧数据,系统成为另一个瞬态,旧数据不复存在,因而无法对数据变化的历史进行分析,更无法预测未来的趋势,这类 GIS 被称为静态 GIS。如果在 GIS 中引入时间这个与空间同等重要的因素,或者说是在二维 GIS 的基础上,增加时间维或者时间变量,就形成了时态 GIS[6-7]。

伴随 GIS 的成熟与发展,越来越多的应用领域要求 GIS 能提供完善的时序分析功能,在时间与空间两方面全面展现 GIS 系统应用功能。例如事故事件导致的路况拥堵的发生和消散、区域通勤客流的汇聚和消散就是时空动态过程,其大部分的时空存在数据具有很强的时间敏感性。基于这一特点,应用时态 GIS 的基本原理和科学计算可视化技术,运用时空索引模型(见图 6-8),并利用面向对象的编程语言构建了时空索引对象,进而构造了

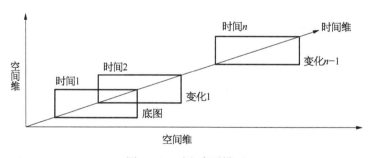

图 6-8 时空索引模型

一个从 GIS 时空角度模拟和展现城市交通时空动态的专业应用模型。

6.3.10 地址自动匹配

在城市交通大数据中存在很多海量地址数据的情况,要想获取这些海量地址数据的空间位置信息,传统的数据处理方式已经不能满足数据处理的相关要求。

传统的方法是逐条对地址进行拆分解析,并从基础地理数据库中提取与该地址相匹配的空间信息,但这样的做法存在以下问题:

1)地址数据落地的过程大部分工作需要由人工处理;

2)地址数据不规范,存在很多垃圾数据,人工处理难度较高;

3)对于海量地址数据的处理需要耗费大量的时间和精力,处理效率低下;

4)数据处理过程中存在较多的人为失误。

为解决上述技术问题,可使用基于 GIS 的地址自动分析匹配工具,利用地址自动分析匹配算法,大幅度提高数据处理的效率和精度,节约数据处理的成本。

地址自动分析匹配的具体方法如图 6-9 所示。

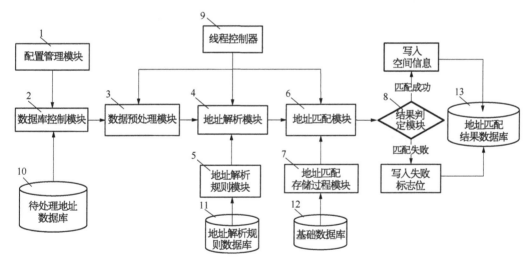

图 6-9 地址自动分析匹配方法

如图 6-9 所示,其关键模块和辅助要素包括:

(1)配置管理模块 1 用来读取系统配置参数,初始化相关处理进程。

(2)数据库控制模块 2 与配置管理模块 1 连接,并用来进行数据库的连接、读取、写入的操作。

(3)数据预处理模块 3 与数据库控制模块 2 连接,并对分析数据进行预处理,剔除相关垃圾数据。

(4)地址解析模块 4 与数据预处理模块 3 连接,并根据地址解析规则 5 对原始地址进行解析,将长地址解析为市、区、镇、村、路、弄、号等。

(5)地址解析规则模块 5 与地址解析模块 4 连接,并用于地址解析规则配置定义,协同地址解析模块一起工作。

(6)地址匹配模块 6 与地址解析模块 4 连接,并负责协调和调用相关模块进行地址匹配分析,地址匹配内容分为精确定位、插值定位、端点定位等。

(7)地址匹配存储过程模块 7 与地址匹配模块 6 连接,并传入解析完成的地址信息对该地址进行匹配,分析空间信息。

(8)结果判定模块 8 与地址匹配模块 6 连接,并对地址匹配结果进行判定。匹配成功则往地址匹配数据库中写入该地址的空间信息,匹配失败则往地址匹配数据库中写入匹配失败标识。

(9)线程控制器 9 与地址解析模块 4 连接,线程控制器 9 对地址解析模块 4 进行多线程控制。

(10)待处理地址数据库 10 与数据库控制模块 2 连接,待处理地址数据库 10 为需要进行地址分析匹配的原始数据库。

(11)地址解析规则数据库 11 与地址解析规则模块 5 连接,地址解析规则数据库 11 包括基本规则、特殊规则、自定义规则。

(12)基础数据库 12 与地址匹配存储过程模块 7 连接,基础数据库 12 是地址匹配的主要数据依据,存储了道路、门牌、小区、村居委会、社区等基本信息。

(13)地址匹配结果数据库 13 与结果判定模块 8 连接,地址匹配结果数据库 13 保存地址匹配的分析结果。

上述地址自动分析匹配系统可以以应用程序、链接库的方式或者 WebService 服务的方式运行,以满足不同应用环境要求。

6.3.11 路径拓扑分析

基于 GIS 技术的道路网络路径分析与优化,是实现高效交通管理和交通出行的关键技术之一。

道路网络路径分析的基础是路径拓扑结构的建立。在建立基础道路图层时,为了作图方便和保持道路属性的完整性,通常将各条道路以一条完整的线或折线来表示,道路之间的相交处(交叉路口)暂不断开,待建好之后采用自动断链技术形成交叉口,由此完成拓扑路网的建立。自动断链技术就是把道路在交点处分成首尾相接的路段,使这些路段除自身的首尾节点外不与其他任何路段相交,它是保证拓扑关系正确性的重要内容。

路网拓扑关系利用节点表达路段与路段之间的连通性,因此构建城市路网拓扑关系的主要内容是提取和处理节点、路段信息,从而建立拓扑关系。具体步骤为:

(1)从路段表第一条记录开始获取路段端点坐标,并创建点对象添加到点表中。

（2）检查点表有无重复记录，若有则删除。

（3）根据节点的 X 或 Y 坐标值大小对节点表重新排序。

（4）按起点的编号顺序排序路段表，这样同一起点的路段会排列在一起。

（5）为点表中每一个点对象的相关属性字段赋值。

（6）为线表中每一个线对象的相关属性字段赋值。

路网拓扑关系的自动建立，可为实现最优路径选择和分析打下基础。最短路径分析就是在指定道路网络中两点间找一条阻抗最小的路径。根据阻抗的不同定义，最短路径不仅仅指地理意义的距离最短，还可以引申到其他的度量，如时间、费用等。

◇ **参** ◇ **考** ◇ **文** ◇ **献** ◇

［1］ 唐清源. Hadoop 新 MapReduce 框架 YARN 详解［EB/OL］. http://www.ibm.com/develpperworks/cn/opensource/os-cn-hadoop-yarn/

［2］ 李辉，彭晓春，钟志强，白中炎，洪鸿加. 灰色关联分析法在交通噪声影响因素分析中的应用［J］. 噪声与振动控制，2012，2(1)：93-95.

［3］ 朱扬勇，熊赟. 数据挖掘新任务：特异群组挖掘［EB/OL］. 北京：中国科技论文在线［2011-11-25］. http://www.paper.edu.cn/releasepaper/content/201111-463.

［4］ Yun Xiong, Yangyong Zhu, Philip S. Yu and Jian Pei. Towards Cohesive Anomaly Mining［C］. The Twenty-Seventh AAAI Conference on Artificial Intelligence (AAAI-13)，2013.

［5］ 张伟，陈立潮，侯娟，王宇. 聚类分析及其在 GIS 中的应用研究［J］. 科技情报开发与经济，2007.

［6］ 刘刚，周炳俊，安铭刚，杨国辉. 时态 GIS 理论及其数据模型初探［J］. 北京测绘，2007.

［7］ 吴信才，曹志月. 时态 GIS 的基本概念、功能及实现方法［J］. 地球科学——中国地质大学学报，2002.

第7章

城市交通大数据应用开发

在智能交通领域,数据从外场设备采集,经过通信网络进入数据库系统,然后再经过模型、算法和统计获得应用,是一个完整的"数据产业链"。该产业链上的各个环节,都能够开发出相关的应用和服务。本章从数据应用和系统级服务两个层面,介绍城市交通大数据的应用开发工作,并在最后简单介绍上海城市交通大数据平台和上海城市交通大数据可视化的建设案例。

7.1 城市交通大数据应用框架

当城市交通大数据获得充分的数据积累后,数据有机整合呈现出的增益效应将会受到全社会瞩目,数据关联带来的融合价值会促使社会各界、各行各业的数据人才和数据工作者融入数据分析之中,开发出丰富的数据产品和商业服务。

对最终使用者而言,最关心的还是如何通过城市交通大数据的数据产品和软件产品获得增值和开发。但从城市交通大数据系统或平台的角度来看,其能够提供的应用是多层次的。这就类似于云计算的 IaaS、PaaS 和 SaaS 三层服务架构,底层硬件、中间平台和软件系统都能够为用户提供独立的服务。在当前城市交通大数据刚刚起步的阶段,可能对数据衍生数据,传统服务创造新服务的完整应用框架还无法全面掌握,这里仅就目前能够理解和实现的应用板块做一个整理,如图 7-1 所示。

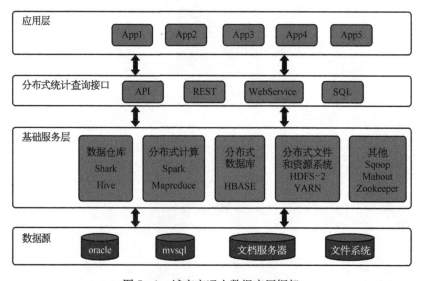

图 7-1 城市交通大数据应用框架

城市交通大数据平台包含数据源层、基础服务层、分布式统计查询接口层、应用层等主要应用层次,按照"数据产业链"模式,数据从底层逐层向上传输和转变,变成各种应用产品。其中包括以下几个方面:

(1) 应用层 含各种数据产品、服务和软件,数据使用者将直接面对本层获取所有资源。

(2) 分布式统计查询接口层 提供 SQL、WebService、REST、API 等通用访问接口,可直接面对本层开展应用开发,如数据增值服务、二次开发等工作。

(3) 基础服务层 封装数据仓库、分布式计算、分布式数据库、分布式文件和资源系统等工具组件,面向数据管理员开放,外部使用者隐藏。

(4) 数据源层 通过 Oracle、MySQL、文档服务器、文件系统等获取原始数据,加载到大数据平台,面向数据管理员开放,外部使用者隐藏。

7.2 城市交通大数据典型应用

城市交通大数据应用的核心是通过对多源数据的挖掘、分析和关联,从多源、海量的历史数据中发现交通拥堵机理,实现交通事件规律挖掘分析,为交通决策者、管理者和出行者提供数据分析依据和专业技术结论。早在大数据概念出现之前,交通信息服务和数据分析领域就已经尝试利用跨采集手段、跨部门、跨行业的数据开展挖掘和分析,在实战中积累了一些数据分析经验思路和技术方法,这些经过实践检验的方法并不会随着大数据时代的到来而弱化,反而会由于数据处理能力的提高、分析样本规模的扩大、关联行业数据的增多而获得更好的效果。

交通数据挖掘与分析是一个随着时代发展、数据积累而不断改变、持续发展的内容,随着大数据的到来,很多传统的数据分析和挖掘都会再次焕发新的生机。本书通过介绍交通拥堵特征分析、交通流关联分析、交通需求机理分析和智慧交通指标分析等几个方面的完整案例来阐述特定需求的分析和挖掘典型应用,为城市交通大数据高维度、大体量数据分析和挖掘提供参考。

7.2.1 交通拥堵特征分析

通过历史抽样时段,开展城市快速路网交通拥堵态势的规律挖掘与成因分析。基于上海市交通信息平台汇聚的多源历史数据,对某时间范围内工作日快速路网的交通流量、行程车速、交通状态等数据进行关联处理,其中涉及感应线圈检测器、GPS浮动车、车牌识别、视频监控等多源检测器,覆盖数据种类超过五种以上,检测器四种。

1) 快速路网交通拥堵态势分布规律挖掘

快速路网交通拥堵现象及其产生条件进行概念描述并划分为两大类：常发性拥堵和偶发性拥堵。

常发性拥堵主要受道路条件影响，一般是由通行能力较低的固定瓶颈引起，固定瓶颈主要包括上匝道合流区下游，下匝道分流区上游，路段 S 形（包括坡度、转弯和立交匝道等）。固定瓶颈区域具有以下数据特征：瓶颈上游处于流量低、速度低、占有率高的排队拥堵状态；瓶颈点处于流量高、速度中等、占有率中等的饱和状态；而瓶颈下游处于流量高、速度高、占有率低的消散状态。

偶发性拥堵是指交通事件引起的道路通行能力的临时性降低而引发的拥堵。根据拥堵成因，快速路常见的交通事件包括交通事故和恶劣天气两种。交通事故造成路段局部车道阻断而出现通行能力临时下降而引发拥堵；恶劣天气情况下，道路的行驶条件和驾驶员的跟车行为发生变化，导致车速降低、车头间距增加、路网通行能力下降而引发拥堵。

（1）早晚高峰常发性交通拥堵分布　分析的空间范围为上海市浦西地区中环以内快速道路，涉及道路包括中环线、内环高架、南北高架、延安高架、逸仙高架和沪闵高架。由于早晚高峰拥堵分析最重要，所以分析的时间范围为早晚高峰时段。

为方便理解，首先对需要使用的若干个概念进行定义：

排序规则：按照累计拥堵时间（以 min 计），按照从多到少排序。

长时间拥堵：是指从拥挤（黄）或阻塞（红）状态产生时刻开始，到恢复畅通状态时刻为止，期间拥挤（系数 0.5）与阻塞（系数 1）折算成等效累计时间，若等效累计时间超过 20 min，则视为长时间拥堵。

常发性拥堵路段：在高峰时段内，排序后发生长时间拥堵时间累计占总拥堵时间前 50％的快速路路段。

临界性拥堵路段：在高峰时段内，排序后发生长时间拥堵时间累计占总拥堵时间 50％～80％的快速路路段。

偶发性拥堵路段：在高峰时段内，排序后发生长时间拥堵时间累计占总拥堵时间 80％～95％的快速路路段。

畅通路段：在高峰时段内，排序后发生长时间拥堵时间累计占总拥堵时间 95％及以上的快速路路段。

基于上海市交通信息平台汇聚的多源历史数据，对 2009 年 7 月 1 日～10 月 8 日范围内工作日快速路的交通流量、行程车速、交通状态等数据进行关联处理，其中涉及感应线圈检测器、GPS 浮动车、车牌识别、视频监控等多源检测器，覆盖数据种类超过五种以上，检测器四种，单次处理数据量超过 30 GB。

总体上，早高峰的常发性交通拥堵分布体现市民出行向中心城区汇聚的特性。对于早晚高峰拥堵状况，可以发现南北高架与内环高架部分路段有潮汐现象。浦西高架路网早晚高峰常发性拥堵路段分布如图 7-2 所示。

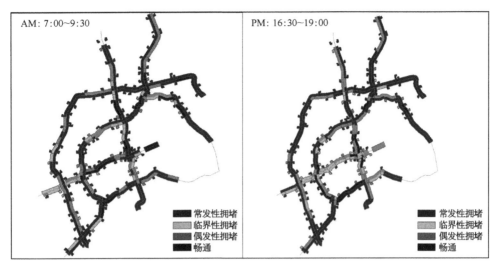

图7-2 早晚高峰常发性拥堵路段分布

快速路里程统计结果表明,早高峰有9%的路段处于常发性拥堵,60%的路段处于畅通状态,如图7-3所示。

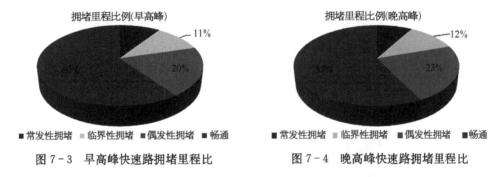

图7-3 早高峰快速路拥堵里程比　　　　图7-4 晚高峰快速路拥堵里程比

快速路里程统计结果表明,晚高峰有8%的路段处于常发性拥堵,57%的路段处于畅通状态,如图7-4所示。

以早高峰与晚高峰统计分布结果为基础,分别以不同高架道路为单元统计拥堵发布段的平均间距。早高峰期间拥堵发布段的平均间距不足5.5 km,晚高峰期间拥堵发布段的平均间距约为4.35 km。从该结果可见,虽然快速路常发性拥堵路段的总量不足10%,但高峰期间,出行距离超过5 km以上的出行者,平均会遇到一次常发性拥堵路段。

(2) 拥堵路段交通状况分析　快速路交通拥堵的本质原因是交通需求大于交通供给,即供需矛盾是本质原因,不同形式触发的交通拥堵最终都能从供需矛盾中得到体现。供需矛盾可以从宏观与微观两个角度进行分析:全局性供需失衡与局部路段供需失衡。

全局性供需失衡是指,路网总容量不足以满足交通总需求,交通拥堵呈现大面积出现的情况;而局部性供需失衡是指,快速路网中某个局部位置因规划设计和路网结构方面存在某种不合理性,导致该地区更容易或更频繁的出现交通拥堵情况。

从全局的角度分析,通过对早高峰和晚高峰期间进入中环线以内(不包括中环)交通量的统计发现,目前快速路系统在高峰期间由上匝道进入高架道路的总交通量远小于高架道路的总通行能力,如图7-5所示。如果按照理论值进行平均分配,则早高峰期间快速路新增交通量与通行能力平均比值为21.39%,晚高峰期间平均比值为17.81%,说明上海市快速路系统尚未达到系统性供需失衡的程度。

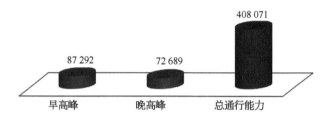

图7-5 快速路总供给与高峰时间新增交通需求间关系(辆/h)

从局部的角度分析,根据拥堵路段的分布结构,统计在不同拥堵程度下,单位里程路段所承担的交通强度,结果如图7-6、图7-7所示。早高峰时段,常发性拥堵的路段中,平均每公里每车道所承载的车辆数为167辆,平均车头间距为5.99 m;临界性拥堵路段中,平均每公里每车道所承载的车辆数为115辆,平均车头间距为8.70 m;畅通路段中,平均每公里每车道所承载的车辆数为41辆,平均车头间距为24.39 m。晚高峰同类拥堵程度中与早高峰基本相当。说明快速路的常发性拥堵段为局部供需失衡的地区。

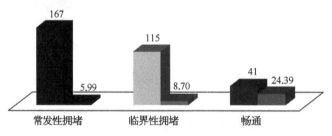

图7-6 早高峰不同拥堵程度单车道车辆密度比较(辆/km)

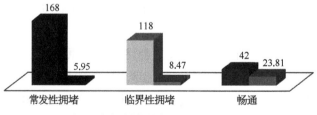

图7-7 晚高峰不同拥堵程度单车道车辆密度比较(辆/km)

（3）交通拥堵对出行效率的影响　选取典型路径,对包含常发性拥堵的出行路径进行行程时间分析,比较不同交通状况条件对出行的影响。选取得典型路径为内环外圈延西立交至鲁班立交,图7-8中用实线标出,统计结果如图7-9所示。

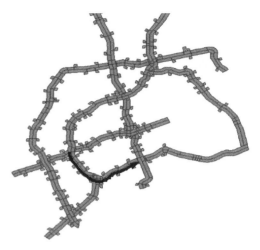

图 7-8　典型路径出行效率分析

从图7-9的统计结果上看,内环外线延西立交至鲁班立交高峰期间的出行时间会达到畅通期间的1.5～2.5倍,极端情况下会达到3.0～3.3倍。产生此现象的原因主要是受拥堵路段的影响。图7-10、图7-11、图7-12分别通过全天数据、早高峰和晚高峰数据列举了该路径上两个常发性严重拥堵位置(内环外圈延西立交上匝道至新华路上匝道和内环外圈龙华

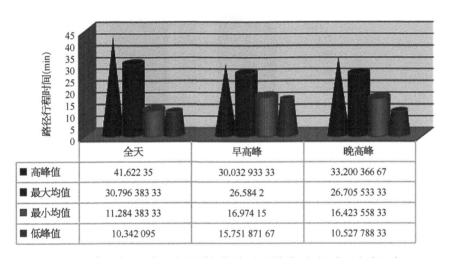

	全天	早高峰	晚高峰
■ 高峰值	41.622 35	30.032 933 33	33.200 366 67
■ 最大均值	30.796 383 33	26.584 2	26.705 533 33
■ 最小均值	11.284 383 33	16.974 15	16.423 558 33
■ 低峰值	10.342 095	15.751 871 67	10.527 788 33

图 7-9　典型路径工作日行程时间统计(内环外线延西立交至鲁班立交)

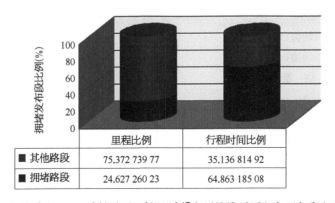

	里程比例	行程时间比例
■ 其他路段	75.372 739 77	35.136 814 92
■ 拥堵路段	24.627 260 23	64.863 185 08

图 7-10　拥堵路段里程比例与行程时间比例[内环外线延西立交至鲁班立交(全天)]

西路下匝道至宛平南路上匝道)所占路径里程比例与行程时间的消耗情况,从统计结果看,在畅通期间与拥堵期间的路段行程时间存在比较明显的差距。表 7-1 为两个常发性拥堵路段行程时间消耗情况。

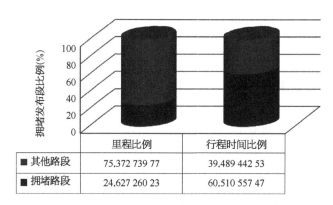

	里程比例	行程时间比例
■ 其他路段	75.372 739 77	39.489 442 53
■ 拥堵路段	24.627 260 23	60.510 557 47

图 7-11　拥堵路段里程比例与行程时间比例〔内环外线延西立交至鲁班立交(早高峰)〕

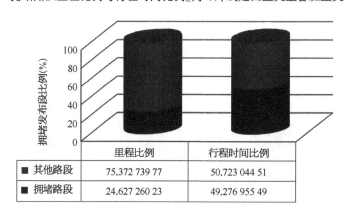

	里程比例	行程时间比例
■ 其他路段	75.372 739 77	50.723 044 51
■ 拥堵路段	24.627 260 23	49.276 955 49

图 7-12　拥堵路段里程比例与行程时间比例〔内环外线延西立交至鲁班立交(晚高峰)〕

表 7-1　拥堵路段行程时间消耗对比表

路径上常发拥堵路段行程时间多日分析		内环外圈延西立交上匝道至新华路上匝道	内环外圈龙华西路下匝道至宛平南路上匝道
全天	最大均值(min)	4.38	15.59
	最小均值(min)	0.3	1.69
	倍　数	14.6	9.23
早高峰	最大均值(min)	3.26	12.82
	最小均值(min)	0.45	6.02
	倍　数	8.7	2.12
晚高峰	最大均值(min)	4.06	9.10
	最小均值(min)	0.31	3.42
	倍　数	13.1	2.65

2) 常发性交通拥堵成因及分类

形成常发性交通拥堵的原因主要有四个：

（1）路网结构形成的通行能力瓶颈　通过对早高峰与晚高峰拥堵分布的观察发现，常发性交通拥堵与结构性通行能力瓶颈存在密切关系。选取两段典型路段（内环外圈延西立交上匝道至新华路上匝道，内环外圈龙华西路下匝道至宛平南路上匝道），对内环外圈延西立交上匝道至新华路上匝道上下游检测界面数据分析和车流汇聚形态进行观察（路网结构见图 7-13）。

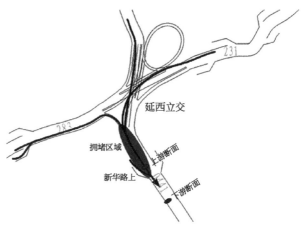

图 7-13　拥堵路段车流汇聚结构

早高峰期间，瓶颈上游断面交通流量情况如图 7-14 所示。图中表示上游断面 2009 年 1 月 1 日～2010 年 10 月 14 日各天早高峰两个时点的实测流量与通行能力的差值，横坐标为日期，浅色折线表示各天 8:00 时刻流量值，深色折线表示各天 9:00 时刻流量值，深色直线表示上游断面通行能力。

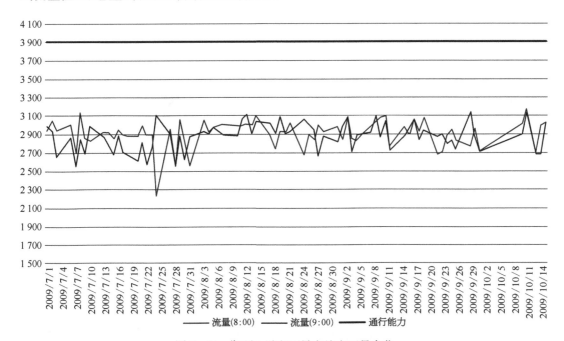

图 7-14　瓶颈上游断面早高峰交通量变化

通过对 2009 年第三季度期间交通数据的统计分析，得到在该路段拥堵情况下，上游检测断面实测交通流量和损失通行能力的比例情况，如图 7-15 所示。

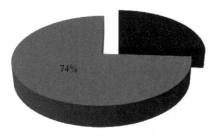

图 7-15　瓶颈上游断面早高峰
通行能力损失

早高峰期间,内环外圈延西立交上匝道至新华路上匝道下游路段处于畅通状态。瓶颈下游断面通过的交通流量如图 7-16 所示。图中表示上游断面从 2009 年 1 月 1 日～2010 年 10 月 14 日各天早高峰两个时点的实测流量与通行能力的差值,横坐标为日期,深色折线表示各天 8:00 时刻流量值,浅色折线表示各天 9:00 时刻流量值,深色直线表示下游断面通行能力。

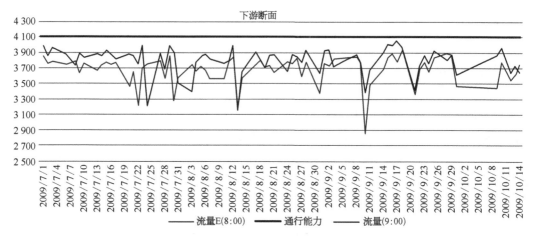

图 7-16　瓶颈下游断面早高峰交通量变化

实际通过交通量接近通行能力,但仍有少量富裕,比例结构如图 7-17 所示。

按交通工程原理(参考国际 JTGB01—2003,二、三级服务水平对应饱和度为 0.6～0.9),下游路段饱和度为 0.9,基本上接近正常运行情况的通行量极限。

对龙华西路下至宛平南路上匝道的交通数据进行分析。该路段路网结构如图 7-18 所示。

路段内各断面实际流量对通行能力的损失情况如图 7-19 所示。

下游路段段处于畅通状态,实际通过交通量与富裕通行能力的比例情况如图 7-20 所示。

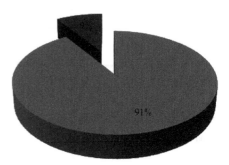

图 7-17　瓶颈下游断面早高峰
通行能力利用情况

(2)上、下匝道车流量大引起主线车流拥堵　下匝道车流量大时会因为地面道路无法及时疏散车流而排队,进而对主线交通流的运行产生干扰引起主线拥堵,而从地面道路通过上匝道到达高架的车流量太大时也同样会因为与主线车流量交织而导致合流区车辆行驶困难,从而形成上、下匝道处的瓶颈,如图 7-21 所示。这种类型的瓶颈触发一般出现在

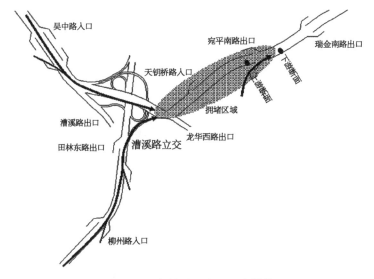

图 7-18 拥堵路段车流汇聚结构

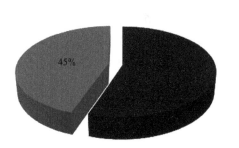

图 7-19 瓶颈上游断面早高峰
通行能力损失

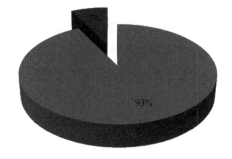

图 7-20 瓶颈下游断面早高峰通行
能力利用情况

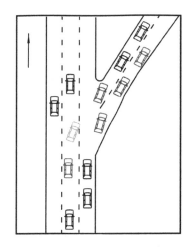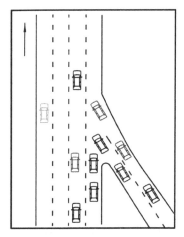

图 7-21 上、下匝道区域引发交通拥堵的道路结构图

工作日早晚高峰时期。在图 7-22 中,灵石路西侧是进入中环的第一个下匝道,很多车辆会选择在这里下高架,因此下匝道经常会出现排队现象。徐家汇路是南北高架进出市中心CBD 的关键位置,且由于周围多为商务办公楼,所以该处高架与地面连接上下匝道均较拥堵,且严重时会造成主线上车辆的大量排队。

图 7-22　灵石路下匝道和徐家汇路上下匝道区域交通拥堵现状

(3) 道路交织过短导致上下匝道车辆干扰严重引起的拥堵　图 7-23 显示了交织区太短因而给上下匝道车辆汇入和驶离的缓冲区域的长度不够,导致出入高架的车辆相互干扰的情况,表现为主线进入下匝道车辆与上匝道汇入主线车辆相互干扰,使主线和匝道车辆产生拥堵排队,如图 7-24 中的新闸路附近跨苏州河段。

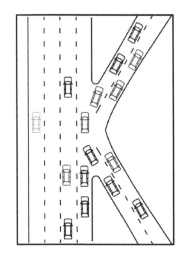

图 7-23　交织区太短引发交通　　　　图 7-24　新闸路附近高架路交织区交通拥堵现状
　　　　　拥堵的道路结构图

(4) 路段 S 型排队引起主线车流的拥堵　路段 S 型包括立交、坡度和弯道等,本研究以图 7-25 中常见的弯道为例进行说明。弯道处车辆一般会主动降低车速,形成路段上车辆行驶的瓶颈。与直线路段相比,弯道路段属于道路上低速区,车辆行驶到该处时会自然以较低速度行驶,因此会造成车流的运行缓慢。在流量大时,瓶颈效应会导致整个路段上游车流的拥堵排队,如图 7-26 所示。

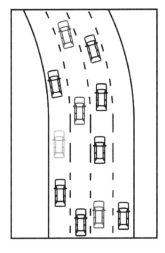

图 7-25　弯道引发交通拥堵的
　　　　　道路结构图

图 7-26　合肥路东向弯道上游交通拥堵现状

3) 偶发性交通拥堵成因及分类

偶发性交通拥堵主要由交通事故、恶劣天气因素等导致。

(1) 交通事故　车辆碰撞、抛锚等交通事故引起的车道堵塞现象会导致道路部分通行能力的临时性损失。当上游流量需求超过事故发生后的地点通行能力时,就会导致拥堵的传递和蔓延。和常发性拥堵不同,事故引起的交通拥堵的恢复需要人工清除事故发生位置的拥堵源头。

根据 2008 年 1 月至 2009 年 8 月期间上海快速路网交通事件的记录,虽然交通事件本身具有随机性,但从统计结果看,拥堵频率与事件发生频率变化趋势相同。拥堵频度与交通事件发生的频率成正比关系。换而言之,常发性拥堵路段也是交通事件的高发路段。

交通事故引发交通拥堵的数据特点主要表现为:上游线圈数据流量很小,速度很低,占有率很高;下游线圈流量很小、速度很高、占有率很高。

(2) 恶劣天气　下雪、下雨等天气引起道路积水结冰导致车辆行驶特征变化和能见度下降,在恶劣天气条件下,驾驶员的驾驶行为发生变化,与前车保持更大间距,从而导致道路的通行能力的降低。在恶劣天气情况下,瓶颈的触发会提前,而已经触发的瓶颈由于通行能力的降低而导致拥堵程度与传播范围更大。

恶劣天气引发交通拥堵的数据特点主要表现为:路网交通流出现整体偏移,和正常天气相比,在同样的速度下,恶劣天气对应的车流密度偏低。拥堵与交通事件频率的对应关系如图 7-27 所示。

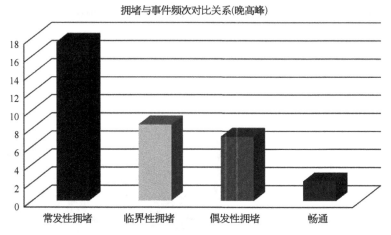

图7-27 拥堵与交通事件频率的对应关系

7.2.2 交通流关联分析

城市交通流分析通过建模的方式描述交通出行者的出行决策,道路行驶的车辆跟驰,以及交通流的网络分布,对城市的交通状况研究具有重要的意义。交通流分析揭示与预测城市交通流的自组织演变规律与交通拥堵的衍变情况,其分析必须基于大量的历史或实时的交通数据。与此同时,一些相关数据(如社会经济数据、气象数据和移动信息数据等信息)也会对城市交通产生一定影响,通过分析这些关联数据也可获取有用的交通流信息。城市交通大数据技术为城市交通流分析提供了丰富的数据基础。城市交通大数据采集的数据资源不仅涵盖了传统的交通领域数据资源,也包括了其他非交通领域的数据资源,如城市气象与环境数据,人口与社会经济数据,城市规划与土地利用数据,以及移动通信与社交网络信息等。大数据技术利用对多样化大规模数据的高速处理能力分析处理这些关联数据,有效提高对城市交通流的分析评估,并将分析结果运用于城市交通流分析。

大数据技术为从微观到宏观的交通流分析提供丰富的数据技术基础,并通过快速的处理分析和数据挖掘处理分析这些数据,为交通流分析提供评估分析依据。城市交通大数据采集的常规的交通领域数据(如车辆轨迹数据、线圈流量数据等)不仅能用于微观的车辆轨迹交通流分析,如 NGSIM (Next-Generation Simulation)车辆轨迹数据在微观交通流分析的应用,也可用于宏观路网的交通状态分析,如基于线圈数据和车载 GPS 数据的道路宏观交通状态基本图(Macroscopic Fundamental Diagram,MFD)分析。城市交通大数据同时采集了城市气象与环境数据,人口与社会经济数据,城市规划与土地利用数据,以及移动通信与社交网络信息等关联数据。大数据技术分析评价这些关联数据对城市交通流的影响,通过分析评价历史或实时的关联数据,对城市交通交通量进行评价和估计,并将分析结果运用于城市交通诱导控制等应用。城市交通大数据技术的交通流关联分析为城市交通流分析提供由点到线、到面的全方位的数据支持。

1) 基于气象环境数据的关联分析应用

（1）基于气象环境数据的交通指数预测　气象条件对交通状态的影响是多方面的,天气变化对车辆本身、路面状况、驾驶员行车过程中的判断和反应,以及司乘人员乘车环境等都有影响,不同的天气条件对交通状态的影响程度不同。在恶劣的天气条件下,道路交通运行条件会显著恶化。根据上海的相关统计资料表明,下雨天是造成严重拥堵的重要原因,晚高峰高架道路平均行程车速将下降 20%,主要商圈周边的地面干道平均车速下降10%～30%。因此,不利的气象条件会对道路交通状态造成不利的影响。

天气状况不同,人们出行的方式不同,交通状态也不同。为了能够对不同天气下交通状态指数进行有效的预测,初步将天气分为正常天气和异常天气,正常天气为晴天,异常天气为**雾**,小雨,中大雨,小雪,中大雪等六大类。以正常天气交通指数为基准,取六类异常天气,对日期 7×6 组模式进行研究,通过利用定量的描述趋势相似度方法研究手段,分析每组的交通指数模式相似度。

天气因素对交通状态指数特征影响分析流程如图 7-28 所示。

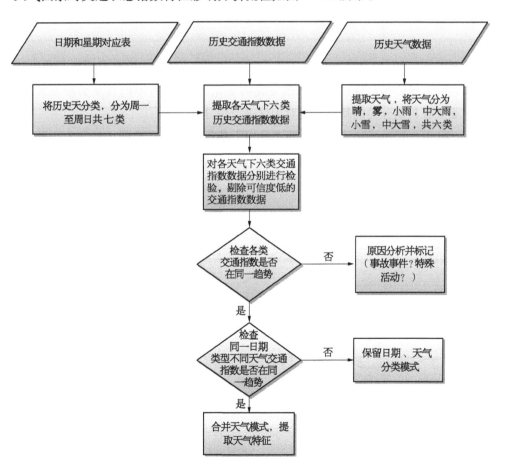

图 7-28　天气因素对交通状态指数特征影响分析流程

表 7－2 分析了 2012～2013 年不同天气分类下的高架道路交通状态指数全天的曲线相关性。

表 7－2　不同天气分类高架道路交通状态指数相关性

日期类型	平均相关系数				
	晴天	小雨	中大雨	雾	综合
周一	0.973 0	0.946 6	0.947 0	0.911 2	0.937 6
周二	0.973 6	0.980 7	0.900 6	0.884 0	0.879 2
周三	0.975 9	0.916 2	0.917 9	0.899 0	0.889 8
周四	0.977 1	0.892 3	0.946 8	0.958 2	0.909 2
周五	0.979 8	0.902 3	0.903 4	0.928 0	0.935 3
周六	0.967 3	0.884 1	0.955 2	0.957 6	0.873 7
周日	0.954 7	0.892 0	0.943 4	0.888 1	0.946 9

注：由于上海下雪天相对很少，表中未列入下雪天的计算结果。

结果反映出，日期分类下的各种天气指数曲线具有相似性，但全部天气下曲线的相似性反映出这种天气的相似性并不随天气变化而变化，所以进行不同日期类型模式划分时，暂时没有必要在日期分类的基础上再对天气进行细分。

图 7－29 也直观地反映了高架道路全区域下晴雨天交通指数曲线趋势的一致性，但交通指数绝对差值并不同，这种差异通过不同天气曲线数值的差异反映出来。

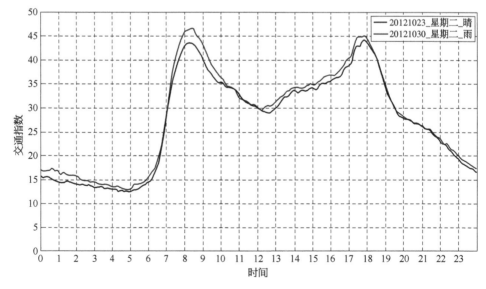

图 7－29　小雨天气下高架道路交通指数和晴天交通常态指数

图 7-29 中数值较高的曲线的天气状况为小雨,数值较低的曲线的天气状况为晴天;从中可以看出,小雨天气下交通指数趋势和晴天天气下交通指数趋势相似,但交通指数绝对差值不同。

通过分析,异常天气下交通指数趋势和正常天气下交通指数趋势特征相似,但存在着交通指数绝对差值。这种不同在设计天气—交通指数预测模型时,可以根据异常天气交通指数和常态交通指数相对差值,提取天气影响因子。

(2) 基于气象与环境数据的交通出行诱导　气象和环境对城市道路交通具有重大的影响作用,不良的气候条件严重影响道路车辆行驶。恶劣的天气条件(如雨雪、大雾),不仅影响车辆的行驶速度,增加出行者的行程时间,导致道路通行能力下降,同时也容易诱发交通事故。交通大数据技术通过分析关联的气象和环境信息数据,结合历史的交通流数据,分析预测道路的交通流情况和事故易发地点。

美国交通部高速公路 511 信息平台系统(以下简称"511 平台")的道路气象信息发布是一项基于气象与环境数据的交通大数据利用的典型应用案例。"511 平台"交通信息平台系统是基于"511 平台"交通信息网站和"511 平台"电话信息服务的实时交通信息发布系统,信息系统的建立旨在为交通出行者提供交通实时的交通信息服务(道路、气象、管养等综合出行信息),实现广域信息资源共享,提高出行效率和舒适度。考虑到高速公路交通易受风、浓雾、能见度、暴雨、冰雪、雷暴、积水等气象条件的影响,"511 平台"收集了历史的高速公路流量和天气数据。结合历史数据和天气数据,"511 平台"建立了道路流量与天气的关联信息数据库。数据库通过分析历史的交通流量和天气的关系,获取适宜出行的气候条件。同时信息平台收集实时的气象信息,结合历史的气候信息和交通信息的关联数据库,预测特定路段当前气候情况是否适合出行。

"511 平台"采集的历史和实时的气象信息,以及相应的道路信息储存在系统数据库中,数据库分析二者的关联性,并将这些信息通过网络和"511 平台"短信服务平台发布给出行者,为出行者提供合理的出行建议。

同时,"511 平台"通过对实时信息数据进行汇总,能获取实时道路路面信息,对由气候造成的高速公路封闭事件提前示警,为出行者合理选择出行路线提供信息服务。

总结可得基于气象信息的城市交通流关联分析的流程如下:

① 采集历史道路交通信息和相应的气候信息。

② 分析历史数据,确定历史信息中交通量和气候信息的关系。

③ 建立关联信息数据库,确定适宜出行的气候条件。

④ 采集实时气象信息。

⑤ 参照关联信息数据库,预测特定路段的当前气候情况是否适合出行。

2) 基于人口与社会经济数据的城市交通流关联分析

交通运输是国家经济活动和社会活动的重要组成部分,也是现代社会生存和发展的基础之一。城市交通不但影响着城市人口和社会经济的变化,同时也受到城市人口和社会经济发展的影响,因此城市交通和城市人口经济发展之间具有紧密的关系。城市交通大数据技术收集城市人口与社会经济数据,通过数据挖掘技术,分析人口经济数据与城市交通数据的内在联系,通过人口和经济数据变化预测未来城市交通发展方向。

城市人口增长与社会经济的发展对城市的交通发展具有促进作用,最为明显的就是在交通量的产生上。随着社会人口的增多,经济的发展,城市交通量也会相应增加。因此,城市交通大数据技术可以通过分析历史人口数据、社会经济数据与城市交通数据的关联性,建立回归增长模型,确定人口增长及社会经济数据对城市交通数据变化的影响系数。并用于以未来人口、经济发展数据为参数的模型中,从而预测未来城市的交通流变化。

由于人口具有流动性,区域人口处于时刻的变化之中,传统的交通调查获取人口分布的方式由于时间周期长,难以体现出这种变化的特性,易造成规划决策及管理上与现状的脱节,这种情况在经济高速发展的今天体现得尤为明显。基于移动通信网络的数据,提供了一种变化情况下的区域人口检测手段,例如基于移动通信数据,能够获取白天、夜间人口的分布情况。

针对 2012 年 7 月 10 日~2012 年 7 月 21 日共计 12 天(包含 9 个工作日、3 个周末)的数据进行分析,单次逗留时间阈值设为 2 h,单天累计逗留时间阈值设为 2 h,居住地识别天数比例阈值与工作地识别天数比例阈值都设为 80%,并将居住地与工作地都能识别的 1 232 万手机用户作为最终有效手机用户,分别统计了这 1 232 万手机用户群体分别在夜间与白天的空间分布情况。上海市域手机用户夜间空间分布如图 7‑30 所示。上海市域手机用户白天空间分布情况如图 7‑31 所示。

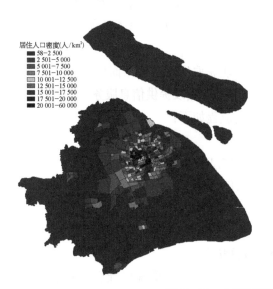
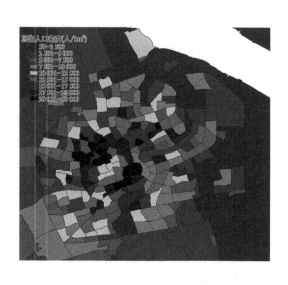

图 7‑30　上海市夜间手机用户密度空间分布

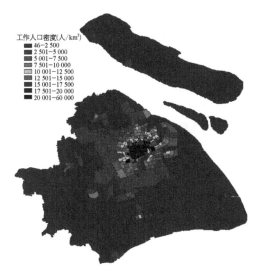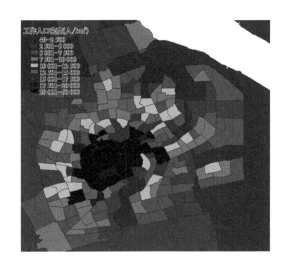

图 7-31 上海市白天手机用户密度空间分布

将各个区域内识别出的白天手机用户数量,除以夜间手机用户数量,得到对应区域的职住比情况。其中,浅色表示职住比＜95％,这些区域夜间手机用户远多于白天手机用户,区域功能以居住为主;灰色表示职住比在95％～105％,这些区域白天与夜间手机用户相当,区域职住相对平衡;深色表示职住比＞105％,这些区域白天手机用户远多于夜间手机用户,区域功能以就业为主。上海市域手机用户职住比空间分布情况如图 7-32 所示。

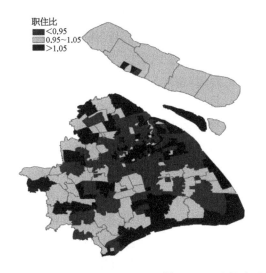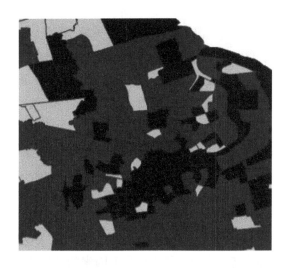

图 7-32 上海市手机用户职住比空间分布情况

将分析得到的手机用户夜间空间分布情况与 2010 年第六次人口普查(简称"六普")数据,在行政区层面进行对比验证,见表 7-3。

表 7–3　手机用户夜间空间分布情况与 2010 年六普数据的对比

区　域	六普 2010 年末常住人口比例	手机检测夜间居住人口比例	差　值
浦东新区	21.9%	21.8%	−0.1%
黄浦区	2.9%	2.7%	−0.2%
徐汇区	4.7%	4.6%	−0.1%
长宁区	3.0%	2.8%	−0.2%
静安区	1.1%	1.1%	0.0%
普陀区	5.6%	5.7%	0.1%
闸北区	3.6%	3.0%	−0.6%
虹口区	3.7%	3.0%	−0.7%
杨浦区	5.7%	4.5%	−1.2%
闵行区	10.6%	12.0%	1.4%
宝山区	8.3%	8.3%	0.0%
嘉定区	6.4%	7.8%	1.4%
金山区	3.2%	3.1%	−0.1%
松江区	6.9%	7.8%	0.9%
青浦区	4.7%	4.7%	0.0%
奉贤区	4.7%	4.8%	0.1%
崇明县	3.1%	2.2%	−0.9%

可以看出,行政区层面手机检测的夜间居住人口比例总体与六普较为接近。但由于两种数据的统计时间口径不一致,六普为 2010 年 11 月 1 日,手机为 2012 年 7 月,部分区域存在±1% 左右的偏差,如杨浦、崇明手机检测人口比例相对六普数据偏少,闵行、嘉定、松江偏多。

基于此项检测技术,很容易将交通发展态势与人口规模(密度)发展趋势联系起来,进而找到拥堵产生的原因,如图 7–33 所示。

有趣的是,当时交通数据分析人员在对逸仙路到邯郸路的车流量时,发现图 7–33 中 a、b、c 三个统计图表均显示该路出现了车流量激增的现象,后经过根据手机检测与分析结果,绘制逸仙路高架周边人口分布变化图,如图 7–33d 所示。最后经过数据的深入分析以及实地调研,发现车流量激增的时间与复旦大学的大量老师集体搬入该地区的公租房的时间高度吻合。经了解,因为公租房周边公共交通配套不完善,所以大多数搬迁的教师选择开车上下班。由于 OD 点高度一致(从公租房到复旦大学邯郸校区或是返程方向),以及逸仙路高架为必经路线这两个因素的共同作用,从而导致了逸仙路高架车流激增,直接体现到交通指数的变化。

3) 基于移动通信和互联网数据的城市交通流关联分析

21 世纪是信息化的世纪,而得益于信息化技术的发展,城市交通量分析也可以通过移

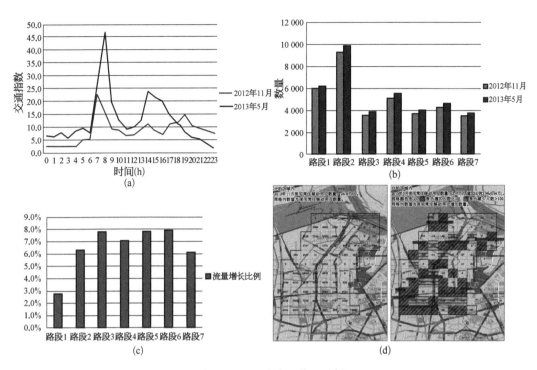

图 7 - 33 拥堵成因分析示例

(a) 逸仙高架交通指数变化趋势；(b) 逸仙高架高峰流量变化趋势；
(c) 流量增长比例；(d) 逸仙高架周边人口分布变化

动通信及互联网等信息化数据实现。

移动通信是当代每个人日常生活中不可或缺的通信方式。随着移动通信技术的普及，移动通信设备也遍及每个交通出行者手中，这些移动通信设备为交通出行信息提供了海量的数据。大数据技术采集并整合移动通信数据，用于城市交通流分析。移动通信设备通过地点更新(Location Update)，切换(Hand Over)，以及通话、短信等通信活动向移动通信基站发布设备的时间和位置信息，通过收集和分析这些移动设备的时空信息，可以获取相应的交通出行信息。同时，移动通信设备信息传播加密也保障了出行者的个人信息不被泄露，保护了出行者的个人隐私。目前一些研究团队和机构致力于开发基于移动通信的出行信息获取方法研究，并取得了突出的成果。一些研究成果已经运用于城市道路交通流量分析。而这些研究和分析得益于城市交通大数据技术的数据融合解决方案。大数据技术数据融合解决方案能够进行多种数据源间的多种融合，其融合数据源包括：手机网络、GPS浮动车、感应线圈、地面SCATS系统，以及高速公路收费站信息。通过数据融合系统，把来自多个或多种数据采集设备的基本交通参数进行识别判断和综合处理，得出比从任何单个数据源更加全面、准确、可靠的基础交通数据，从而有效弥补单独数据源所固有的不足，产生出高覆盖、高精度的交通信息。

同时，基于位置的社交网络(Location-based Social Network)数据的地理位置和时间信息也为城市交通流关联分析提供大量数据支持。互联网上的社交网络具有地址签到功能，能获取社交网络用户签到的时间和位置信息。同时一些手机网络用户也会利用一些交通路况信息软件 APP 上传出行的时间和位置信息。通过分析这些社交网络数据，可获取出行的相关信息，用于城市交通流分析。城市交通大数据技术采集并整合这些移动通信和网络的交通出行数据，为城市交通流分析提供更准确更全面的出行信息。

基于移动通信数据和互联网数据的城市交通流关联分析应用点包括(但不限于)：

(1) 通勤用户出行检测应用 通勤出行在职住分析基础上继续进行，其中居住地与工作地在不同中区*的手机用户约 390 万，即 32% 的手机用户为跨中区出行的通勤群体。

本案例空间分析颗粒度基于交通中区，中区内部的通勤出行无法被识别。在外环外，中区范围较大，可能存在比例较多的中区内部通勤出行，导致目前的跨中区通勤出行比例不高。对外环内区域各个中区，识别出白天手机用户约 539 万，其中 44% 约 241 万职住中区不同；对内环内各个中区，识别出白天手机用户 215 万，其中 55% 约 117 万职住中区不同。

将连续一周的每天 390 万通勤手机用户中有过通勤出行的手机用户(识别出行的通勤手机用户，并不一定每天都会通勤上下班)，每天通勤出行总次数，以及地下轨道分担的通勤出行比例，汇总见表 7-4。

表 7-4 通勤手机用户出行量及地下轨道分担表

日　　期	390 万通勤手机用户出现比例	通勤出行总次数(万人次)	地下轨道通勤出行比例
周一	95%	856.8	12%
周二	94%	860.4	12%
周三	95%	865.9	12%
周四	95%	864.5	12%
周五	94%	856.7	12%
周六	53%	504.3	5%
周日	44%	428.7	4%

周一至周五，通勤手机用户出现比例一般都稳定在 94%～95%，周六、周日，也分别有53% 与 44% 的手机用户通勤上下班；周一至周五，通勤出行总次数 857 万～866 万人次，其中周三、周四通勤出行量相对较高，周二略低，周一、周五低于其他工作日，一周当中周日最低，约429 万；周一至周五，地下轨道的通勤出行比例，都是 12%，周六、周日分别为 5% 与 4%。

---

* 中区，即中等规模区域的简称。在对大城市的交通分析中，一般会将整个城市按一定规模划分成若干个区域，再对每个区域进行分析，以减少分析的复杂性和计算量，并使结果更加准确反映真实情况。根据划分后区域规模的不同，一般可划分为小区、中区、大区等。

上海市手机用户周一至周日每天每 15 分钟的通勤出行人次随时间变化的情况,如图 7 - 34 所示。

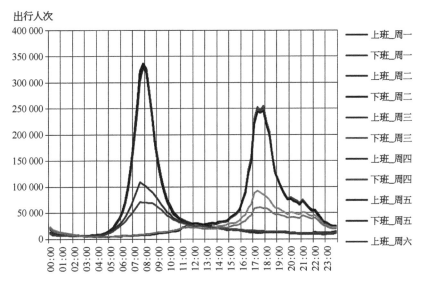

图 7 - 34 上海市手机用户连续一周通勤出行人次随时间变化的情况

由图 7 - 35 可以看出,周一至周五,每天上午上班、下午下班的通勤出行趋势与数量级完全一致,通勤上班最高峰在每天 08:00 左右,通勤下班最高峰则分散在 17:00~18:00,周六、周日通勤上下班的峰值明显降低。

上海市手机用户乘坐地下轨道通勤出行随时间变化的情况,如图 7 - 35 所示。

由图 7 - 35 可以看出,一周中每天的时变趋势与全方式通勤出行保持一致,但轨道交通出行时间上更为集中,通勤上班集中在 08:00 前后,通勤下班集中在 18:00 前后。

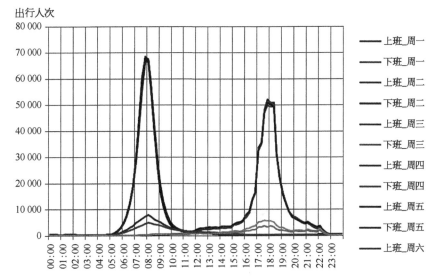

图 7 - 35 上海市手机用户连续一周乘坐地下轨道的通勤出行人次随时间变化的情况

进一步统计地下轨道通勤出行的分担比例随时间变化的情况,如图7-36所示。

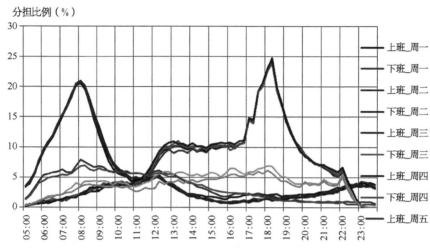

图7-36 上海市手机用户地下轨道通勤出行分担比例时变

由图7-36可以看出,早晚高峰时段,通勤上下班中乘坐地下轨道的比例相对较高,通勤上班早高峰08:00左右接近21%,通勤下班晚高峰18:00左右接近25%。

同时可以分析得到任意两两中区间的通勤出行情况。这里以陆家嘴中央商务区(Central Business District,CBD)与相邻59号中区为例,进行说明。

在某个工作日(2013年07月13日,周五),以陆家嘴CBD为工作地、59号中区为居住地的通勤手机用户出发、到达分析如图7-37所示。

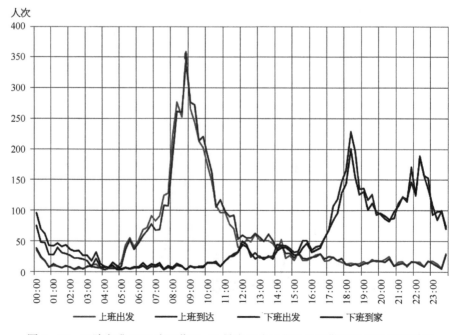

图7-37 以陆家嘴CBD为工作地、59号中区为居住地的通勤手机用户出行时变

由图 7-37 可以看出,以陆家嘴 CBD 为工作地、59 号中区为居住地,通勤手机用户上班高峰在08:45前后达到最高峰,下班时间相对分散,有两拨手机用户下班集中时段,分别在 18:30 前后以及 22:00～23:00。

(2) 校核线(断面)客流检测应用　以黄浦江为例,对黄浦江校核线手机客流总体情况进行分析。黄浦江校核线手机客流连续一周的总体情况如表 7-5、图 7-38 所示。

表 7-5　黄浦江校核线手机总客流日变　　　　　　　　　　(万人次)

日　　　期	西　向　东	东　向　西	双　向　合　计
周一	194.6	199	393.6
周二	192.8	197.2	390.1
周三	195	201.4	396.4
周四	196	202.7	398.7
周五	199.9	208.1	408
周六	163.5	170.4	334
周日	154.7	160.6	315.2

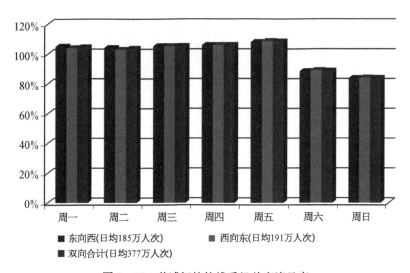

图 7-38　黄浦江校核线手机总客流日变

通过连续一周日变化分析,可知:周五最高,双向约 408 万;周四、周三、周一依次稍低,分别约 398.7 万、396.4 万、393.6 万;工作日中,周二最低,约 390.1 万;周末比工作日低20%左右,周六、周日分别约 334 万、315.2 万。工作日、周末都没有明显的潮汐现象;工作日出行量较高的时段集中在早高峰(07:30~09:30)与晚高峰(17:00~19:00)期间;周末白天期间出行量时变相对平稳,早、晚高峰不明显。

其中地面手机客流变化情况如表7-6、图7-39所示。

表 7-6 黄浦江地面手机客流(含地上轨道)日变　　　　　　　　　　(万人次)

日　　　期	西　向　东	东　向　西	双　向　合　计
周一	146.2	152.5	298.7
周二	144.8	149	293.9
周三	146.7	152.8	299.5
周四	147	153.4	300.4
周五	149.9	156.9	306.9
周六	127.5	133.8	261.3
周日	120.5	126.8	247.4

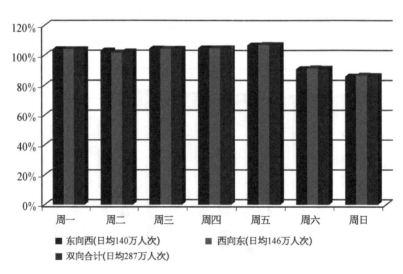

图 7-39 黄浦江地面手机客流(含地上轨道)日变

通过连续一周日变分析,可知:周五最高,双向约307万;周四、周三、周一依次稍低,约300万;工作日中周二最低约294万;周末比工作日低15%~20%左右,周六、周日分别约261万、247万。工作日有明显潮汐现象,早高峰浦西向浦东客流相对较多,晚高峰浦东向浦西客流相对较多;周末白天期间出行量时变相对平稳,早、晚高峰不明显。

黄浦江地下轨道手机客流变化情况如表 7 - 7、图 7 - 40 所示。

表 7 - 7 黄浦江地下轨道手机客流日变 (万人次)

日 期	西 向 东	东 向 西	双 向 合 计
周一	48.4	46.5	94.9
周二	48	48.2	96.2
周三	48.3	48.6	96.9
周四	48.9	49.4	98.3
周五	50	51.2	101.2
周六	36.1	36.6	72.7
周日	34.1	33.7	67.9

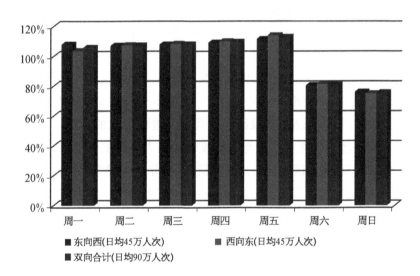

图 7 - 40 黄浦江地下轨道手机客流日变

通过连续一周日变化分析可知：周五最高，双向约 101.2 万人次；周四、周三、周二、周一依次稍低，分别约 98.3 万人次、96.9 万人次、96.2 万人次、94.9 万人次；周末比工作日低 28%～35%，周六、周日分别约 73 万人次、68 万人次。通过对高峰、非高峰时段的分别分析统计，能够发现相对地面手机客流，工作日轨道交通手机客流，早、晚高峰出行相对更为集中，但潮汐现象并不明显；工作日白天平峰时段，浦西向浦东客流略高于浦东向浦西的客流；工作日晚高峰期间，浦东向浦西客流略高于西向浦东的客流；工作日晚高峰之后时段，浦西向浦东客流略高于浦东向浦西客流；周末白天期间出行量时变相对平稳，早、晚高峰不明显,但有轻微的早高峰浦东向浦西、晚高峰浦西向浦东的潮汐现象。

对应工作日与周末不同的日期模式,黄浦江校核线手机客流在各个分段上的具体分布情况如图 7-41 所示。

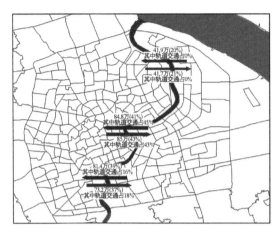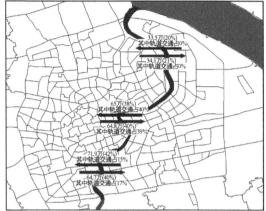

图 7-41　黄浦江校核线手机客流总体空间分布(周五工作日和周六)

黄浦江工作日手机客流单日共约 408.2 万人次,东向西方向 200.0 万人次(其中轨道交通分担了 25.1%),其中西向东方向 208.2 万人次(其中轨道交通分担了 24.6%);黄浦江周末手机客流单日共约 334.0 万人次,其中东向西方向 163.6 万人次(其中轨道交通分担了 22.1%),西向东方向 170.4 万人次(其中轨道交通分担了 21.5%)。

(3) 交通产生(吸引)点集散客流检测应用　上海市小陆家嘴区域是陆家嘴金融贸易区的核心区域,是境内外知名金融机构及跨国公司总部进驻申城的首选,区域内以中高档商业办公写字楼及其配套高端商业零售与餐饮娱乐设施为主。工作日客流的主要组成为白领群体。作为研究对象,采集区域客流出行特征数据,分析区域客流进(吸引)、出(产生)客流量的时变规律,分析区域逗留客流量(客流密度)时变规律,实时动态地检测其客流分布情况。

以小陆家嘴区域作为示例,利用 2011 年 3 月 1 日(工作日)和 2011 年 3 月 5 日(周末)全天的手机网络数据,将基于手机网络数据的区域集散客流检测技术,应用于检测该区域的实时动态客流信息,设置分析周期为 15 min,分析结果如图 7-42、图 7-43 所示。

由图 7-43 分析可知,工作日早高峰进入客流集中于 8:00～10:00,晚高峰离开客流集中于 17:00～19:00;工作日与周末早高峰差异体现通勤客流叠加效果。

通过长期历史数据分析区分通勤用户群体,可进一步区分上班客流与非上班客流特征差异,为公交及轨交运力、班次调度优化提供数据支撑。

由于小陆家嘴区域是金融中心,区域内办公大厦较多,所以工作日的停留客流量比周末的停留客流量多大约 2 倍,从图 7-43 上可以反映出小陆家嘴区域的这一特点,工作日与周末的客流密度高峰出现于下午 14:00 左右。

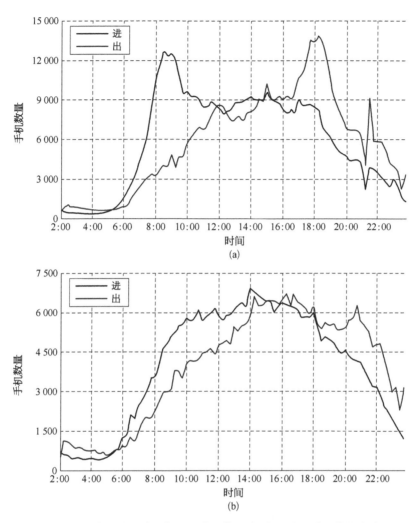

图 7 - 42　小陆家嘴区域工作日和非工作日进、出客流的手机数量曲线图

(a) 工作日；(b) 非工作日

在小陆家嘴区域客流分析基础上,进一步细化了分析区域颗粒度,对小陆家嘴区域进一步划分为多个分析区域,分别检测各个子区域的客流密度情况,以及客流密度的空间分布情况。

对各个细分子区域,由于很难获取到各区域内道路、建筑等能够容纳客流的所有设施总面积数据,因此无法直接考查实际客流规模与客流承载能力的数值大小关系。以区域总覆盖面积作为计算参考,根据长期历史客流数据统计分析,以 7 万人/km² 与 13 万人/km² 分别作为黄绿客流阈值与红黄客流阈值。这里的红色级别、黄色级别的客流仅仅表示实际客流规模相对历史情况数值较大,以形象化地展示出客流在空间上的集中情况,并不意味着实际客流规模接近各个区域的客流容量。此外,考虑到划分更多颜色级别,比只分红黄绿三级,具有更好的展示效果。客流密度展示颜色级别划分见表 7 - 8。

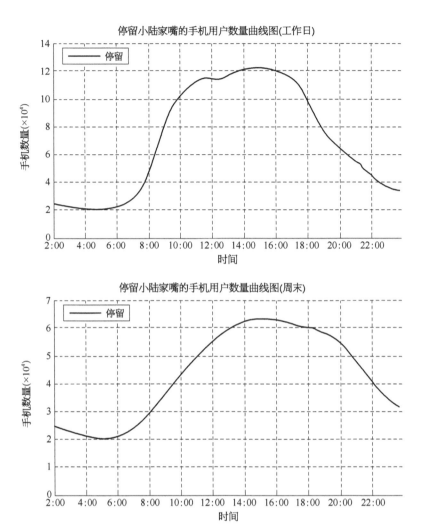

图 7 - 43　小陆家嘴区域工作日和周末停留客流时变

表 7 - 8　客流密度展示颜色分级建议表

客流密度值范围(万人/km²)	颜色编号	R. G. B
[0, 3]	1	56 168 0
(3, 5]	2	94 189 0
(5, 7]	3	139 209 0
(7, 9]	4	193 232 0
(9, 11]	5	255 255 0
(11, 13]	6	255 191 0
(13, 15]	7	255 128 0
(15, 17]	8	255 64 0
(17, +∞)	9	255 0 0

基于网格的小陆家嘴区域各细分子区域内客流密度分布情况,如图 7-44 所示。

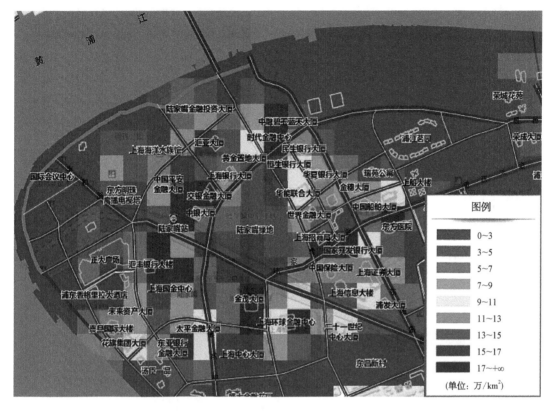

图 7-44 基于网格的小陆家嘴区域细分子区域客流密度空间分布示意图(彩图见插页)

应用展示时,为了取得更好的展示效果,利用自然邻点插值法对网格客流密度进行了插值处理。

小陆家嘴区域细分子区域客流在夜间时间段,区域内人口主要集中在各居住区子区域内部,随着时间逐渐推移至上午八九点上班时间,区域内土地利用性质为办公与交通干道的子区域人数逐渐上升。

7.2.3 交通需求机理分析

1) 交通需求演变机理分析

从整体来看,在路网结构不发生重大改变、不受世博会等大型活动影响的前提下,路网宏观交通出行分布结构在时间和空间上具有相对稳定的特征,中心区快速路网 OD 分布报表如图 7-45 所示,分布结构图如图 7-46 所示。但在相对较短的时间周期内,由于路网中局部交通流状态变化的影响,会导致该时段关联区域的交通出行结构随之发生调整,即在局部区域内交通需求与交通状态之间存在一定的关联性。

OD小区流量分布

统计周期 24小时 | 统计时间 2008-11-19 07:00 — 22:00 | 查询 上一周期 下一周期 隐藏明组 返回 | 保存

O小区 / D小区	内环东区 外侧	内环南区 内圈	外圈	内环东南区 内圈	外圈	南北中区 东侧	西侧	南北南区 东侧	西侧	延安东区 北侧	南侧	延安中区 北侧	南侧	延安西区 北侧	南侧	沪闵中内环 东侧	西侧	沪闵外中环 东侧	西侧	发生量合计
内环东北区内圈	0	0	0	0	0	0	0	0	0	0	0	0	0	0	0	0	0	0	0	0
内环东北区外圈	1263	0	168	0	843	1	4481	2	1994	0	123	1423	0	2413	0	0	344	0	174	15190
内环西北区内圈	11	0	1	0	644	0	3022	0	1124	0	812	208	0	30	0	0	2	0	2	22676
内环西北区外圈	7524	0	1834	0	772	14	0	40	0	3	3	0	9297	0	0	1671	0	770		21935
内环西南区内圈	0	0	0	0	0	0	0	0	0	0	0	0	0	0	0	0	0	0	0	0
内环西南区外圈		0	4915	0	3373	49	0	269	0	13	20	0	5	0	0	3479	0	1720		13859
内环南区内圈	0		0	0	0	0	0	0	0	0	0	0	0	0	0	0	0	0	0	0
内环东区外圈	4	0		0	8249	1290	0	1876	1	0	161	133	0	25	0	0	2	0	1	12188
内环东南区内圈	5	0	2	0	1	581	0	736	0	6	563	0	150	0	0	3	0	0		2166
内环东南区外圈	0	0	0	0	0	0	0	0	0	0	0	0	0	0	0	0	0	0	0	0
南北高架中区东侧	211	0	41	0	7		0	3	0	0	0	519	0	0	66	0	36			13622
南北高架中区西侧	656	0	49	0	4279	1		4821	0	3043	4576	0	3257	0	0	171	0	85		20948
南北高架区东侧	93	0	14	0	3	6732	4		0	557	3994	0	1688	0	0	27	0	12		15795
南北高架南区西侧	0	0	0	0	19959	0	0	0		0	0	0	0	0	0	0	0	0	0	19959
延安高架东区北侧	1707	0	132	0	4846	5917	4	3	6015	1	30717	0	11658	0	0	356	0	203		63091
延安高架东区南侧	0	0	0	0	0	0	0	0	0	0		0	0	0	0	0	0	0	0	0
延安高架中区北侧	2934	0	400	0	48	6	12	10	5	0	2		19998	0	0	1039	0	542		25348
延安高架中区南侧	12	0	3	0	3893	7042	0	0	4744	0	17405	0		17	0	0	2	0	1	35940
延安高架西区北侧	0	0	0	0	0	0	0	0	0	0	0	0	0		0	0	0	0	0	0
延安高架区南侧	3246	0	1375	0	1853	2441	63	62	1217	0	4018	5	12703	12		0	163	0	50	29225
沪闵中内环东侧	1	0	3181	0	4095	987	0	1332	15	0	294	42	880	748		0	0	0	0	18120
沪闵中内环西侧	1	0	0	0	0	0	0	0	0	0	0	0	3	0	4		0	0	4226	4234
沪闵外中环东侧	1	0	1162	0	1299	430	0	472	7	0	148	19	345	53	0	5481		0	1	11378
沪闵外中环西侧	0	0	0	0	0	0	0	0	0	0	0	0	0	0	0	0	0		0	0
吸引量合计	17669	0	13277	0	54165	25491	7586	4805	19943	0	26586	41703	13931	49870	4	5481	7327	0	7823	345674

图7-45　中心区快速路网OD分布报表

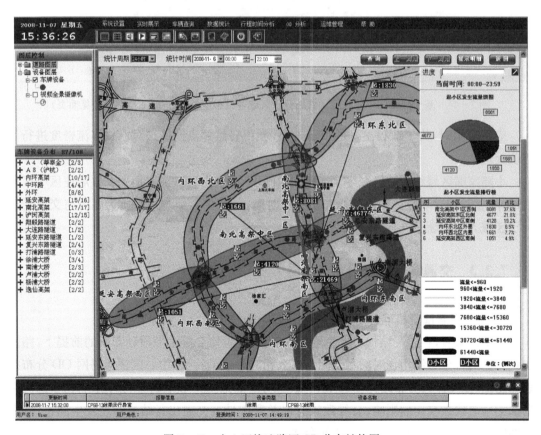

图7-46　中心区快速路网OD分布结构图

　　当瓶颈拥堵蔓延到上游的立交等交通流集散枢纽时,会对拥堵区域上游原有的出行模式产生明显影响,主要表现为相对低速区域的部分出行需求被抑制和转移,造成区域交通需求分布结构的变化。

　　交通拥堵的蔓延会抑制或转移上游原有的一部分交通需求,同时上游的交通需求增加也会造成下游拥堵的加剧,拥堵状态下的上游交通需求与下游交通状态是一种处于相互影响和相互制约的稳态平衡过程,因此可以对路网上的历史海量交通流数据进行挖掘并提取二者间的关联特征。

2) 交通需求演变的关联特征挖掘实例

　　以快速路内环外圈宛平南路上匝道的合流瓶颈点及其上游快速路区域为例,将下游拥堵蔓延对上游需求的影响分析、拥堵状态下交通状态与需求的关联特征,以及基于关联特征的交通需求估计等方面进行了实例分析。该区域局部路网如图 7-47 所示。

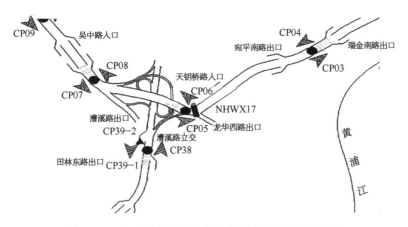

图 7-47　交通需求演变挖掘的实例分析区域局部路网

　　(1) 拥堵蔓延对交通需求的影响　选取 2009 年 5 月 19~22 日期间早高峰时段的数据,CP05 断面汇集流量的比例结构变化如图 7-48~图 7-51 所示。内环外圈宛平南路路段发生拥堵并扩散时,车辆排队会一直蔓延到上游 CP05 断面位置,并进一步对上游沪闵高架东侧和内环外圈汇聚到宛平南路路段的交通需求产生影响。

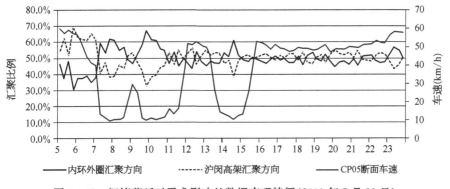

图 7-48　拥堵蔓延对需求影响的数据表现特征(2009 年 5 月 19 日)

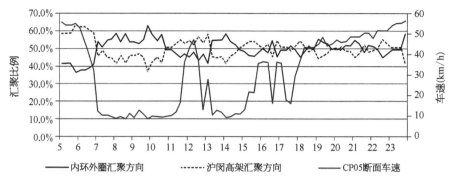

图 7-49　拥堵蔓延对需求影响的数据表现特征(2009 年 5 月 20 日)

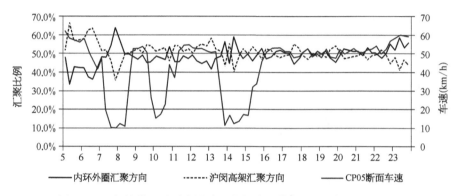

图 7-50　拥堵蔓延对需求影响的数据表现特征(2009 年 5 月 21 日)

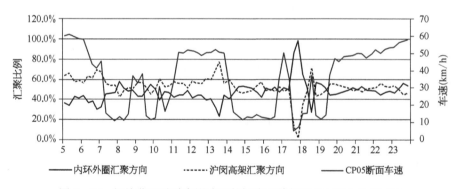

图 7-51　拥堵蔓延对需求影响的数据表现特征(2009 年 5 月 22 日)

　　通过对各天的拥堵蔓延与需求汇聚的对比分析,内环外圈宛平南路路段的交通拥堵蔓延对沪闵高架交通需求汇聚的影响明显大于内环外圈,在数据特征上表现为当 CP05 断面车速下降时,沪闵高架东侧汇聚到宛平南路路段的需求所占比例明显下降,而由于道路结构受拥堵蔓延影响较小的内环外圈需求的流量并未发生明显下降,所以内环外圈在汇聚比例上随着 CP05 断面车速的下降反而有所提高。

　　(2)交通需求演变的数据关联特征提取　选取 2009 年 5 月 19~21 日期间早高峰时段的数据,上游各断面分流至宛平南路区域的比例变化如图 7-52~图 7-54 所示。内环外圈宛平南路路段发生拥堵并扩散时，车辆排队随着时间推移可能会一直蔓延到上游沪闵高架和内环外圈。对拥堵区域上游的内环外圈 CP07 和沪闵高架 CP38 两个车牌识别断面进行分析，对下游交通拥堵与上游需求分布结构的量化关系进行数据相关性的拟合，如图 7-55、图 7-56 所示。

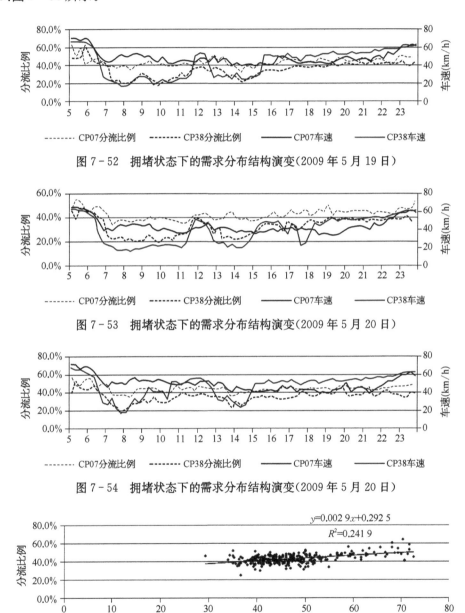

图 7-52　拥堵状态下的需求分布结构演变（2009 年 5 月 19 日）

图 7-53　拥堵状态下的需求分布结构演变（2009 年 5 月 20 日）

图 7-54　拥堵状态下的需求分布结构演变（2009 年 5 月 20 日）

图 7-55　内环外圈 CP07 断面车速与需求分流比例的线性拟合

通过对内环外圈 CP07 和沪闵高架 CP38 两个车牌识别断面的交通状态（断面车速）与需求分布演变（断面分流比例）进行关联特征分析和提取，并得出各个位置的线性拟和关系

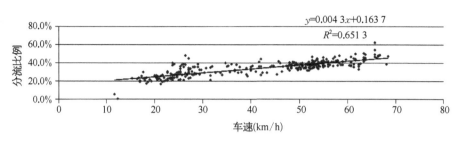

图 7-56 沪闵高架 CP38 断面车速与需求分流比例的线性拟合

式。由于道路结构的不同影响,沪闵高架东侧的需求分布对拥堵蔓延的反应相对于内环外圈较为灵敏,在数据特征上体现为两个地点的交通状态与需求分布的相关程度差异。

7.2.4 智慧交通指标分析

道路通行能力是道路与交通工程中一个十分重要的指标,是道路与交通规划、设计及交通管理的基本依据之一,也是评价各种道路与交通设施及管理措施的交通效果的基本依据之一。通过应用城市交通大数据技术,基于上海快速路交通监控系统积累数据,不但能够有效分析道路通行能力的真实数值,而且能够更加精细地量化分析车道位置、交通事故、天气等因素对通行能力的影响。

根据 JTGB01—2003 对通行能力单位的使用规范,车道通行能力单位采用 pcu/(h·ln)或 pcuphpln,即每车道每小时标准小车数量;断面通行能力(不少于 2 条车道)单位采用 pcu/h 或 pcuph,即每小时标准小车数量,在不影响理解的情况下,车道通行能力可统一表述为 pcu/h 或 pcuph。后文断面通行能力在正文中会说明包含多少条车道。

1) 模型简介

道路上的交通流通过流率 q、速度 v 和密度 k 三个基本变量进行描述[见式(7-1)和式(7-2)]:

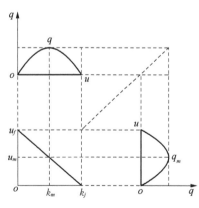

$$q = vk \qquad (7-1)$$

$$v = ak + b \qquad (7-2)$$

式(7-2)中,a,b 是密度与速度线性函数关系的斜率和截距。

在大数据环境下变量之间的关系参数可以根据不同地点的实测数据进行自动拟合以适合不同地点的交通流关系,常用的二维的速度-流量模型、速度-密度模型及流量-密度模型如图 7-57 所示。

由图 7-59 可确立反映交通流特性的一些特征值:

q_m ——最大流量,速度-流量曲线图上的峰值;

图 7-57 速度-流量、速度-密度及流量-密度正交投影

u_m——临界速度，流量达到 q_m 时的速度；

k_m——最佳密度，流量达到 q_m 时的密度；

k_j——阻塞密度，车流处于阻塞即车辆无法移动（v 趋向于 0）时的密度；

u_f——自由流速度，车流密度趋于零、车辆可以畅行无阻时的速度。

2) 通行能力分析

由 1933 年 Greenshields 提出速度-密度关系的线性模型至今，国内外学者们对交通流模型进行了几十年的研究，先后提出了许多关于速度、流量、密度三个重要参数之间关系的统计模型，习惯上称这类模型为"三参数交通统计模型"或"三参数交通流模型"。这类统计模型有非常重要的应用价值，它是定义交通设施服务水平的基础。另外，三参数交通流统计模型还可用于估算通行能力及达到通行能力时的数据点。

1) 车道位置因素的通行能力特征　根据交通参数关联模型计算得到车道通行能力值，可以提取得到不同车道位置的通行能力。从车道来看，内侧 1 号车道的通行能力均值为 1 970 pcu/(h·ln)，2 号车道的通行能力均值为 1 960 pcu/(h·ln)，3 号车道的通行能力均值为 1 850 pcu/(h·ln)，4 号车道的通行能力均值为 1 840 pcu/(h·ln)。可以看出，其中 1、2 号车道的通行能力值显著高于 3、4 号车道的通行能力值。

2) 交通事故因素的通行能力特征

事故条件下由于事故车辆导致部分车道通行能力损失，分析交通事故对通行能力影响程度，首先应根据事故记录获取事件发生位置和时刻，通过流量和速度前后时刻变化阈值法判断事故发生时刻和地点上下游交通流参数是否发生变化（见图 7-58）。

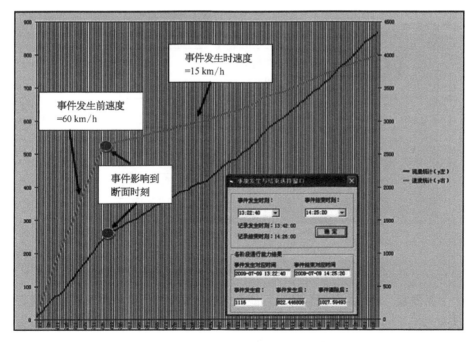

图 7-58　事故条件下通行能力判别界面

通过对事故记录样本集合的分析,筛选获得有效的事故通行能力样本,通过对样本汇总分析,可以得到不同事故影响条件下的通行能力损失值。两车道断面当其中一个车道发生堵塞时,断面损失的通行能力达到 60%;而在三车道断面其中一个车道发生堵塞时,断面损失的通行能力达到 52%(见表 7 - 9)。

表 7 - 9 单车道事故条件下的断面通行能力损失

断面车道数	事故实际通行能力(pcuph)	理论通行能力(pcuph)	通行能力损失(%)
2	1 572	3 930	60
3	2 774	5 780	52

3) 天气因素的通行能力特征

通过分析各个车道上线圈采集到的信息,计算出各个车道理论通行能力,包括晴天、小雨、中雨、大雨、小雪、中雪,以及大雪等天气下的理论通行能力值。

根据异常天气时间分布,可以提取异常天气情况下的交通流参数。将正常天气和异常天气交通参数绘制在一张图中,可以看出异常天气的流量-密度-速度关系和正常天气存在显著差异,如图 7 - 59、图 7 - 60 所示。异常天气和正常天气同一速度对应的密度值存在显著差异,异常天气的密度显著小于正常天气的密度,表明在异常天气条件下驾驶员出于安全考虑,往往会保持较大车头间距。从整体上看,异常天气的密度-速度曲线相对于正常曲线下方整体平移。对于速度-流量曲线也有相同的分析结果:恶劣天气对驾驶行为产生整体影响而导致通行能力降低。

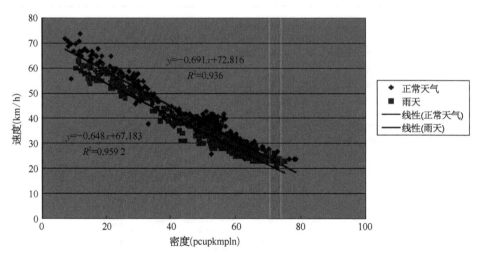

图 7 - 59 正常天气和恶劣天气速度-密度关系拟合对比图

(1)下雪因素 通过参数拟合的通行能力算法计算恶劣天气情况下折减的通行能力并与正常天气情况下的通行能力值进行对比。为了保证数值的可比性,每次通行能力计算结果对比采用相同的车道集合,如图 7 - 61 所示。

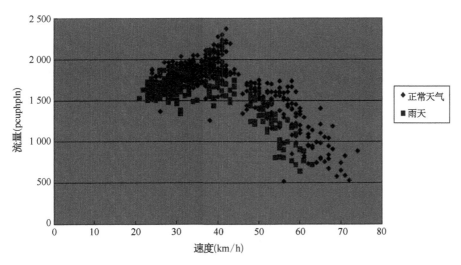

图7-60 正常天气和恶劣天气流量-速度分布关系对比图

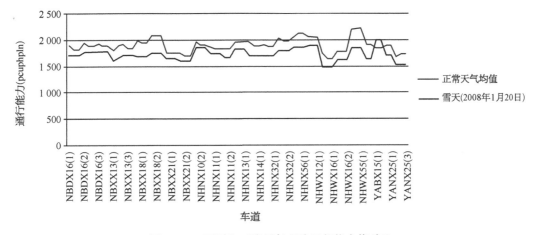

图7-61 下雪与正常天气理论通行能力值对比

不同雪量等级与正常天气车道通行能力对比见表7-10。由表7-10分析可得,下雪对道路通行能力值存在显著影响,且降雪强度越大,通行能力的折减越大,如图7-62所示。

表7-10 不同降雪强度等级与正常天气车道通行能力对比

日 期	通行能力(pcuphpln)		下降比例(％)	降雪强度	均值(％)
	雪天(车道均值)	正常值(与雪天相同车道集合均值)			
2008-1-21	1 850	1 911	—3	小雪	5
2008-1-22	1 825	1 903	—4		
2008-1-24	1 837	1 936	—5		

（续表）

| 日　期 | 通行能力（pcuphpln） | | 下降比例（%） | 降雪强度 | 均值（%） |
	雪天（车道均值）	正常值（与雪天相同车道集合均值）			
2008 - 1 - 25	1 799	1 909	—6	小雪	5
2008 - 1 - 23	1 800	1 915	—6		
2008 - 1 - 31	1 779	1 907	—7		
2008 - 2 - 4	1 773	1 906	—7		
2008 - 2 - 2	1 739	1 907	—9	中雪	10
2008 - 1 - 20	1 731	1 904	—9		
2008 - 2 - 1	1 708	1 912	—11		
2008 - 1 - 26	1 654	1 904	—13		
2008 - 1 - 28	1 655	1 949	—15	大雪	19
2008 - 1 - 27	1 551	1 992	—22		

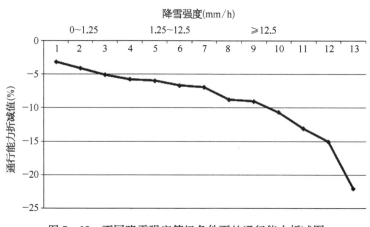

图 7 - 62　不同降雪强度等级条件下的通行能力折减图

① 小雪（降雪强度＜1.25 mm/h），通行能力折减值为 3%～7%，均值为—5%。

② 中雪（降雪强度为 1.25～12.5 mm/h），通行能力折减值为 9%～13%，均值为—10%。

③ 大雪（降雪强度＞12.5 mm/h），通行能力折减值为 15%～22% 之间，均值为—19%。

（2）下雨因素　不同雨量等级与正常天气车道通行能力对比见表 7 - 11。由表 7 - 11 分析可得，下雨对道路通行能力值存在显著影响，且降雨强度越大，通行能力的折减越大，如图 7 - 63 所示。

表 7 - 11　不同降雨强度等级与正常天气车道通行能力对比

日　期	降雨强度	通行能力（pcuphpln）		下降比例	均值（%）
		雨天值 （车道均值）	正常值（与雨天 相同车道均值）		
2009 - 2 - 19	小雨	1 788	1 910	—6	—7
2009 - 6 - 19		1 763	1 891	—7	
2008 - 8 - 29		1 763	1 916	—8	
2009 - 6 - 9	中雨	1 729	1 915	—10	—10
2009 - 2 - 24		1 711	1 896	—10	
2009 - 4 - 24		1 729	1 922	—10	
2009 - 2 - 25		1 740	1 936	—10	
2009 - 2 - 18		1 724	1 932	—11	
2009 - 7 - 6		1 680	1 891	—11	
2009 - 2 - 26		1 638	1 849	—11	
2009 - 6 - 30	大雨	1 654	1 894	—13	—14
2009 - 6 - 5		1 699	1 947	—13	
2008 - 8 - 15		1 694	1 956	—13	
2008 - 8 - 14		1 683	1 950	—14	
2008 - 8 - 25		1 649	1 951	—15	

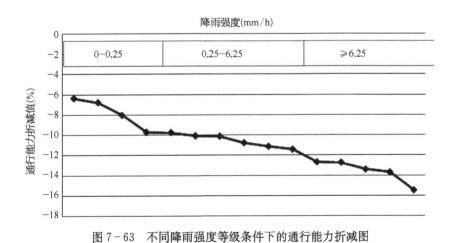

图 7 - 63　不同降雨强度等级条件下的通行能力折减图

① 小雨（下雨量小于 0.25 mm/h），通行能力折减值为 6%～8%，均值为 7%。

② 中雨（下雨量在 0.25～6.25 mm/h），通行能力折减值为 10%～11%，均值为 10%。

③ 大雨（下雨量大于 6.25 mm/h），通行能力折减值为 13%～15%，均值为 14%。

7.3 方案选型原则

交通领域的数据处理方案,主要根据交通采集的数据的特点进行设计。在选择方案前,首先需要进行调研,对城市交通数据有一个总体的概念,需要了解应用城市的数据来源、数据存储结构、数据存储格式,以及数据增长规模等;还需要对城市管理需求进行搜集和整理,归纳总结出管理者对交通数据平台的预期规模。

由前文所述可知,上海市道路交通信息主要以道路交通、公共交通、对外交通的各类交通参数数据,以及视频、语音、事故事件、110 报警记录等文本类。而为了实现上述各项数据分析应用,需要一个能够支撑各种交通分析和应用需求的平台环境,这就落实到硬件和系统的方案选型问题上。

7.3.1 方案选型的总体原则

Hadoop 系统在设计时需要考虑并行环境,当购买硬件构建集群时除了遵守以上描述的要求外,还需要了解系统是否对接其他系统,是否需要进行二次开发,还要考虑开源项目是否有商业支持等。总体说来,一个可行的方案要考虑以下问题:

① 是否有超过几 TB 的数据?(数据量)

② 是否有稳定、海量的输入数据?(增长迅速)

③ 每天有多少数据要操作和处理?(并发性)

④ 用户期望的系统响应时间大概在什么范围?(实时性)

⑤ 哪些计算任务是可以通过批处理的方式来运行的?(离线分析任务)

⑥ 用户和分析人员期望的数据访问的交互性和实时性要求是怎样的?(友好的交互)

⑦ 数据的生命周期是多长?(数据存储设计)

⑧ 用户期望的投入/产出是多少?(性价比等)

7.3.2 存储和计算要求

近年来,计算机和网络发展迅速,数据增长也越来越快。为了满足这些日益增长的需求,过去的 10 年,IT 组织已经标准化了刀片服务器和存储区域网(SAN)来满足联网和处理密集型的工作负载。虽然这个模型对于一些标准程序是有意义的,例如网站服务器、程序服务器、小型数据库等,但随着数据量和用户数的增长,它对基础设施的要求也已经改变。在存储上,网站服务器现在有了缓存层;数据库需要本地硬盘支持大规模的并行计算。过去那种本地计算为主的模式逐渐向以分布式计算为主的模式转变。

硬件厂商已经开发出创新性的产品和系统来应对这些存储和计算需求,包括存储刀片服务器、串行 SCSI 交换机、外部 SATA 磁盘阵列和大容量的机架单元。但是,Hadoop 是基于新方法来存储和处理复杂数据,并且会减少数据的迁移量。与依赖 SAN 来满足大容量存储和可靠性不同,Hadoop 是在软件层次处理这些问题的。Hadoop 通过在一簇平衡的节点间分派数据,并使用同步复制来保证数据可用性和容错性。因为数据被分发到有计算能力的节点,由于 Hadoop 集群中的每一台节点都存储并处理数据,所以这些节点都需要一定配置来满足数据存储和运算的要求。

在绝大多数情形下,MapReduce 都会遇到两个问题:从硬盘或者网络读取数据时遇到 I/O 瓶颈(I/O 受限);在处理数据时遇到计算瓶颈(CPU 受限)。因此,在配置存储和计算需求的时候要考虑以下内容或原则:

　① "木桶理论",避免混用不同架构的机器。

　② 预估基本工作负载(I/O 型或者 CPU 型)。

　③ 超过 10 台数据节点,需要进行分组考虑。

　④ 配置 hadoop 的"机架感知"属性。

　⑤ 考虑数据增长,设计增加节点配置模板。

　⑥ 基于以上原则选择硬件,设计软件,优化操作系统和网络存储系统。

7.3.3　高可靠性要求

由于 Hadoop1.0 时代是 Master/Slave 的结构,并不支持高可靠性,所以存在单点故障的问题。随着集群规模的扩大,首先要解决的问题就是单点问题。如果只有一个单点挂掉的时候,没有办法及时恢复,这种情况下就不能响应客户端的请求,会影响用户的使用。其次,对大内存的管理也是要解决的问题,由于存储文件的增加,元文件也会增加,Master 机器的内存便会逐渐增加,逐渐达到瓶颈。

对于数据文件本身,Hadoop 时代主要依据 HDFS 文件系统的特性来实现高可靠性,根据配置,可以实现数据的备份数量一般建议最多为三份,以达到可靠性和 I/O 性能之间的平衡。

对于元文件系统本身,由于 Hadoop 一代产品存在单点故障,所以基本都会设计从节点实现镜像备份,以及添加 NFS 存储,实现双备份;Hadoop2.0 使用最新的下一代的资源统一管理系统(YARN),解决了单点故障,优化了任务执行等,大幅提高了数据访问效率。

7.3.4　并发性要求

Hadoop 本身是支持高并发的,但这并不是 Hadoop 最擅长的领域。现在很多互联网公司都在高并发上加大研发力度,因为互联网公司对这种要求是最迫切的。在开发 Hadoop

高并发应用时,还需要注意以下问题:系统规划时,在网络配置中将常访问的数据节点靠前配置,在计算节点上配置更多核的 CPU,调整 Linux 系统的 I/O 访问限制,在应用中使用 Hadoop 分布式缓存机制,必要时增加专用的缓存服务器,充分利用缓存、索引、数据分片、减小加锁粒度等技术。

7.4 城市交通大数据平台设计方案

为了实现上述典型数据分析应用,以及为未来城市交通大数据深度发展提供强大的支撑,必须要有个原理先进、功能强大、能够随着数据规模的扩展而不断提高的城市交通大数据平台。目前,上海市城市交通大数据应用示范平台在原有 Hadoop 主体架构基础上,又引入了 Spark 技术来提高启动效率、小数据量的性能效率,形成了 Hadoop+Spark 的组合架构模式。

7.4.1 硬件集群方案

典型的 Hadoop 网络结构如图 7-64 所示。尽管 Hadoop 集群环境在行业标准的硬件上设计和运行,但是提出一个理想的集群配置方案并不像提供硬件规格列表那么简单。因为选择硬件,为给定的负载在性价比上提供最佳平衡是需要基准测试和验证的,是否有效是无法量化的。

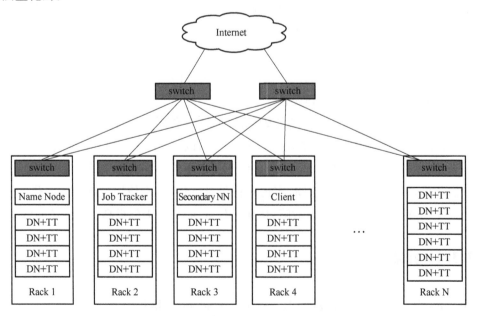

图 7-64 典型 Hadoop 网络结构

在分布式环境下,硬件集群的选择遵循"靠近原则":专用 TOR(Top of Rack)交换机;使用专用核心交换刀片或交换机;确保应用服务器"靠近"Hadoop;考虑使用以太网绑定。

根据以上原则,如果集群是新建立的或者并不能准确地预估集群的极限工作负载,建议首先选择均衡的硬件类型。Hadoop 集群有四种基本任务角色:名称节点 NN(包括备用名称节点 SecondaryNN),任务跟踪节点,任务执行节点和数据节点。在一个均衡的集群中,数据节点(DN)/任务执行节点(TT)的配置推荐规格:在一个磁盘阵列中要有 12~24 个容量为 1~4 TB 硬盘,2 个频率为 2~2.5 GHz 的 4 核、6 核或 8 核 CPU,内存为 64~512 GB,有保障的 1 Gb 或 10 Gb 以太网(存储密度越大,需要的网络吞吐量越高)。

而名称节点/任务跟踪节点的配置推荐:4~6 个 1 TB 硬盘驱动器 采用 JBOD 配置(1个用于操作系统,2 个用于文件系统 RAID1 镜像,1 个用于 Apache ZooKeeper,1 个用于 Journal 节点),24 核/16 核/8 核心的 CPU,频率至少为 2~2.5 GHz,内存为 64~128 GB,支持多卡绑定 1 Gb 或者 10 Gb 以太网卡接口。

7.4.2 分布式软件系统方案

设计一个分布式软件系统方案之前,首先要考虑的是当前的业务应用环境和业务应用,其次考虑成本、方案目标及要达成的效益。此外,还要考虑多方面因素使方案具有针对性和可操作性。

根据交通领域的特点,采集和处理的数据基本都是以传统数据库存储的,每条记录转换存储到 HDFS 之后,是很碎小的文件。根据这个特点要制订特定的处理方案,因为 Hadoop 在处理小文件时并不具有优势,因此需要一个数据转换工具,能够将数据库的小文件或者直接存储到 HDFS 时的小文件转换成打文件,并减少文件个数。

无论处理方法如何演变,都是围绕着数据展开的,在交通领域,数据底层处理仍然是以传统数据库为中心,对接现有的业务系统。在存储上使用 Oracle 和 HDFS,Oracle 存储常规数据和经常需要变化的数据,HDFS 存储每日增长迅速且极少变化的数据;Oracle 和 HDFS 都有自己的备份方案,互不干扰。海量的实时数据查询将建立在 HBase 基础之上,如果利用 cloudera 公司的 impala,使用将更加方便快捷;离线的批处理任务一般都以 Hive 为基础,适合大数据量、复杂、长时间的运算任务。这些都是隐藏在使用界面后面的,因此需要开发一套用户界面,提供查询,提交任务,监控任务等,管理和监测分布式软件环境的管理系统。

7.4.3 优化方法

大数据的处理机制是类似的,而每个业务系统的数据是多样的,因此大数据平台的使用者都会对自己的平台进行优化，以达到很高的效益比。

通用大数据的优化要考虑业务特性：I/O 密集型业务、计算密集型业务；针对这两种，在硬件采购上时要首先考虑，I/O 密集型的要调整带宽，购置高性能的磁盘和交换机路由器；计算密集型的则配置高性能大容量的内存和 CPU。

增加带宽能解决一些数据传输量大的问题，例如当碰到生成大量中间数据的应用时，（即输出数据量和读入数据量相等的情况），建议在单个以太网接口卡上启用两个端口，或者捆绑两个以太网卡，让每台机器提供相当于两倍单机的传输速率。

服务的配置要考虑内存大小，当计算需要多少内存的时候，要考虑 Java 本身要使用高达 10% 的内存来管理虚拟机。因为内存与磁盘之间切换会大大降低 MapReduce 任务的性能，所以建议 Hadoop 配置只使用堆，这样就可以避免切换，并且可以通过给机器配置更多的内存，以及对大多数 Linux 发布版进行适当的内核设置就来避免这种切换。类似的优化内存的通道宽度也是非常重要的。例如，当使用双通道内存时，每台机器就应当配置成成对内存模块；当使用三通道的内存时，每台机器都应当使用 N 个内存模块（N 为 3 的倍数）。类似地，四通道的内存模块就应当按四的倍数来分组使用内存。

除了以上通用的因素要考虑以外，交通类型的大数据也有自己的特点，文件细小，数量多，所以存储时，交通类的数据需要被压缩、合并，形成大块的数据文件。在数据转换时，需要根据业务特性进行数据清洗，剔除一些不常用的字段。

7.5　案例研究：上海城市交通大数据平台

上海城市交通大数据平台是在 Hadoop 集群环境的建设上，已经建立了一套基本完整的、模拟生产系统的集群环境，如图 7 - 65 所示。新集群将增加更多的 DataNode 节点，其他的 HBase、Zookeeper 不在此图上标明。

应用架构需要在 Hadoop 集群环境上开发相应软件接口，以方便与现有系统的整合，充分利用 Hadoop 的优势。

另一方面，根据开源软件开发了一套能够管理维护集群环境的软件，例如添加节点设备、维护存储分区、监测集群运行状况等软件。Hadoop 的各个功能块都只提供了基本的状态 Web 在线查看功能，而建立一套完整的集群功能需要相当经验工程师的操作，而且系统之间的启动与关闭又有相互联系，因此要建立一个相对完整的便于操作的管理维护软件，需要整合 Hadoop 各个模块，实现统一的管理和维护，包括 Hadoop 的管理、Hbase 的管理、Hive 的管理、Zookeeper 的管理、Sqoop 的管理等。

在访问接口和业务模型方面，完成 Hadoop 任务提交、监测、查看、结果导出等功能，根据其提供的功能，对一些实时性要求高的业务建立在 HBase 之上，便于分析和在线查询之用。

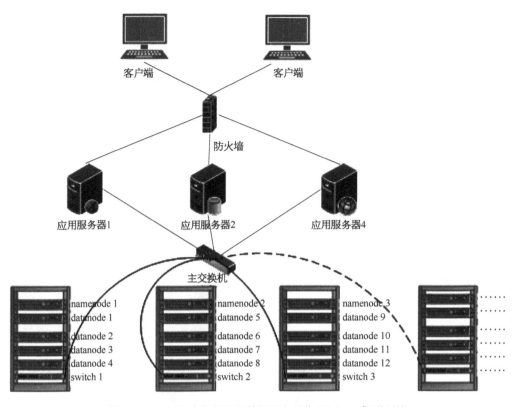

图 7 - 65   上海城市交通大数据服务平台 Hadoop 集群环境

因此，城市交通大数据综合展示平台架构（见图 7 - 66）应包括如下应用组件：

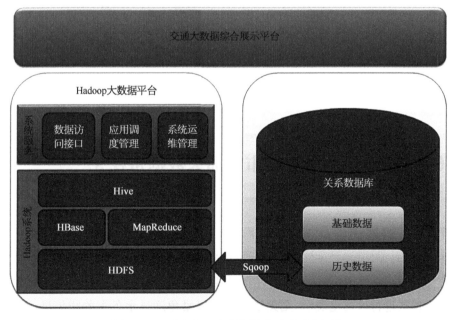

图 7 - 66   城市交通大数据综合展示平台架构

① 数据访问接口：综合展示平台可以通过该接口方便地访问 HDFS 中存放的数据。

② 应用调度管理：对于需要花费大量时间和资源的数据分析应用，通过应用调度管理，可以方便地提交到 HDFS 系统中去，并且可以监控应用的执行情况。

③ 系统运维管理：负责 Hadoop 集群运行状况的监控、存储调整、参数设置等。

城市交通大数据服务过程如图 7－67 所示。

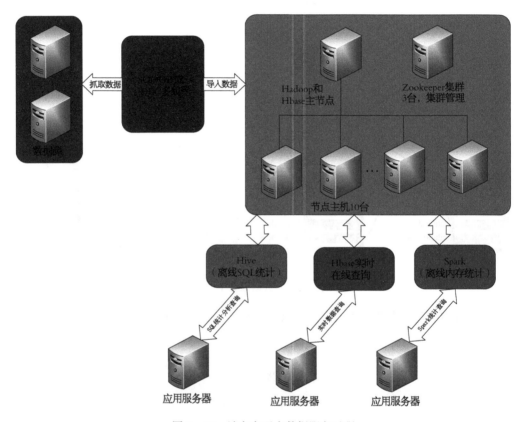

图 7－67　城市交通大数据服务过程

7.6　案例研究：上海城市交通大数据可视化

7.6.1　多屏联动

城市交通数据种类繁多，内容丰富，信息量巨大。受屏幕显示区域的影响，如果仍采用传统的单屏模式进行可视化展示，则无法同时从多维角度显示各类关联信息，而采用鼠标切换方式进行浏览也较烦琐。因此在实际应用中，可采用一机多屏的方式进行联动展示，

将 GIS 位置信息、视频信息、表格信息和曲线信息等多维度数据同时反映在多台显示器上
多屏联动可视化如图 7 - 68 所示。通过多屏联动展示模式，并行开展工作，达到快速了解各
项资讯和决策处置的目的。

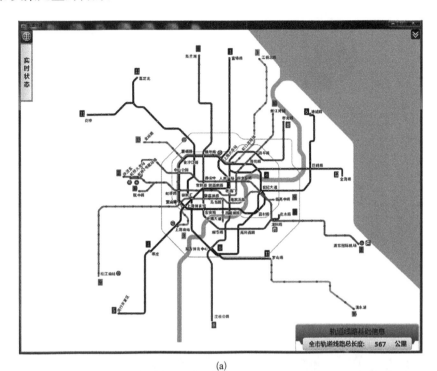

(a)

线路名称	站点总数	线路总长	拥挤段次	故障段次	站点名称	换乘线路	拥挤次数	故障次数
1号线	28	37.8公里	158	0	莘庄	5号线	0	0
2号线	30	64公里	5	0	外环路		0	0
3号线	29	40.7公里	35	0	莲花路		0	0
4号线	26	22.3公里	16	0	锦江乐园		0	0
5号线	11	17.2公里	36	0	上海南站	3号线	0	0
6号线	28	33.1公里	11	0	漕宝路		0	0
7号线	30	45公里	15	0	上海体育馆	4号线	0	0
8号线	30	37.5公里	0	0	徐家汇	9号线,11号线	0	0
9号线	23	46.3公里	26	0	衡山路		0	0
10号线	31	36公里	0	0	常熟路	7号线	0	0
11号线	25	66.9公里	0	0	陕西南路	10号线	0	0
12号线	32	40.4公里	0	0	黄陂南路		0	0
13号线	5	33.6公里	0	0	人民广场	2号线,8号线	0	0
16号线	13	58.9公里	0	0	新闸路		0	0
					汉中路		0	0
					上海火车站	3号线,4号线	0	0
					中山北路		0	0
					延长路		0	0

轨道交通线路 / **轨道线路** / **1号线**

起始站点：**莘庄-富锦路**
上行首发时间：**05:30**　上行末发时间：**22:30**
下行首发时间：**04:55**　下行末发时间：**22:32**

(b)

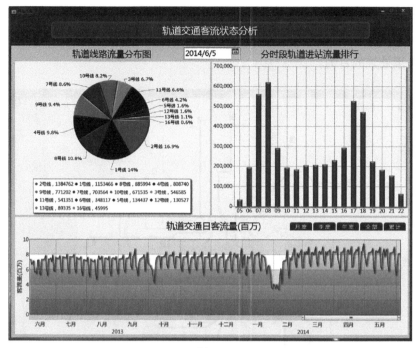

(c)

(d)

图 7 - 68　多屏联动可视化

（a）地图信息；（b）表格信息；（c）统计信息；（d）视频信息

7.6.2 公交客流热力图

公交客流热力图以公交站点、线路等静态数据为基础，同时结合公交出车信息、公交 GPS 信息、公交刷卡客流和手机信令客流等动态数据，利用 GIS 空间聚类分析算法，测算出各公交站点的客流量，通过简明的界面呈现给用户。公交客流热力图如图 7-69 所示。

公交客流热力图的分析与展示，一方面能为管理者提供辅助决策的参考依据，增加热门区域线路的运力；另一方面，也能为社会公众提供公交出行参考，选择最优的出行线路。

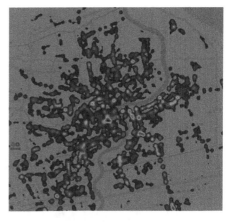

图 7-69　公交客流热力图

7.6.3 区域客流时空动态图

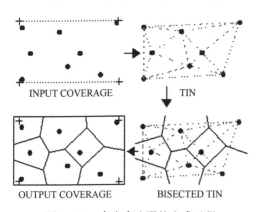

图 7-70　泰森多边形的生成过程

区域客流的时空变化规律采用自然邻点插值法（Natural Neighbor）进行分析，自然邻点插值法是对泰森多边形插值法的改进。泰森多边形的生成过程如图 7-70 所示。它给研究区域内各点都赋予一个权重系数，插值时使用邻点的权重平均值计算待估点的权重；每完成一次估值，就将新值纳入原样点数据集重新计算泰森多边形并重新赋权重，再对下一待估点进行估值运算，直至所有待估点都被赋值。

对于由样点数据生成栅格数据，通过设置栅格大小（cell size）来决定自然邻点插值法中的泰森多边形的运行次数 n，即设整个研究区域的面积为 area，则 $n=$ area/cell size。可设置各向异性参数（半径和方向）来辅助权重系数的计算。自然邻点插值法如图 7-71 所示。

以小陆家嘴作为示范区域，通

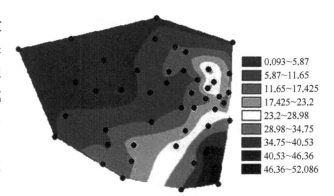

图 7-71　自然邻点插值法

■	0.093～5.87
	5.87～11.65
	11.65～17.425
	17.425～23.2
□	23.2～28.98
	28.98～34.75
	34.75～40.53
	40.53～46.36
■	46.36～52.086

过手机信令大数据挖掘得到区域的进、出与停留客流，以及区域内客流密度空间分布情况。将上述客流数据通过 GIS 空间分析的自然邻近插值法，处理生成小陆家嘴区域的客流时空动态趋势图，将区域内客流变化趋势、变化规律进行可视化动态连续展示。图 7-72 所示是小陆家嘴区域某个工作日 8:00～20:00 的客流时空动态趋势图，其中深色网格表示客流密度较大的区域。

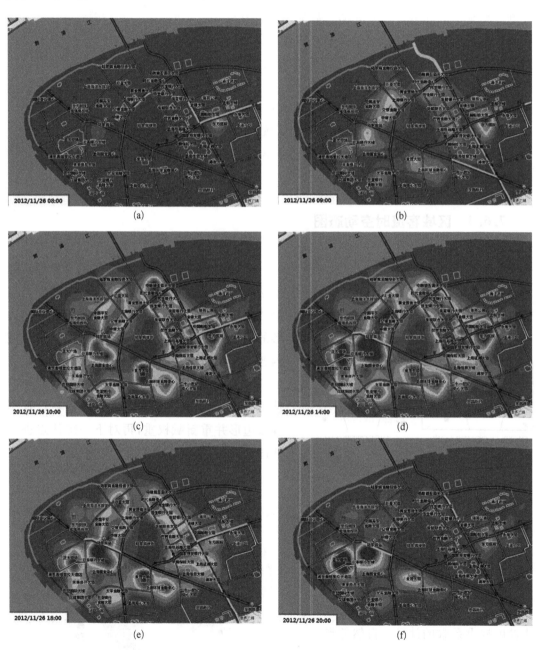

图 7-72　小陆家嘴区域工作日 8:00～20:00 客流时空动态趋势图（彩图见插页）

(a) 8:00；(b) 9:00；(c) 10:00；(d) 14:00；(e) 18:00；(f) 20:00

图 7 - 72a、b 即 8:00 至 9:00,大致反映了在该区域当日上班人员的客流,图 7 - 72b 中,右侧东方医院最早达到客流高峰(医院 8:00 开始看病);9:00 后随着游客不断到来,该地区景点周边(左侧为主)的客流明显开始上升并达到接近饱和状态,与上班人员的客流形成明显的叠加效应;最左侧客流较高的区域是正大广场(商厦),由于正大广场的营业时间是 10:00 到 22:00,因此客流从 10:00 开始才逐渐升高,并保持到 20:00(20:00 的时候商场里的人还是很多);到 18:00 的时候,在该区域上班的人逐渐下班离开,但游客还停留在该地区欣赏东方明珠和浦江夜景,离开时间比上班的人员晚,因此从 18:00 到 20:00,右侧商务区的客流消散速度明显快于左侧旅游景点和正大广场附近。值得注意的是,该地区中央地带是陆家嘴中心绿地,由于未对外开放,因此全天始终保持较低的客流量,形成该地区典型的环状客流分布。

7.6.4 智能地址定位服务

地址定位服务是地理信息系统的核心技术之一,快速、准确、智能的地址定位服务可以大幅提高系统的工作效率。在城市交通大数据中,存在大量的地址信息需要在地理空间位置上进行定位,满足各种寻址需求。智能地址定位服务以 WebService 的方式对外提供服务,可以保证良好的效率及兼容性。系统整体结构如图 7 - 73 所示。

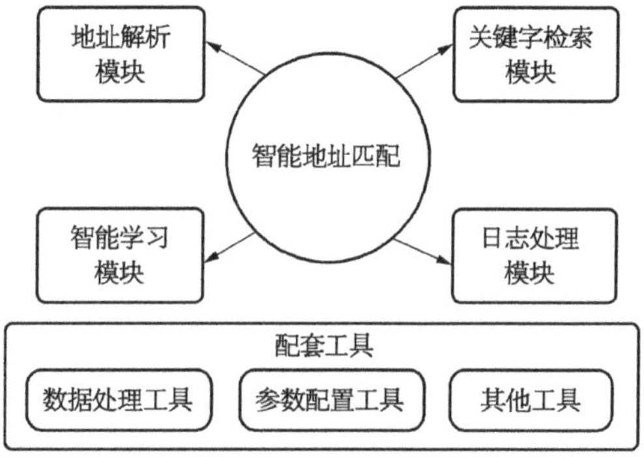

图 7 - 73 系统整体结构图

1) 地址解析流程

智能地址定位服务首先要做的工作就是要将输入的地址信息转换为可被地址解析引擎准确识别的规范地址信息,这个过程称为地址解析,地址解析结果的精度直接影响到地址匹配的速度及准确率。地址解析流程如图 7 - 74 所示。具体的地址解析示例如图 7 - 75 所示。

2) 关键字匹配

地址被成功解析后,智能地址定位服务会调用关键字匹配模块从兴趣点数据库进行关键字检索,并查找出相似度最高的匹配结果,关键字匹配流程如图 7 - 76 所示。

3) 智能学习

智能地址定位服务还提供智能学习的功能,随着智能地址定位服务的调用次数增加,系统会根据匹配结果日志及客户设定的参数,自动完善特殊字符过滤库、地址拆分规则库、基础 POI 库等,从而达到智能学习的目的。智能学习流程如图 7 - 77 所示,智能地址定位日志匹配过程如图 7 - 78 所示。

利用城市交通大数据结合时间、空间和天气情况的关系,在数据可视化分析平台上以折线图、饼图、表格等多种形式展现;在相同时间的情况下,对区域、高架不同空间的交通流量数据进行分析、应用、挖掘研究等。

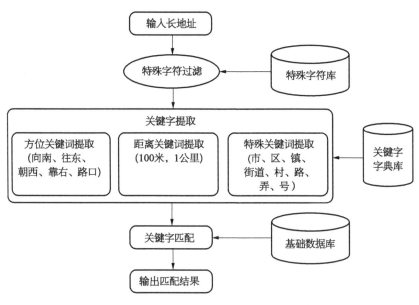

图7-74 地址解析流程图

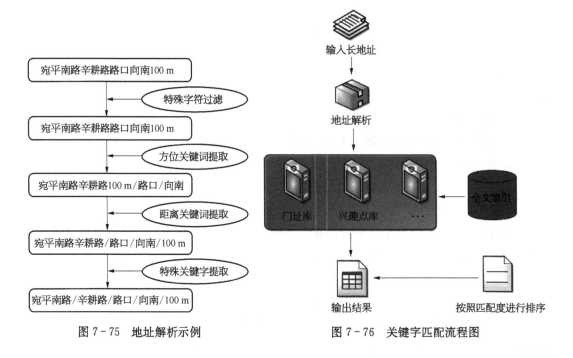

图7-75 地址解析示例 　　　　图7-76 关键字匹配流程图

　　数据可视化分析平台主要包含基本分析、关联分析、统计分析、专题分析和报表编制共五大类,可实现功能包括对城市交通大数据的展示、统计、分析、自主研究和自动产生报表等。

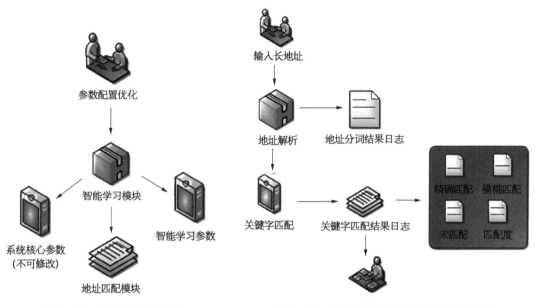

图 7-77 智能学习流程图　　　　　图 7-78 智能地址定位服务日志匹配过程

7.6.5 交通指数基本分析

交通指数基本分析主要是研究地面或高架的交通流量指数状态，对前一天交通指数进行分析研究，分析前一天地面道路或高架的交通指数情况，以图表形式展现。一天拥堵强度排行如图 7-79 所示。图中，左侧表格展示了一天的地面或高架的交通指数拥堵排行，右侧折线图展示了一天地面或区域最高交通拥堵指数和最低交通拥堵指数排行。通过图形化展示数据，可以清楚地了解当天的各个区域交通拥堵状态。

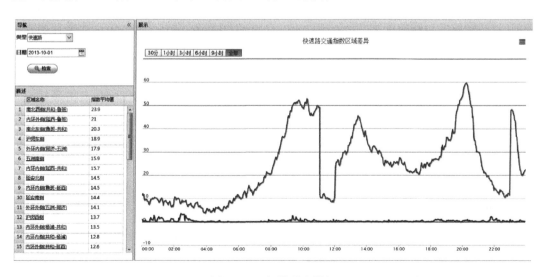

图 7-79 拥堵强度排行

1) 历史回放功能

历史回放功能主要是通过多屏 ArcGis 图层展示,从空间和时间上来查看分析交通指数的走势状态,同时可以选择不同时间的刷新间隔。历史回放功能包括不同类型同一时间图形比较、同一时间不同区域图形比较。历史回放功能如图 7 - 80 所示。

图 7 - 80   历史回放功能示意图

2) 交通指数分析

图 7 - 81 所示的交通指数曲线,为一天全网以 2 min 为间隔交通指数曲线,曲线图上标识最大值和最小值出现的时刻位置;图形界面上有对图表的解释,如晴天(天气情况)、最大值(交通指数出现的最大值)、出现时刻(交通指数最大值出现的时刻)、最小值(交通指数出现的最小值)、出现时刻(交通指数最小值出现的时刻)和交通指数平均值(交通指数平均指数值);还可根据不同组合条件查询展示数据,选择查询类型是地面或快速路,选择颗粒度查询(时间颗粒度),颗粒度为 2 min、10 min、30 min、60 min(默认为 2 min),选择日期查询和选择区域查询。

图 7 - 82 所示为一天区域交通拥堵累计时间排行,分别以表格和饼图展示。表格显示快速路指数区域的拥堵累计时间排行表,拥堵累计时间由高到低依次排列,表格最后一行为全路网总的拥堵累计时间;饼图展示一天快速路拥堵累计时间比例图,将前 10 名的区域以饼图展示;还可以根据不同条件查询展示数据,导航中可选择查询类型是地面或快速路,选择日期查询,选择指数值查询。

3) 即席查询

即席查询是在元数据管理下,可自由地选择任意指标项做查询项、查询条件、查询排序条件等,查询条件可以是任意的组合,实现"和"与"或"复杂关系查询,查询结果可以进行 Top 查询,即查询符合条件的前多少条数据。查询项选择如图 7 - 83 所示,条件项选择如图 7 - 84 所示,排序项选择如图 7 - 85 所示,图 7 - 83 中矩形框线所示的结果条数限制选项等。

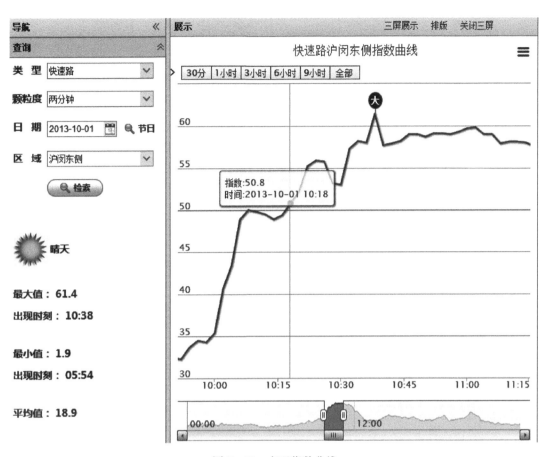

图 7-81 交通指数曲线

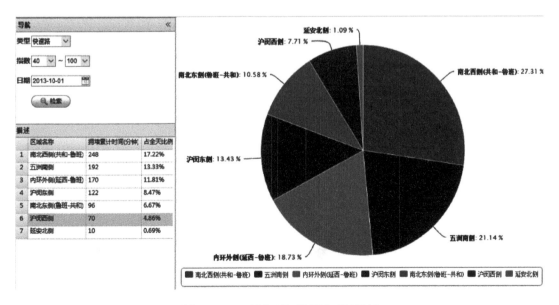

图 7-82 区域交通拥堵累计时间排行

图 7-83 查询项选择

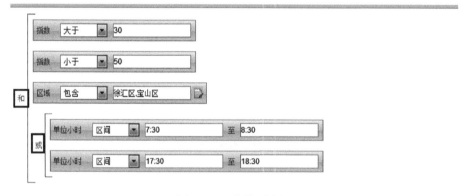

图 7-84 条件项选择

图 7-85 排序项选择

◇参◇考◇文◇献◇

[1] Kevin O'Dell. How-to: Select the Right Hardware for Your New Hadoop Cluster[EB/OL]. http://blog. cloudera. com/blog/2013/08/how-to-select-the-right-hardware-for-your-new-hadoop-cluster/

第 8 章

城市交通大数据服务

城市交通大数据能够提供十分丰富的服务,归纳起来可以分为三大类:城市交通规划和建设决策服务,城市交通管理服务,以及公众出行服务。

8.1 城市交通规划和建设

在城市交通规划和建设方面,城市交通大数据提供的服务主要包括以下三个方面:

(1) 在资料收集阶段,融合多种数据资源的大数据获取和分析技术将逐步取代传统的交通调查方式,为交通规划和建设提供更为实时可靠的资料。特别是移动通信技术的发展,智能手机的普及及其相关手机应用软件的使用,使获取连续出行的"电子脚印"成为可能。在此基础上,可以得到覆盖全市范围的交通状况信息和交通需求信息,为交通规划和建设方案的形成提供了良好的基础。

(2) 在规划建设过程中,将大数据分析技术与城市交通模型相结合,形成宏观、中观、微观一体化的交通模型体系,使交通模型的预测精度和解释能力不断提高,对交通的需求总量、结构及发展趋势进行准确把握。关注的重点不再局限于单一交通方式,而是将多种交通方式综合考虑,构建衔接紧密的城市综合交通服务系统。

(3) 在综合评价方面,依托大数据分布式计算和交通流、信息流的支撑将会使规划建设方案的评价更加方便。从综合交通系统出发,更加关注交通方式的相互竞争和合作,交通资源和服务的整合。结合人口社会、气象环境等相关领域的数据,还可以对规划建设方案的社会经济、能源环境等外部影响进行估计,促进可持续发展交通系统的建立。

8.1.1 公共交通比较竞争力分析

对于城市交通战略,最重要的问题是如何引导城市交通模式走可持续发展的道路,特别是如何将个体出行方式(小汽车)转移到公共交通出行方式。这些是交通决策者关心的热点。交通方式分担结构是多种因素共同作用下的结果,能够说明城市交通模式的整体演变趋势。下面以日本三大都市圈为例,分析公共交通方式的比较竞争力。

日本三大都市圈交通方式结构变化如图8-1所示。由图可以看出日本的中京都市圈(名古屋都市圈)相比于首都都市圈(东京都市圈)和近畿都市圈(大阪都市圈),其汽车的分担率明显要高,且依旧呈现增长的趋势。

提高城市公共交通分担率需要视城市实际情况而定。因此,下面对城市中公共交通和

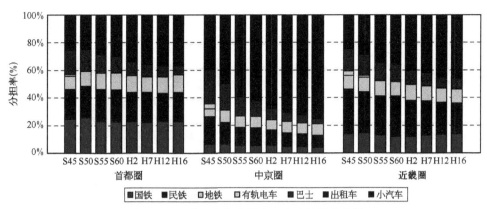

图8-1 日本三大都市圈交通方式结构变化[1]

(注：S45为昭和45年，即1970年，其余类推；H2为平成2年，即1990年，其余类推。)

个体机动交通的空间分布结构进行讨论。

图8-2所示为名古屋都市圈轨道交通定期券使用者（可以在一定时期内使用的车票，类似于国内的月票）和小汽车使用者发生交通量，从中可以清楚地看到小汽车使用者的比例远高于轨道交通定期券使用者。

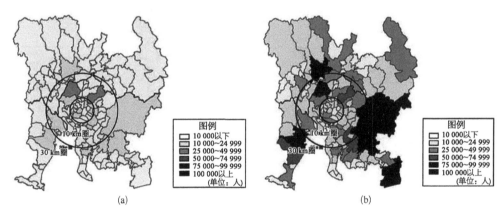

图8-2 名古屋都市圈轨道交通与小汽车交通发生量空间分布比较[2]

(a)轨道定期券使用者交通发生量空间分布；(b)小汽车交通发生量空间分布

而在图8-3a、b所显示的两种交通方式吸引量的对比中，则可以进一步看到轨道定期券交通吸引量集中于城市的中心，而小汽车吸引量则在城市外围具有几个集中吸引区。

在图8-4a、b所示的两种交通方式OD分布中，可以看到相对于轨道交通强烈的向心流向特征，小汽车交通则具有多心吸引的特点。

下面重点讨论中心城与外围地区联系中轨道交通的比较竞争力，图8-5a、b显示了两种交通方式以名古屋中心城为目的地的发生交通量的空间分布对比，可以看到在紧邻中心区的西侧和北侧小汽车交通发生量远高于轨道交通定期券使用者。

对比图8-6a、b显示的两种交通方式交通时间，可以看到在所关注的近邻中心城西侧和北侧，并没有出现显著的差异。

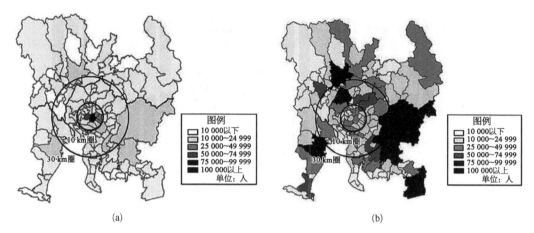

(a)　　　　　　　　　　　　　　　(b)

图 8-3　名古屋都市圈轨道交通与小汽车交通吸引量空间分布比较[2]

（a）轨道交通定期券使用者吸引量空间分布；（b）小汽车使用者吸引量空间分布

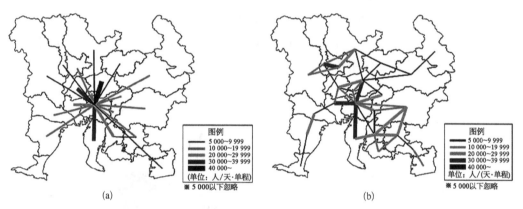

(a)　　　　　　　　　　　　　　　(b)

图 8-4　名古屋都市圈轨道交通定期券使用者与小汽车 OD 交通量空间分布比较[2]

（a）轨道定期券使用者；（b）小汽车使用者

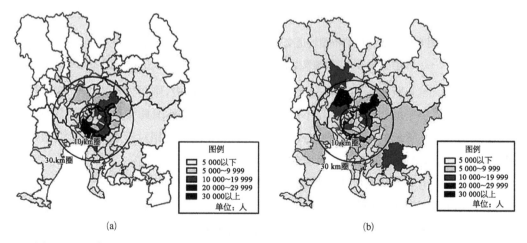

(a)　　　　　　　　　　　　　　　(b)

图 8-5　以名古屋中心城为目的地的轨道交通定期券使用者与小汽车发生量的空间分布[2]

（a）轨道交通定期券使用者；（b）小汽车使用者

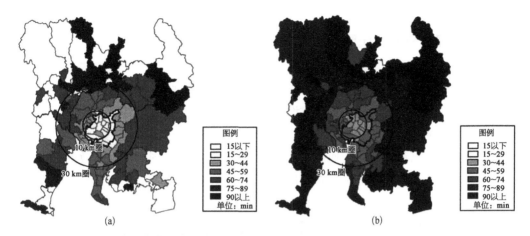

图 8-6　轨道交通定期券使用者和小汽车到达名古屋中心城的交通时间对比[2]

(a) 轨道交通定期券使用者；(b) 小汽车使用者

进一步分析发现(见图 8-7)，小汽车使用者偏重于较短距离的出行，而轨道交通的中长距离出行占有较大比例。

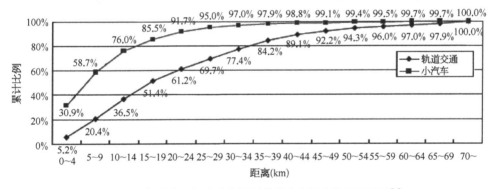

图 8-7　轨道交通与小汽车使用者随出行距离的累计曲线[2]

将日本三大都市圈进入轨道系统所采用的交通方式进行对比发现，名古屋所在的中京圈步行比例明显低于其他两个都市圈，而采用小汽车接驳的比例则大大高于其他两个都市圈。将名古屋都市圈内以名古屋市为目的地的轨道交通与小汽车产生量的比例进行对比发现，在距离市中心 10 km 的范围内，小汽车的比例占 55% 以上，部分地区甚至达到了85%，而在距离市中心 30 km 的范围外，大部分地区轨道交通比例占到了 85% 以上。

综合以上多种角度的分析，决策判断趋于明晰：名古屋所在的中京都市圈轨道交通竞争力较弱的原因是：① 轨道交通的密度相对于其他两大都市圈较低，进入轨道系统对机动化方式依赖性相对较高；② 轨道交通在通达时间上缺少竞争力。

公交优先是解决人口、产业密集的大城市交通问题的有效途径，但如何提高公交的竞争力、将个体出行方式引导到公交是交通决策者关心的问题。运用城市交通大数据技术可以对多种交通方式运行数据的进行采集和分析，以及相当规模城市的类比，发现公交服务的薄弱环节，提出针对性的解决方案。

8.1.2　综合交通系统整合

在城市土地资源和通道资源日趋紧张的情况下,如何加强多种交通方式的衔接,形成综合交通服务系统是城市交通规划和建设的重点。下面以日本东京都市圈为例,来介绍以轨道交通为主体的综合交通系统。

轨道交通是东京都市圈的交通服务主体,在50 km半径范围内提供有效的连通性,同时多种交通方式为轨道交通提供有效的接驳支持(见图8-8)。

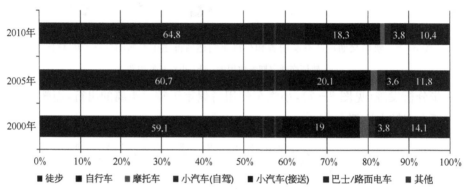

图8-8　日本东京圈进入轨道交通系统所采用的接驳交通方式[3]

东京都市圈交通需求具有很强的向心特征,相对应地,轨道交通与其他交通方式的衔接呈现一种圈层结构:中心城区(30 km半径范围)步行成为轨道交通的主要接驳方式,即"步行+轨道交通"的综合交通服务模式(见图8-9);在第二空间圈层(30~50 km半径范

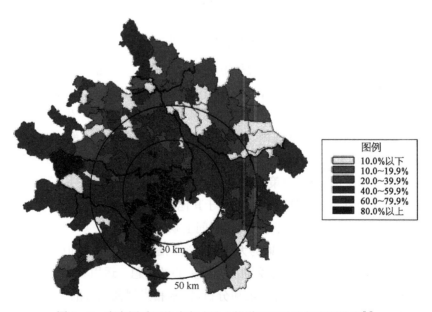

图8-9　东京圈采用徒步方式进入轨道系统的比例空间分布[3]

围)自行车和摩托车与轨道交通形成了主导性接驳关系,扩展了轨道交通车站的服务半径（见图8-10）；在都市圈外围地区（50 km半径范围以外）则主要依靠小汽车交通方式与轨道交通接驳,以适应较低的轨道覆盖密度条件（见图8-11）。

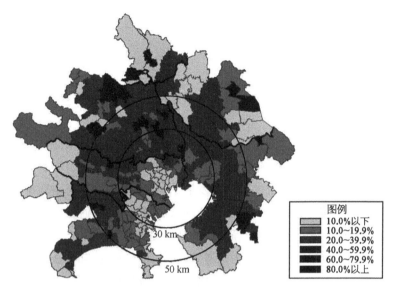

图8-10 东京圈采用自行车及摩托车进入轨道交通系统的比例空间分布[3]

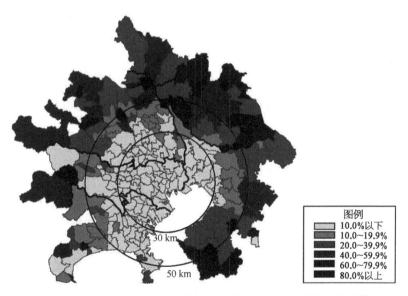

图8-11 东京圈采用小汽车方式进入轨道系统的比例空间分布[3]

东京轨道交通由不同系统所构成,私铁（由民间财团投资和经营的铁路）、JR（Japan Railways,日本铁路公司经营的铁路）和地铁均占有重要的地位,在轨道系统内部存在多样化换乘关系。通过精细的数据分析可以发现,换乘时间和换乘距离成为制约轨道交通服务水平的短板之一。

加强多种交通方式的衔接,是建立综合交通服务系统的关键,也是下一步城市交通改善的重点。因此,需要采集多种交通方式的运行数据和用户的体验信息,精细分析多方式间的换乘情况,逐步进行改进。

8.2　交通管理

在交通管理方面,城市交通大数据服务主要体现在交通出行需求管理和交通系统运行管理上。

交通出行需求管理方面,大数据服务体现在交通需求的群体细分,以及出行者的交通行为分析,通过错峰、限行、收费、补贴等有针对性的政策和措施,引导和调控交通需求,保障交通系统的通畅,促进交通系统的可持续发展。例如,通过移动通信数据,分析外地游客的交通需求特征,通过运力调配为其提供灵活的旅游交通服务;通过车辆牌照数据,分析城市主干通道的交通构成,为限行、收费等政策的制定提供基础。

交通系统运行管理方面,大数据能为交通管理部门提供更为实时、全面的交通系统运行状况信息,从而帮助管理部门诊断交通瓶颈,优化交通供给资源配置,提高交通系统的运行效率,为出行者提供安全、畅通、准时的交通服务。例如,融合车辆牌照识别数据及浮动车数据,可分析车辆行程时间和波动性;结合公交 GPS 数据,可分析公交系统的运行可靠性和服务水平等。

8.2.1　旅游交通追踪分析

移动通信数据为分析旅游交通需求提供了良好的数据基础,下面以 2010 年上海世博会为例,分析外地游客的交通需求特征。

1) 世博外地游客活动范围分析

对外地游客活动区域的分析主要是通过查找游客在上海市内的主要停留位置,并以空间聚类的方式进行。用户在每个基站区域的停留时间通过下一条信令与上一条信令发生的时间差来确定。在此基础上,采用 15 min 作为判别是否在该基站区域停留的标准,从而获得用户停留位置信息。

统计各基站的停留"人-时"情况,获得其相应的活动强度分布图(见图 8-12)。由图可见,游客的主要活动区域集中在世博园区附近,主要停留地区还包括南京东路、外滩、豫园等区域。游客的主要停留区域与直观感觉出入不大,主要集中于上海比较著名的旅游景点。其次,在上海南站、上海站等交通枢纽,以及锦江乐园等地存在游客聚集现象。

考虑到不同时段游客的活动区域不同,可能会对市内交通的不同区域造成影响,将研究范围内的 2010 年 7 月 12 日~7 月 14 日三天,每天截取四个时间点对上海市内的世博会外地游客主要活动范围进行统计分析,分别为 8:00、12:00、16:00 和 20:00。

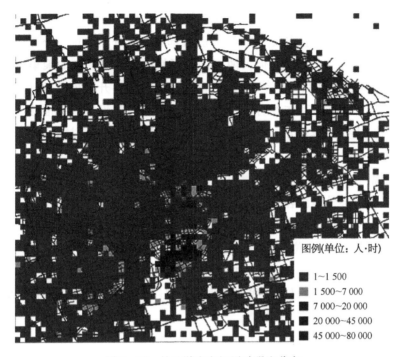

图例(单位: 人·时)

■ 1~1 500

■ 1 500~7 000

■ 7 000~20 000

■ 20 000~45 000

■ 45 000~80 000

图 8-12 外地游客空间活动强度分布

以 2010 年 7 月 12 日为例,说明不同时段外地游客空间活动强度分布。8:00 分布状态显示外地游客在活动区域较为分散,尚未形成明显的区域聚集现象(见图 8-13)。采用同

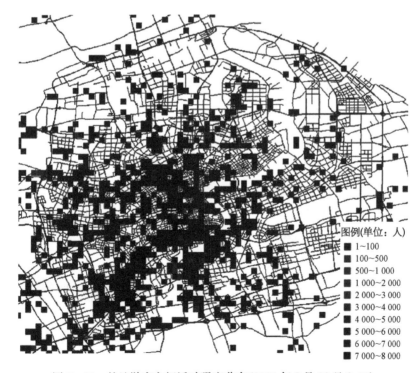

图例(单位: 人)

■ 1~100

■ 100~500

■ 500~1 000

■ 1 000~2 000

■ 2 000~3 000

■ 3 000~4 000

■ 4 000~5 000

■ 5 000~6 000

■ 6 000~7 000

■ 7 000~8 000

图 8-13 外地游客空间活动强度分布(2010 年 7 月 12 日 8:00)

样的方式,分析 12:00、16:00、20:00 的外地游客空间活动区域,发现 12:00,世博园区处出现大量游客聚集地,为世博会参观的高峰时间,且部分游客开始出现在外滩区域;16:00,游客向外滩方向转移现象更为明显,但世博园区处仍然为游客最主要的聚集地区;20:00,大量游客出现在外滩、陆家嘴、豫园等区域,世博园区内的游客开始疏散,密度有所降低。从整体上看,世博会外地游客存在着明显的区域集聚现象,且随着时间的推移,有逐渐向其他景区转移的趋势,主要的转移方向为外滩、南京东路、陆家嘴和豫园方向。

2) 游览景点关联性分析

采用关联规则挖掘技术,对主要景点间的关联性进行分析。通过景区间支持度、置信度等指标,描述世博会外地游客在上海市内各个景点选择的关联性。

首先设定最小支持度与最小信赖度两个阈值。设定最小支持度 min_support=5%,其意义在于所有的游客活动方位记录中,至少有 5% 的游客同时游览了 A、B 两个景点;最小信赖度 min_confidence=50%,其意义在于所有游览了 A 景点的游客中,至少有 50% 的人会去游览 B 景点。经过挖掘过程所找到的关联规则{A,B},满足最小支持度和最小信赖度两个条件,将可接受{A,B}的关联规则。

频繁 2-项支持度计算结果,见表 8-1。

表 8-1　频繁 2-项支持度计算结果表

景 区 名 称	支 持 度
陆家嘴、徐家汇	2.34%
陆家嘴、豫园	13.47%
陆家嘴、南京东路	14.31%
陆家嘴、淮海中路	9.89%
徐家汇、豫园	3.06%
徐家汇、南京东路	3.54%
徐家汇、淮海中路	2.82%
豫园、南京东路	18.66%
豫园、淮海中路	12.57%
南京东路、淮海中路	13.46%
陆家嘴、世博会	18.52%
徐家汇、世博会	8.22%
豫园、世博会	23.27%
南京东路、世博会	25.61%
淮海中路、世博会	20.48%

根据最小支持度检验,剔除{陆家嘴,徐家汇}、{豫园,徐家汇}、{南京东路,徐家汇}、{淮海中路,徐家汇}后,计算两景区间的置信度,见表8-2。

表8-2 频繁2-项置信度计算结果

A \ B	世博会	陆家嘴	徐家汇	豫园	南京东路	淮海中路
世博会	—	18.52%	8.22%	23.27%	25.61%	20.48%
陆家嘴	100.00%	—		72.75%	77.26%	53.42%
徐家汇	100.00%	—		—		
豫园	100.00%	57.89%	—	—	80.18%	54.01%
南京东路	100.00%	55.87%	—	72.87%	—	52.58%
淮海中路	100.00%	48.30%	—	61.37%	65.74%	—

通过对表8-1、表8-2的分析,以下景点组合满足关联规则(见表8-3),可以认为这两个景点存在较强的关联性和依存性。

表8-3 强关联规则结果

A \ B	世博会	陆家嘴	豫园	南京东路	淮海中路
陆家嘴	√		√	√	√
徐家汇	√				
豫园	√	√		√	√
南京东路	√	√	√		√
淮海中路	√		√	√	

通过分析各景点间的关联原则,发现游客对外滩区域的旅游热情较高,而选择五角场游客数量较少;在商业街方面,徐家汇与其他景点的关联性较差,可能原因首先是徐家汇与其他商业街的方向不同,也就是不"顺路",大大降低了游客选择的可能性,其次是游客对同质旅游地区选择重复旅游的可能性不大。

旅游交通以外地游客为主,具有季节性、随机性特点,传统需求调查通常采用问卷调查方式进行,但很难获得准确的交通需求时空分布和实时变化情况,给相应交通规划和交通服务设置带来困难,以移动通信技术为代表的新一代交通采集和分析技术为旅游交通和流动人口的交通需求分析提供了新的技术手段。

8.2.2　城市快速道路上交通构成和车辆使用特征分析

下面以车牌数据为例,分析城市快速路的交通构成和车辆的使用特征。

1) 车辆使用程度聚类

车辆使用频率:一天中,车辆被车牌识别系统检测到(无论多少次)则表明车辆当天处于使用状态,使用频度为 1;本研究分析了 30 天的车牌识别数据,故车辆使用频度为 1~30。

选取车辆的工作日使用频度、非工作日使用频度以及车辆处于使用状态的平均每天检测次数作为聚类指标,采用 K-means 方法对车辆进行聚类分析,得到最优簇数(类别数)为 5,所获得的聚类中心见表 8-4。

表 8-4　车辆使用程度聚类中心情况

	车　辆　识　别				
	第一类	第二类	第三类	第四类	第五类
工作日使用频度	2	2	8	15	16
非工作日使用频度	1	2	5	8	12
平均每天检测次数	1.9	9.7	4.4	8.3	34.8
工作日使用频度	2	2	8	15	16
非工作日使用频度	1	2	5	8	12
该类别个体数	2 720 398	751 117	884 290	766 612	50 515

图 8-14 所示为这五类车辆的比例结构,它们的特征如下:

第一类车辆占 53%。其工作日使用频率、非工作日使用频率及平均检测次数均较低,说明该类车辆在上海路网的总体活跃程度低。

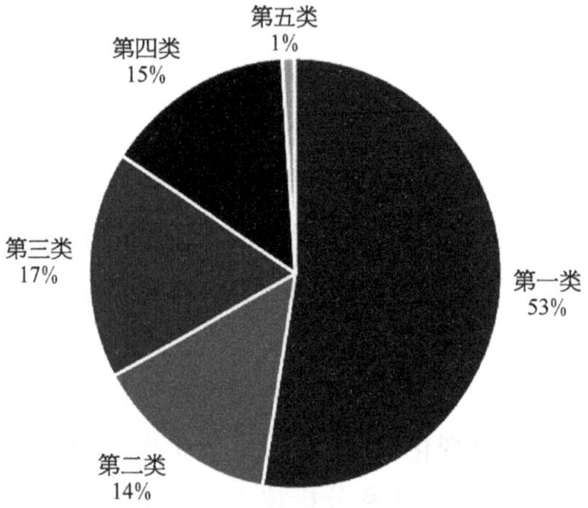

图 8-14　车辆使用程度分类结果

第二类车辆占 14%。和第一类一样,第二类的车辆工作日使用频度、非工作日使用频度均较低,但检测次数较第一类高,表明该部分车辆尽管不经常出现在路网中,但在使用期间的使用强度较大。

第三类车辆占 17%。该部分车辆即工作日与非工作日均处于中度使用频度状态,即一个月中约有一半的天数处于使用状态。

第四类车辆占 15%。该部分车辆工作日使用频度较高,非工作日使用频度适中,表明该部分车辆总体上具有一定的通勤特征,该类车辆在路网中比较活跃。

第五类车辆占 1%。可见该部分车辆工作日使用频度、非工作日使用频度及每天检测次数都非常高,充分说明该类车辆在路网中异常活跃,该部分车辆应该主要以营运车辆为主,如出租车、公交车等,而且上海车辆占据了极大比重。

总体上看,由第一类至第五类,车辆的使用频度总体上呈递增的特征,即车辆在路网中的活跃程度呈递增的趋势。

2) 车辆属性间关联分析

下面讨论在上海市高架道路上行驶车辆各种属性之间的关联。

(1) 车辆使用程度与车辆属地的关联 对各类别的车辆属地构成进行分析,见表 8-5。可见,由第二类至第五类,上海车辆的比例呈递增的趋势;与之相反,外地车辆的比例不断减少,表明在上海道路网系统中,外地车辆不如上海车辆活跃。

表 8-5 各使用程度类别中不同属地的车辆数量

车辆类别	车 辆 属 地					合 计
	沪	苏	浙	皖	其他	
第一类	1 387 149	526 424	260 902	160 353	385 570	2 720 398
第二类	196 369	271 502	143 713	54 734	84 799	751 117
第三类	557 082	124 375	66 034	49 183	87 616	884 290
第四类	582 991	75 765	34 282	30 738	42 836	766 612
第五类	48 098	1 376	333	451	257	50 515

(2) 车辆使用程度与时间的关联 分析观测期间 30 天每天不同类别的车辆构成(见图 8-15),可以得出以下结论:第二类车辆非工作日的数量大于工作日,由车辆属地分析可知,该部分车辆中外地车辆占据了较大比例,所以可以判断其是由非工作日外地车辆进沪造成的;第三类车辆有一定的通勤使用特征,但是特征不是十分明显;而可以发现第四类车辆具有非常明显的通勤使用特征,工作日车辆数量大于非工作日,与此同时,双休日车辆数量大于国庆节假日;第五类车辆波动较小,因为高活动强度的营运车辆占了该类车辆的主导地位。

考察每天不同类别车辆所产生的数据记录量,其构成特征和每天不同类别的车辆构成特征一样,工作日和非工作日的构成非常稳定(见图 8-16)。第四类和第五类车辆是路网中最活跃的车辆,车辆产生的数据记录量较大。在工作日,占总量 48% 的第四、五类车辆产生了 71% 的数据记录量,而第一、二、三类车辆以占总量 52% 的车辆仅产生了 29% 的数据记录量;在双休日,占总量 42% 的第四、五类车辆产生了 62% 的数据记录量;在节假日,40% 的第四、五类车辆产生了 60% 的数据记录量。不难发现,第五类车辆每天以占总量 3%~4% 的车辆产生了 17%~18% 的数据记录量(见图 8-17)。

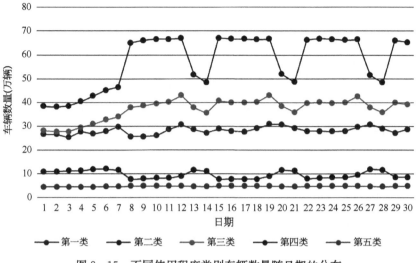

图 8-15　不同使用程度类别车辆数量随日期的分布

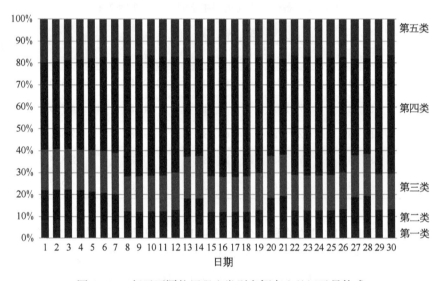

图 8-16　每天不同使用程度类别车辆产生的记录量构成

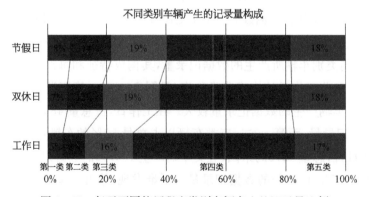

图 8-17　每天不同使用程度类别车辆产生的记录量比例

3) 特定路段的交通构成和车辆使用特征分析

为了确定采用具体交通需求管理所涉及的车辆使用特征,以上海延安路高架(见图8-18)为例,对车辆的交通构成和使用特征进行深入分析。

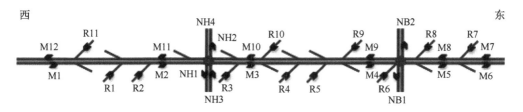

图8-18 延安高架西向东车牌识别断面位置示意图

图8-19所示为2012年10月份不同使用程度类别车辆使用延安高架道路的情况,总体上看,延安高架道路北侧车辆数量略大于南侧,但是南北侧不同类别的车辆构成比例并没有显著差异。其中第四类车辆的比例最大,为33%;其次为第三类车辆,占25%;第一、二、五类车辆分别占22%、17%和3%。

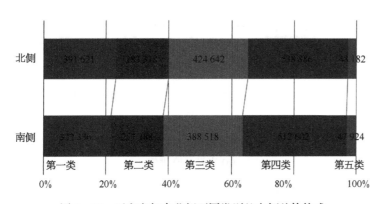

图8-19 延安高架南北侧不同类别的车辆总体构成

延安高架南北侧每天不同程度类别车辆数量如图8-20所示。由图可见,延安高架南侧和北侧在工作日、双休日和节假日的不同类别的车辆构成基本一致。不同类型日期各种使用程度车辆构成比例结构如图8-21所示。由图8-21可知:工作日第四类车辆占55%,而双休日和节假日分别占45%和42%,延安高架第四类车辆的比重高于上海路网的总体比例(工作日为45%);其次为第三类车辆,工作日占17%,工作日的比例略低于非工作日,双休日和节假日该类车辆的比例分别为21%和20%,不过,其均低于上海路网的整体比例;值得注意的是,延安高架第五类车辆工作日、双休日和节假日的比例基本一致,为16%~17%,这一比重远高于上海路网的3%~4%,表明以营运车辆为主导的第五类车辆使用延安高架非常频繁,再次证明延安高架在上海路网中的骨干地位;第二类车辆延安高架的比例和整体路网中的比例基本一致,但第一类车辆的比例远低于整体路网的比例。

进一步细化考察每天不同时段延安路高架道路不同类别的车辆构成,将每天7:00~

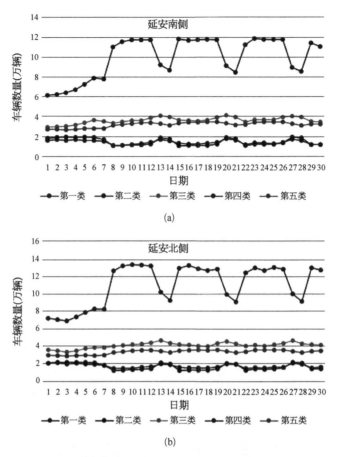

图 8-20　延安高架南北侧每天不同使用程度类别车辆数量

(a) 南侧；(b) 北侧

22:00 划分为五个时段。分析发现,延安高架南侧工作日、双休日与节假日之间每天不同时段的不同类别车辆构成存在一定差异,但是工作日与工作日、双休日与双休日,以及节假日与节假日之间的构成非常一致,因此以 2012 年 10 月 8 日(工作日)、10 月 13 日(双休日)和 10 月 1 日(节假日)为例进行说明(见图 8-22～图 8-24)。

对比图 8-22、图 8-23 和图 8-24 可知,10 月 8 日(工作日)时段Ⅰ和时段Ⅳ的第四类车辆占 60% 以上,高于其他三个时段;而双休日和节假日每天不同时段的不同类别车辆构成没有大的差异,工作日五个时段的第四类车辆的比例普遍都高于双休日和节假日;双休日与节假日的构成特征比较一致,差异主要体现在数量上的不同,双休日不同时段的第四类车辆比例高于节假日,与此相反,节假日不同时段的第一类和第二类车辆高于双休日,也远高于工作日的比例,这显然是由游憩交通造成的;值得注意的是,第五类车辆所占的比例在不同时段均较高,工作日时段Ⅰ最低,为 16%,时段Ⅴ最高,高达 29%,也验证了前文的分析。分析表明,延安高架北侧不同时段的各类别车辆构成和延安高架南侧的特征一致,这里不再赘述。

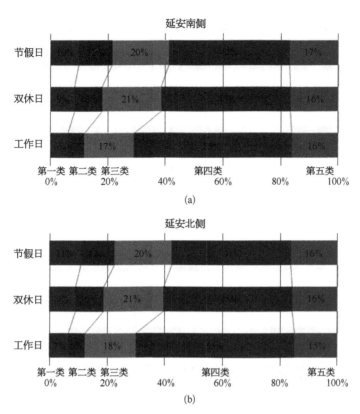

图 8-21 延安高架南北侧不同类别车辆构成比例

（a）南侧；（b）北侧

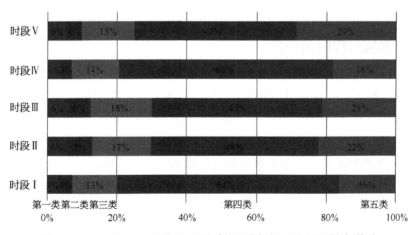

图 8-22 10月8日(工作日)延安南侧不同时段不同类别车辆构成

交通需求管理需要了解交通需求的组成和结构特征,对长时间观测的车牌数据进行分析,可以得到各类车辆的比例和使用行为特征,为车辆限行、拥堵收费等交通需求政策的制定提供了决策依据。

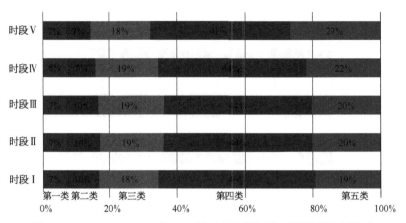

图 8-23　10 月 13 日(双休日)延安南侧不同时段不同类别车辆构成

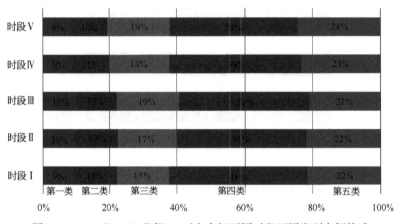

图 8-24　10 月 1 日(节假日)延安南侧不同时段不同类别车辆构成

8.2.3　车辆行程时间分析

行程时间表征了从起点到目的地的出行成本,是反映道路交通拥堵、评价道路交通服务质量最直接的指标,也是出行者进行交通方式、出行时间和出行路径选择的依据,在交通规划和管理中具有重要意义。

1) 浮动车数据和车辆牌照识别数据融合的车辆行程时间估计

由于在检测过程中,浮动车数据存在 GPS 原始数据误差、路段上浮动车样本量较少和浮动车"假行驶"现象等,以及在数据处理过程中,使用的地图匹配算法和基于历史数据的修复算法存在一定误差,根据原始数据处理后得到的交通信息并不能如实地反映路段交通的实际运行情况。因此,为了减少这些因素引起的数据偏差,需要通过对多源交通信息数据进行处理、融合,利用数据融合技术,实现不同形式信息的互补。

根据车辆牌照识别数据,可以通过比较车辆经过两个断面的时间,得到路径行程时间。如果可以确定车辆经过两个断面间的行驶路径,那么得到的路径行程时间是准确的。因此,可以利用牌照识别数据获取的行程时间,对浮动车行程时间进行校验和修正,以提高后者的精度。

下面以上海高架路为例,研究浮动车行程时间的修正模型。

首先探讨浮动车数据行程时间和牌照识别数据行程时间的长期均衡关系。对两个变量进行协整分析,求出协整系数后,得到两个变量的长期均衡方程,并求出误差修正项;然后建立短期波动模型,将此前求出的误差修正项看作一个反映短期波动的解释变量,与其他解释变量一起,构成短期波动模型,即误差修正模型,最终得到浮动车数据修正模型。

分析对象:上海市延安路高架南侧虹井路/虹许路、延安路高架南侧凯旋路/江苏路两个截面之间的路径,全长 6 128 m,共包括 11 个路段。时间:2010 年 5 月 7 日 6:00～24:00。

(1)浮动车数据与牌照识别数据的序列平稳性　为了建立浮动车数据与牌照识别数据之间的关系模型,首先需要分析二者形成的时间序列是否为平稳时间序列。图 8 - 25 所示

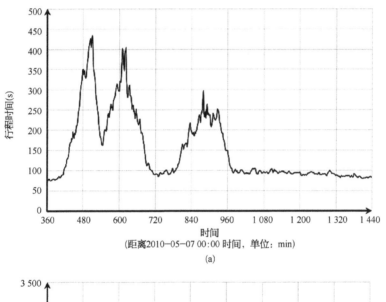

(a)

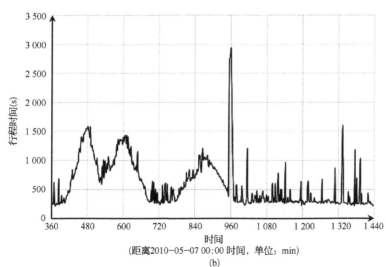

(b)

图 8 - 25　行程时间的时变曲线

为浮动车数据与牌照识别数据计算的路径行程时间的时变曲线,可以看出二者的变化趋势基本一致,但浮动车数据对行程时间明显高估。另外,二者的时间序列没有明显的平稳特征,需要对二者进行对数化,然后求一阶差分后得到图 8-26 所示时间序列。

由图 8-26 可见,经对数化一阶差分处理后的时间序列呈现类似于白噪声的平稳时间序列特征。下面利用 ADF(Augmented Dickey-Fuller)检验方法进行检验,检验结果见表 8-6。其中,变量 F_t 为浮动车数据行程时间 min,P_t 为牌照识别数据行程时间 min。

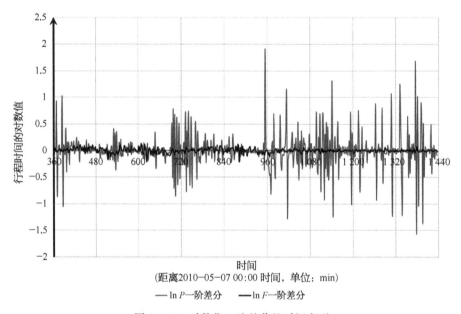

图 8-26 对数化一阶差分的时间序列

表 8-6 ADF 检验结果

变　量	ADF 检验值	滞后 阶数	临界值 (显著水平 1%)	临界值 (显著水平 10%)	是否平 稳序列
$\ln P_t$	-0.367 6	2	-2.569 3	-1.616 3	否
$\Delta\ln P_t$	-23.507 9	1	-3.442 3	-2.569 6	是
$\ln F_t$	-0.171 2	2	-2.569 3	-1.616 3	否
$\Delta\ln F_t$	-5.749 7	1	-3.442 3	-2.569 6	是

由表 8-6 可知,$\ln F_t$ 和 $\ln P_t$ 的一阶差分序列 $\Delta\ln F_t$ 和 $\Delta\ln P_t$ 的 ADF 检验值均小于显著性水平为 1% 的临界值,即两个序列拒绝存在单位根的零假设,说明这两个序列都是平稳的,即 $\ln F_t$ 和 $\ln P_t$ 是一阶单整序列。

(2)浮动车数据与牌照识别数据的协整关系　对于同为一阶单整序列的 $\ln F_t$ 和 $\ln P_t$,利用 Engle-Granger 检验方法对二者的协整关系进行检验。根据检验结果,得到二者

的回归关系如下:

$$\ln P_t = 0.489\ 2 + 0.419\ 4\ \ln P_{t-1} + 0.156\ 5\ \ln P_{t-2} + 0.065\ 4\ \ln P_{t-3} +$$

$$0.516\ 2\ \ln F_t - 0.106\ 6\ \ln F_{t-1} + 0.652\ 9\ \ln F_{t-2} - 0.707\ 9\ \ln F_{t-3} \qquad (8-1)$$

在式(8-1)中各变量系数都显著不为 0 拟合优度为 0.879 6,残差近似白噪声,因此两个变量具有协整关系。进一步求出协整关系式为:

$$\ln P = 1.041\ 9\ \ln F + 1.101\ 3 \qquad (8-2)$$

式(8-2)即为 $\ln F_t$ 和 $\ln P_t$ 的长期均衡方程。

2) 道路行程时间的波动性分析

道路行程时间的可靠性是出行者路径选择的重要因素,也是交通管理者评价路网交通状态和制订改善措施的依据。行程时间可靠性受到交通需求周期性变化和随机因素的影响,表现出持续稳定性和突变特性。前者表现出一种稳定的时变特征;后者则是由一种稳定状态跳跃式地转变到另一种稳定状态,是由特殊交通需求、交通事件、天气变化等随机扰动引起。

通过长时间的行程时间观测数据,识别突变点的位置和影响,对于发布交通预警信息、评估路网性能和交通需求变化等具有重要意义。

下面对行程时间的波动结构进行更深入的分析。

(1) 行程时间的波动率特征 由于行程时间序列进行对数化处理后,所得到的时间序列是一个一阶单整序列,参考经济学中对收益率等的定义,将行程时间对数值的一阶差分定义为行程时间的波动率,即

$$V_t = (\ln T_t - \ln T_{t-1}) \times 100 \qquad (8-3)$$

式(8-3)中,T_t 为 t 时刻的路径行程时间。

求平方得到均方波动率序列 V_t^2,V_t 和 V_t^2 分别表示行程时间波动率围绕其均值水平的双向波动和均方波动。

选取上海市延安路高架南侧虹井路/虹许路、延安路高架南侧凯旋路/江苏路两个截面之间的路段为研究对象,以 2010 年 5 月 5 日～5 月 11 日一周的浮动车数据为例,对行程时间序列的波动结构进行分析。

研究对象的行程时间波动率序列 V_t 和均方波动率序列 V_t^2 的时变特征如图 8-27 所示。

对于 V_t 和 V_t^2 这两个序列的进一步分析,可以得到行程时间波动的一系列特征。

① 集群性:在序列方差变化过程中,幅度较大的变化相对集中在某些时段内,而幅度较小的变化也会集中在另外一些时段内。这说明行程时间波动率具有集群性的特点,也表明其具有方差时变性。

② 尖峰厚尾:分别计算研究对象的均波动率(均值)、标准差、偏度、峰度、Jarque-Bera统计量,见表 8-7。可见,与正态分布相比,行程时间均方波动率序列呈现出更高的峰度和更厚的尾部,具有尖峰厚尾的特性。

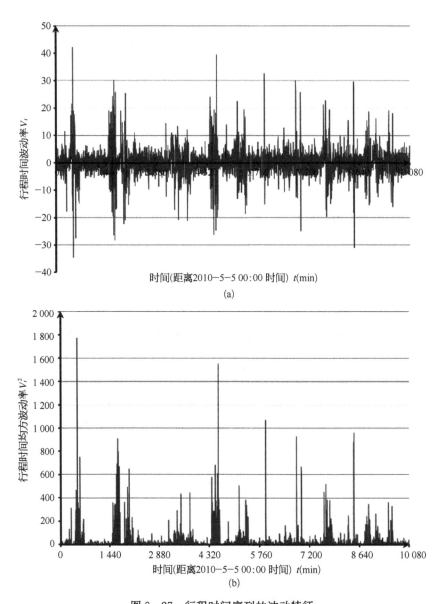

图 8-27　行程时间序列的波动特征

（a）行程时间波动率序列；（b）行程时间均方波动率序列

表 8-7　行程时间波动率序列的统计量

统计量	均　值	标准差	偏　度	峰　度	Jarque-Bera 统计量
数　值	0.003 2	4.561 4	0.416 3	10.463	11 804

（2）行程时间波动的结构变点分析　Inclan 和 Tiao 在 1994 年提出了迭代累积平方和（Iterative Cumulative Sums of Squares, ICSS）算法[4]，该算法主要用于检测时间序列的结构性变点，检验序列波动结构的突变性。ICSS 算法假设时间序列期初方差保持一稳定状

态,直至某一时刻方差突然发生改变,并且方差改变后在新的数值水平上保持近似稳定的状态。方差发生突变的时刻就是时间序列的结构性方差变点,这一过程随着时间的推进不断重复,则时间序列就可能存在多个结构性变点。ICSS方法非常适合于分析有多个结构性方差变点的长时间序列。

对研究对象的行程时间波动率序列进行分析,在一周的研究时间段内,包括时间序列的起点和终点,共识别到42个结构性变点,结果见表8-8。

表8-8 行程时间的结构性变点分析

序号	时间区间	标准差	序号	时间区间	标准差	序号	时间区间	标准差
1	5/5 0:00～5/5 3:00	2.049	15	5/7 11:30～5/7 18:36	4.186	29	5/9 20:08～5/9 20:14	11.034
2	5/5 3:00～5/5 5:06	4.110	16	5/7 18:36～5/8 1:12	2.196	30	5/9 20:14～4/9 21:34	3.531
3	5/5 5:06～5/5 6:54	1.789	17	5/8 1:12～5/8 5:08	9.849	31	5/9 21:34～5/10 6:56	2.549
4	5/5 6:54～5/5 7:40	6.862	18	5/8 5:08～5/8 7:20	1.501	32	5/10 6:56～5/10 11:14	7.261
5	5/5 7:40～5/5 9:20	11.674	19	5/8 7:20～5/8 8:48	2.618	33	5/10 11:14～5/10 18:34	2.773
6	5/5 9:20～5/5 11:30	4.410	20	5/8 8:48～5/8 9:16	5.158	34	5/10 18:34～5/10 19:16	7.650
7	5/5 11:30～5/6 1:10	2.098	21	5/8 9:16～5/8 12:24	2.402	35	5/10 19:16～5/10 21:20	4.647
8	5/6 1:10～5/6 5:10	9.840	22	5/8 12:24～5/8 17:06	5.088	36	5/10 21:20～5/10 21:38	15.084
9	5/6 5:10～5/6 7:00	1.903	23	5/8 17:06～5/8 18:40	7.583	37	5/10 21:38～5/10 23:12	3.402
10	5/6 7:00～5/6 8:30	6.078	24	5/8 18:40～5/9 3:00	3.117	38	5/10 23:12～5/11 2:36	2.064
11	5/6 8:30～5/6 9:26	10.671	25	5/9 3:00～5/9 3:08	6.334	39	5/11 2:36～5/11 5:04	5.802
12	5/6 9:26～5/6 15:12	3.830	26	5/9 3:08～5/9 17:48	3.093	40	5/11 5:04～5/11 13:56	4.010
13	5/6 15:12～5/7 6:54	2.577	27	5/9 17:48～5/9 18:38	10.358	41	5/11 13:56～5/11 16:16	6.206
14	5/7 6:54～5/7 11:30	5.825	28	5/9 18:38～5/9 20:08	4.514	42	5/11 16:16～5/11 23:58	2.459

图 8-28 所示为行程时间波动率序列结构性变点的识别结果,图中颜色较浅的实线为行程时间波动率序列的时间轨迹,对称的折线表示各结构性变点之间样本的±3 个标准差带宽,以描述序列的波动范围。

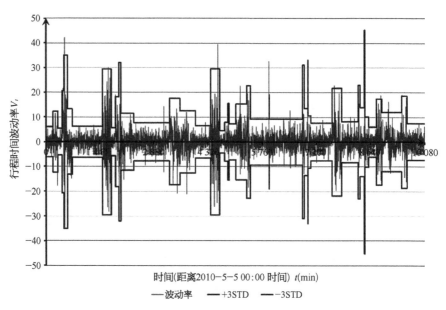

图 8-28 行程时间波动率序列结构性变点

图 8-29 所示为行程时间波动率序列的结构性变点在研究时段内的分布,图中粗实线为研究路段在研究时段内的行程时间变化轨迹,平行于纵坐标轴的细实线为结构性变点在研究时段内的分布情况。

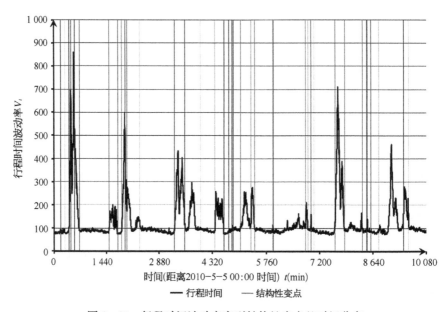

图 8-29 行程时间波动率序列结构性变点的时间分布

在图 8-29 中,将结构性变点与路径行程时间曲线进行对比,发现利用结构性变点将路径行程时间曲线划分成不同的区间,其相邻区间的行程时间波动性具有较为显著的差异。这说明行程时间在持续稳定一定时间以后,在结构性变点位置,由一种稳定状态转变到另一种稳定状态。

根据表 8-8、图 8-28 和图 8-29 可知,结构性变点在时间上的分布并不均匀,某些时间段内,结构性变点的数目较多,如 5 月 5 日 18:00~24:00 的 6 h 内有 5 个结构性变点,而 5 月 11 日 6:00~16:00 的 10 h 内没有一个结构性变点。这也反映了行程时间波动的不确定性。

随着交通采集技术的不断进步,可以通过 GPS、车辆牌照识别、电子标签、手机信令等多种手段获取车辆行程时间。一方面,可以通过多源数据的比对、融合,获得更加准确的行程时间;另一方面,可以对行程时间的不确定性或可靠性进行更加细致的分析。

8.2.4 公交运行可靠性分析

公交的行程时间可靠性是影响公交竞争力和服务水平的关键,下面以上海为例,采用 GPS 数据分析公交运行可靠性。

1) 公交路段行程时间服务水平划分

为了描述出行者角度所感受的与运营状态相关的服务质量,借用服务水平概念建立出行者的期望服务水平与期望行程时间之间的对应关系,可为路网行程时间可靠性评价提供一个合理阈值。

利用公交车 GPS 数据,对内环内不同等级道路的路段单位距离行程时间数据进行统计分析(见表 8-9),采取分位数法来确定服务水平和期望行程时间划分标准。

表 8-9 上海市内环内不同等级道路公交车单位距离行程车速统计分析

	20%分位数	40%分位数	60%分位数	80%分位数	95%分位数
道路等级	单位距离行程时间(s/m)				
主干道	0.16	0.21	0.27	0.35	0.43
主干道公交专用道	0.14	0.19	0.25	0.34	0.51
次干道	0.18	0.25	0.29	0.45	0.71
次干道公交专用道	0.16	0.23	0.28	0.44	0.72
道路等级	对应的行驶速度(km/h)				
主干道	23	17	13	10	8
主干道公交专用道	26	19	14	11	7
次干道	20	14	12	8	5
次干道公交专用道	23	16	13	8	5

与道路交通服务水平划分标准类似,根据各等级道路实际公交运行数据统计百分位数,将上海市内环内中心城区的公交服务水平分为六个等级,见表 8-10。

表 8-10 上海市内环内不同等级道路公交服务水平划分标准

服务分级	A	B	C	D	E	F
道路等级	单位距离行程时间(s/m)					
主干道	<0.16	0.16~0.21	0.21~0.27	0.27~0.35	0.35~0.43	>0.43
主干道公交专用道	<0.14	0.14~0.19	0.19~0.25	0.25~0.34	0.34~0.51	>0.51
次干道	<0.18	0.18~0.25	0.25~0.29	0.29~0.45	0.45~0.71	>0.71
次干道公交专用道	<0.16	0.16~0.23	0.23~0.28	0.28~0.44	0.44~0.72	>0.72
道路等级	对应的行驶速度(km/h)					
主干道	>23	17~23	13~17	10~13	8~10	<8
主干道公交专用道	>26	19~26	14~19	11~14	7~11	<7
次干道	>20	14~20	12~14	8~12	5~8	<5
次干道公交专用道	>23	16~23	13~16	8~13	5~8	<5

在所划分的六级服务水平中,A、B 级是乘客、运营者和管理者最愿意遇到的道路畅通情况;而 C、D 级服务水平虽然有所延误,但处于可以忍受的水平,认为是道路拥堵情况;而到了 E、F 级,车辆运行情况以及完全难以忍受,处于车辆经常停滞状态。

上海市内环内不同等级道路公交运行状态划分标准见表 8-11。

表 8-11 上海市内环内不同等级道路公交运行状态划分标准

服务分级	畅　通	拥　挤	阻　塞
道路等级	单位距离行程时间(s/m)		
主干道	<0.21	0.21~0.35	>0.35
主干道公交专用道	<0.19	0.19~0.34	>0.34
次干道	<0.25	0.25~0.45	>0.45
次干道公交专用道	<0.23	0.23~0.44	>0.44
道路等级	对应的行驶速度(km/h)		
主干道	>17	10~17	<10
主干道公交专用道	>19	11~19	<11
次干道	>14	8~14	<8
次干道公交专用道	>16	8~16	<8

2) 公交路段行程时间可靠性评价

采用基于概率的指标定义路网行程时间可靠性。借鉴相关研究成果[5-6],将公交路段行程时间可靠性定义为得到畅通运行服务的概率,通过计算公交路段行程时间小于等于畅通运行状态期望行程时间的概率,得到路段 j 的行程时间可靠性 R_j 模型:

$$R_j = Pr(t_j \leqslant T_{\text{畅通}})$$

其中, $T_{\text{畅通}}$ 表示路段畅通情况下的期望行程时间上限。

为说明公交运行可靠性的变化规律,以上海的西藏路公交专用道作为实验路段,802 路和969 路作为实验线路。选取 2011 年 3 月 1 日～2011 年 4 月 30 日 2 个月实测数据进行实证分析。考虑到不同线路在相同路段上公交站分布不同,为了更加客观地反映公交车辆在路段上的实际运行情况,扣除车辆在站点延误时间,计算车辆扣除站点延误后的路段运行时间的可靠性,以及扣除站点延误和交叉口延误后的实际车辆运行时间可靠性。计算得到高峰期间(7:00～10:00 和 16:00～19:00)西藏路公交专用道处于畅通状态的可靠性如图 8-31 所示。

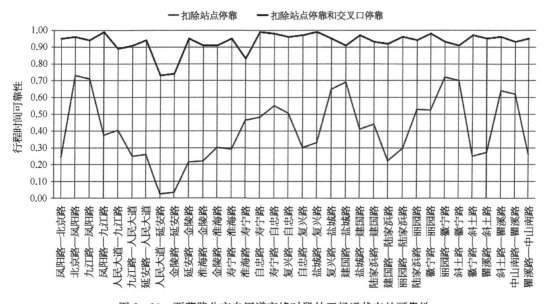

图 8-30　西藏路公交专用道高峰时段处于畅通状态的可靠性

从可靠性分析(见图 8-30、图 8-31)结果看,可以得出以下几点结论:

(1) 交叉口对公交可靠性影响明显。扣除交叉口影响后,除延安路交叉口外,其他路段运行可靠性基本上都可以达到 90%;但若考虑交叉口延误,公交运行时间可靠性明显下降,在北京路—淮海路区段(除凤阳路路口相邻路段外)的行程时间可靠性都低于 40%,特别在延安路相邻路段上,行程时间可靠性不足 10%。

(2) 路段行程时间可靠性与路段下游交叉口红灯时长有很强的相关性,红灯时间越长的路口,衔接路段的行程时间可靠性越低。若采用公交信号优先控制,将会显著提高公交车的运行可靠性。

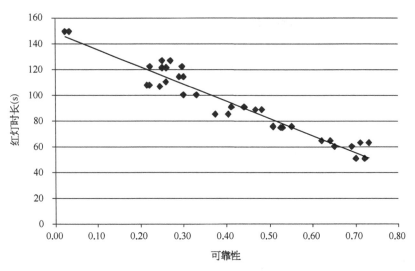

图 8-31 西藏路公交专用道高峰时段处于畅通状态的可靠性与红灯时长关系图

利用长时间、大规模、高频率采集的公交 GPS 数据,可以对公交运行特征进行细致分析。一方面,有助于技术人员诊断公交网络的瓶颈、甄别影响可靠性的因素,制定有针对性的改善措施;另一方面,公交运行可靠性的改善,将有助于提高公交竞争力,抑制小汽车出行需求,缓解城市交通拥堵。

8.3 公众智慧出行

智慧出行是在智能交通系统的基础上,融入了物联网、互联网、大数据环境下丰富的信息资源和信息处理手段来汇集分析交通信息,提供智能交通信息服务的综合系统。智慧出行是构建智慧城市的重要组成部分。智慧出行可以提高交通系统的运行效率,减少交通事故,减少环境污染,促进交通管理及出行服务系统建设的信息化、智能化、社会化、人性化水平。有助于最大限度地发挥交通基础设施的效能,提高交通运输系统的运行效率和服务水平,为公众提供高效、安全、便捷、舒适的出行服务。

8.3.1 智慧出行简介

1) 智慧出行与智能交通

智能交通是 1990 年代初美国提出的理念,它是将先进的信息技术、数据通信传输技术、电子传感技术、控制技术及计算机技术等有效地集成运用于整个地面交通管理系统,建立一种大范围内、全方位发挥作用的,实时、准确、高效的综合交通管理系统。

智慧出行是现代信息技术与交通运输领域深度渗透融合的产物,把传感器嵌入和装备到公路、桥梁、隧道、航道、港口、车站、载运工具等各种交通运输基础设施和要素中,互相连接,形成物联网,再与通信网、互联网连接,实现人类社会与物理系统的整合与交互,与传统智能交通相比,智慧出行对信息资源的开发利用强度更大,对信息的采集精度、覆盖度更深。与此同时,智慧交通将要实现的是更为全面的互连互通和更深入的智能化。它所产生的社会效益及社会影响力也将更为深远。

2) 智慧出行与物联网

物联网是智慧出行的重要基础设施。物联网是指通过传感器、射频识别技术、全球定位系统等技术,实时采集需要监控、连接、互动的物体或过程,采集其声、光、热、电、力学、化学、生物、位置等各种需要的信息,通过各类可能的网络接入,实现物与物、物与人的泛在连接,实现对物品和过程的智能化感知、识别和管理。

3) 智慧出行与智慧城市

2008 年,IBM 提出了"智慧地球"的概念,并于 2010 年正式提出了"智慧的城市"愿景。智慧城市是以信息和通信技术为支撑,充分借助物联网、云计算、传感网等技术,涉及智能楼宇、智能家居、路网监控、智能医院、城市生命线管理、食品药品管理、票证管理、家庭护理、个人健康与数字生活等诸多领域,通过透明、充分的信息获取,广泛、安全的信息传递,有效、科学的信息利用,提高城市运行和管理效率,改善城市公共服务水平,形成基于海量信息和智能过滤处理的新的生活、产业发展、社会管理等模式的低碳城市生态圈,构建城市发展的新形态。

目前在全球范围内,"智慧城市"建设开展得如火如荼,"智慧城市"所涵盖的领域范围遍及城市生活的方方面面,已经逐步涉及城市运营管理的各个系统,如交通、安防、电力、政务管理、应急、医疗、教育等。城市建设,交通先行。交通是经济发展的动脉,智慧交通是智慧城市建设的重要构成部分。城市的发展每次进入一个快速的时代,区域的开发、城市化的进程、商业的发展、居住环境的改变等每个变化必将对交通运输产生新的需求,交通作为城市高效运转的动脉,连接着城市的人、货及提供服务的群体的核心系统,直接影响着城市的经济活动能力和城市的运转效率。

8.3.2　智慧出行系统的分类

智慧出行系统与智慧出行密不可分。从功能上说,智慧出行系统可以通过多种信息发布方式,向出行前,出行中或出行后的人们提供相关的交通信息。例如道路的交通状况,施工情况,气象情况等,甚至包括一些路面交通状况的预测等,力求使出行者及时了解交通信息,提高出行的质量。

按照系统的适用对象来分类,智慧出行系统可以分为对交通系统管理者的应用和对出行者个人的应用两大类。

1）对交通管理者的应用

交通管理者需要拥有先进的智能指挥控制中心，能够对交通信息进行实时检测，同时还应该具有兼容整合分析不同来源交通信息的能力，能够为交通管理人员提供处理常见交通问题的决策预案和建议。智能指挥控制中心通过先进的交通信息采集技术、数据通信传输技术、电子控制技术和计算机处理技术等，把采集到的各种道路交通信息和各种道路交通相关的服务信息传输到城市交通指挥中心，交通指挥中心对来自交通信息采集系统的实时交通信息进行分析处理，并利用交通控制与交通组织优化模型进行交通控制方案的优化，经过分析处理和优化后的综合交通管理方案和交通服务信息等内容，通过数据通信传输设备分别传输到各种交通控制设备和交通系统的各类用户，或通过发布设备为道路使用者服务，以实现对城市交通的全方位优化管理与控制，为各类用户提供全面的交通信息服务。从交通管理者角度出发，智慧出行系统应该具有以下功能：

（1）信息收集　应具有大范围的信息采集、汇总、处理能力，具有稳定、可靠的软硬件设施配置和运行环境。交通信息采集常用的技术有环形线圈、微波、视频、磁敏、超声波等探测技术。需要采集的交通数据信息主要有原始流量、折算流量、5 min 流量、占有率、饱和度、拥堵程度、行程时间和行驶速度等。同时，在相关的节点应能够进行协调，所采集的信息经处理后，具有与其他相关机构、部门的信息系统相互进行信息共享、交换的能力。在发现交通异常时，能够以恰当的方式及时向相关交通管理人员报警、提示。

（2）信息处理　对所采集到的交通信息进行分级集中处理，具有对道路现状交通流进行分析、判断的能力，应能对道路交通拥堵具有规范的分类与提示，包括常发性交通拥堵、偶发性交通事件、地面和高架道路上存在的交通问题以及交通事故等，并具有初步的交通预测功能。

（3）信息与指令发布　应具有多种发布交通信息的能力，以调节、诱导或控制相关区域内交通流变化。发布内容可以是交通拥堵，交通事故等信息。发布的方式主要采用互联网、广播电视、手机、可变信息屏等形式。

智慧出行系统中对交通系统管理者的应用主要有：① 公交线路规划：根据客流需求，通过智能算法合理分配公交时刻表；② 交通诱导：通过交通广播，可变交通信息指示牌引导车流缓解拥堵；③ 电子警察：通过摄像头和视频识别技术识别违章车辆检测交通状态；④ 信号灯控制：通过传感器检测路口的实际车流，根据交通需求合理分配绿灯时间；⑤ 收费控制：使用不停车收费系统（ETC）提高效率，利用拥堵收费策略缓解拥堵状况等。

2）对出行者的应用

从出行者角度讲，出行者需要可靠的出行信息来减少出行时间与出行压力、提高安全性与可靠性，需要高质量的运输服务与便捷的支付手段；从行驶角度讲，驾驶员需要最新的交通信息、及时的危险警告、推荐最佳的行车线路、适宜的速度限制、在不利的道路与天气条件下对司机的有效支持、对紧急情况的快速反应。

互联网的普及和智能手机的兴起为智慧出行系统提供个性化方案给出行者提供了基础。

智慧出行在对出行者的应用主要体现在两方面：

（1）行前路线规划 出行者可以利用互联网查询目的地的信息，了解各种交通方式所需要的费用和时间。

（2）出行中导航应用 自驾出行者可以利用车载 GPS 或者智能手机给自己定位，查询周边的设施；公共交通出行者可以实时获取公交车，地铁，飞机等的运行状态和等待时间等。

8.3.3 智慧出行在城市出行与城际出行中的应用

1）城市出行

智慧城市出行覆盖了城市公共交通，出租车和私家车等多种交通方式。

（1）城市公共交通 公共交通不仅为大众的出行提供了方便，而且其经济、环保的优点具有极大的社会效益。但是随着社会经济的发展，城市交通运行状况的日益恶化，从而导致公交系统的整体运行效率不高。服务质量直接影响着公共交通在市民出行中的分担率，也间接影响了道路拥堵的程度。市民选乘公交与否取决于公交的便利性和舒适性，公交线路安排是否合理，站点分布是否步行可到达，换乘和与交通枢纽的衔接是否方便，高峰期是否过于拥堵，能否准时等，这些因素决定人们对公共交通的选择。路面公交系统的运营和调度受到多方面因素的影响，城市地域的扩张和功能区划的变化改变着通勤需求的时空分布规律，拥堵和事故造成车辆延误，恶劣天气和大型公众活动引发客流拥堵。智慧城市公交系统应提供以下功能：

① 线路规划。公交管理部门需要定期对线路设置进行评估和调整，公交公司需要实时掌握车流和客流变化，动态优化线路运力，才能提高公共交通的服务质量和运营效率，为市民提供便捷舒适的公交出行，准确全面的公交信息服务。

② 车辆监控。监测每辆车的实时位置，并把信息传送到调度中心，可用的技术包括：无线技术、路标技术、里程表技术和全球定位系统等。公共交通因其封闭性、人员密集性、防范难度大，一旦发生恐怖袭击、爆炸、火灾等事故，极易造成群死群伤重大恶性事故。目前，公交系统的监控工作主要涉及场站和运营车辆两个方面。公交场站视频监控系统是一个采用多级管理架构，能够实现分布监控、集中管理的系统，可以实现远程实时监控、远程遥控、远程设置参数等功能；公交车视频监控系统的视频采集端设备将公交车运行途中的视频图像通过传输系统传至视频信息管理控制平台、视频信息通过无线通信方式，借助电视墙、多媒体大屏幕、PC 终端等信息显示设备，实现视频监控信息的远程调用或回放。

③ 车站/路边公交信息系统。通过车站/路边的电子显示、电视等媒介为公交方式出行的乘客提供信息，包括实时车辆到离站信息，也包括传统的静态服务信息。随着技术的发展，站边也可以提供利用互联网查询各种信息的手段。

（2）出租车 城市出租车系统是城市公共交通中的重要组成部分，城市出租车系统效率的高低很大程度上影响着城市公共交通的效率。随着城市人口数量的增加和收入的提高，人们选择出租车出行的概率大大提高，但是由于信息的不对称，存在出行的人打不到出租车、而行驶的出租车空载的情况，造成能源浪费和公共交通效率低下。将智慧交通技术应用于城市出租车系统，能有效地将出行者需求信息与出租车信息进行整合，提高城市出租车系统的综合运输能力，降低交通能耗和污染，提高交通安全性，减少车辆治安事件的发生，解决交通堵塞问题。将智能交通技术应用于城市出租车系统，可以促进整个城市公共交通领域提供优质高效的运输服务，对构建绿色和谐的公共交通体系有着重要的意义。

智慧出租车管理系统可以通过车载电台将 GPS 定位信息发送给调度指挥中心，调度指挥中心便可及时掌握各车辆的具体位置，能够监测区域内车辆运行状况，对被监控车辆进行合理调度。调度指挥中心还能随时与被跟踪目标通话，进行实时管理。在紧急情况下，调度中心可以通过 GPS 定位及监控管理系统能够对发生事故或遇有险情的车辆进行紧急援助。监控台的电子地图显示报警目标和求助信息，规划最优援助方案，并以报警声光提醒值班人员进行应急处理。

对于出行者，主要关心的问题是如何能尽快地打到出租车和如何节约时间和费用。2013 年，上海出租行业兴起一款"手机打车软件"，用户在网上下载软件后，输入起点和目的地，自愿选择"是否支付小费"，出租车司机则可根据线路、是否有小费等选择接受订单。打车软件是一种智能手机应用，乘客可以便捷地通过手机发布打车信息，并立即和抢单司机直接沟通，大大提高了打车效率。如今各种手机应用软件正实现着对传统服务业和原有消费行为的颠覆。截至 2013 年 5 月，安卓平台上 11 家主流应用商店的打车类软件如滴滴打车，快的打车等客户端总体下载量已超过百万，用户主要集中在北上广等一线城市。在传统的打车方式中，由于出租车司机与打车者之间信息不对称，导致非高峰时段出租车空载、高峰期和恶劣天气下司机拒载等现象频发，而手机打车软件通过加价等手段，提高了打车成功概率，实现了司机和打车者双赢，因而在大城市日益走俏。

（3）私家车　车载 GPS 系统可以为用户提供主要物标，如旅游景点、宾馆、医院等数据库，用户可以在电子地图上根据需要进行查询。查询的资料能以文字、语音和图像的形式显示，并在电子地图上显示其位置。GPS 系统还可以提供出行路线规划和导航，包括人工线路设计和自动线路规划。人工线路设计是由驾驶者根据自己的目的地设计起点、终点和途经点等，自动建立线路库。自动线路规划是由驾驶者确定起点和目的地，由计算机软件按要求自动设计最佳行驶路线，包括最快的路线、最简单的路线、通过高速公路路段次数最少的路线等的计算。线路规划完毕后，可在电子地图上显示规划的线路，并同时显示汽车运行路径与运行方法。

2）城际出行

城际交通出行的方式主要包括公路出行（长途车和自驾），铁路客运和民用航空等方式。

（1）公路出行　伴随着中国高速公路投资规模的不断扩大，建设里程的不断增加，高速公路管理所需交通工程设施,特别是高速公路的通信、监控和收费系统需求量将不断扩大。高速公路智能交通系统是以信息技术、数据通信传输技术、电子传感技术、控制技术及计算机技术和交通工程等技术为基础的综合性、集成化大系统,主要由监控系统、通信系统和收费系统三大部分组成。近20年来,随着中国高速公路投资规模的不断扩大,建设里程的不断增加,如何提高高速公路使用效率、安全和舒适程度和管理水平,降低能源消耗,减少环境污染成为迫切需要解决的问题。建设和利用高速公路智能交通系统成为解决这一难题的主要手段。

智慧公路交通系统使用停车诱导、交通预测、路经诱导及交通事故检测等技术,依靠先进的技术实时地将道路交通信息在监控中心进行加工处理,并将信息发送至道路管理者及其使用者,从而实现动态交通分配,以及对交通的有效监管,尽量避免交通阻塞。智慧出行系统在公路上的应用主要包括:

① 不停车电子收费系统可减少传统收费模式带来的时间延误和人工消耗,提高车道的通行能力。

② 路面交通感应器,能够对道路承受压力及应力状况进行实时监控,同时将监测数据传输至管理中心,实时了解道路情况为养护部门提供完备的资料。

③ 可变限速标志及可变信息标志牌,实时显示沿途的路面状况及事故情况,及时发布限速信息,对交通流实时动态管理。

④ 高速公路入口匝道的交通流控制,利用和监控中心的通信及入口匝道处的信号灯,对入口匝道交通流实时智能化监管。

⑤ 闭路电视监控,利用闭路电视摄像机,对违章车辆进行实时监控,发现问题可以及时启动应急机制进行处理。

(2) 民航和铁路　航空和铁路是重要的远距离城际交通方式。智慧出行在民航和铁路城际出行交通方式的应用主要包括:

① 票务管理:目前,我国的铁路和航空售票均已实现网络售票,出行者可以通过网络自助办理购票退票业务,查询车次/航班,剩余车票等。一些机票网站整合了多家航空公司信息,方便了出行者对比价格。

② 安全管理:安保系统对铁路航空安全至关重要,安保系统应该能提供联网核对旅客信息的功能,以确保运输安全和方便公安部门的管理。

③ 列车/航班状态查询:出行者可以通过互联网或手机应用实时跟踪列车或航班的状态,方便后续安排出行计划。

8.3.4　智慧出行系统的模块介绍

智慧出行源于"智慧地球"发展战略,引领数字城市走向智慧城市。该战略定义大致为:先构建物联网,然后通过超级计算机和云计算将其整合,实现社会与物理世界的融合。

在将交通源数据转化为决策智能和有效的交通服务信息方面,通过多年积累大量的行业实践经验,能够开发出一系列的解决方案。这些解决方案涉及智能交通多个领域,如道路交通监控指挥、交通流预测、自由流收费、公共交通规划和运营、交通组织优化与仿真、出行信息服务等。智能交通解决方案的目标是通过对实时交通态势的把握和短期需求预测,优化交通资产和基础设施的利用,达到改善城市交通的目的。鼓励不同部门和交通模式之间的协同,通过提高运营效率降低交通对环境的影响,提高市民出行的人身和财产安全,改善市民端到端出行体验。智慧出行的解决方案,能够为不同城市提供规划咨询,系统集成、分析应用,运营管理等各类服务。智慧出行解决方案能够拆开成多个单独运行的模块,也可以整合在一起形成整体解决方案。通常可分为以下模块:

1) 交通数据网关

交通数据网关(Transport Data Gateway,TDG)是交通信息管理系统中一个重要的模块。城市可以通过多种技术手段获得不同的交通源数据,如交通流采集设备的采集的数据、交通信号灯或视频摄像机数据、可变信息交通标志 VMS 数据、浮动车数据等。

城市的道路交通指挥部门,地铁、公交、出租等客运公司,停车场,道路收费部门,以及信息服务商等对交通的关注点不尽相同,需要对基础交通数据进行不同的分类组合,绩效分析。交通管理部门需要实时监测交通运行状态,及时采取措施来化解可能出现的问题。应急处理部门关注可能出现的灾害或事故对客运和货运的影响,制定实时应急预案,优化资源配置。道路收费部门的业务绩效管理系统需要及时了解收费和对基础设施使用的关系,推行智能收费策略。停车场需要及时掌握停车位的利用,提高资产利用率。规划管理部门需要清楚地了解一项新的交通措施可能带来的社会效益。

通过不同采集系统获得的交通流数据反映着交通流的不同方面,在格式和采集频率上各不相同;采集设备故障或天气、突发事故都可能造成错误数据,甚至丢失。交通数据网关可以对不同手段采集的数据进行清洗、替代、整合,去掉明显不合理的错误数据,而且需要融合不同格式和频率的数据,从而全面准确地反映某一点或路段上的交通状况,为管理部门提供比单一数据源所能提供的更全面准确的交通流数据,为实时监控并快速应对拥堵或突发事故打下坚实的数据基础。

交通数据网关通过特定的算法对不同采集频率的源数据进行整合,为交通数据分析系统提供标准的整合交通基础数据。同时,它能够自动识别异常数据和缺失数据,根据历史数据和其他数据源的实时数据对非正常缺失数据进行替代填充,以保证在总体上对路网实时交通流准确把握。

2) 交通运输绩效评估工具包

交通运输绩效评估工具包(Traffic and Transportation Performance Analysis Toolkit)不仅包含预定义的常用交通分析关键指标和报表,方便交通监控人员对历史或实时各类交通数据进行快速分析,而且可以通过统一的基于互联网的交通信息门户将各类图表有机地组织并展现给使用者。同时,分析人员也可以根据业务需求方便地定义并产生所需要的报表。

交通运输绩效评估工具包的主要用户为地方政府、道路交通管理部门、交通运输管理部门或运营公司和交通信息服务商等。

交通运输绩效评估工具包接受来自不同采集设备的源数据，对数据进行分析并以多种图表方式将分析结果呈现出来。它不仅是一个可以接受存储交通数据的数据仓库，而且包含预定义的常用交通分析报表和关键指标，方便交通监控人员对历史或实时数据进行快速分析，并通过交通分析门户将各类图表有机地组织并展现给使用者。交通运输绩效评估工具包集中整合分散在不同部门或系统中的交通流、交通事件、交通设备、停车、公共交通、道路收费、注册车辆等交通运输相关数据，便于用户全面掌握城市交通运输态势和趋势将数据按照交通业务维度进行组织，方便用户进行分析。

3）个性化出行信息服务

个性化交通信息服务解决方案是一款具有前瞻性的解决方案。它不仅包含地图引擎，旅行时间预测工具，移动信息服务平台，使出行者从多种渠道了解当前和近期内周边路面交通状况，而且可以在严格保护隐私的前提下，"学习"客户的通勤习惯，主动适时向客户推送其常用路径的路况信息及预报，为用户提供可执行的交通信息服务。允许用户动态查询可选路径，并联系服务提供商。真正做到以人为本——以出行者为服务中心。

个性化出行信息服务模块通过带有卫星定位功能的智能手机向出行者提供交通信息服务，系统采取新的途径，在严格保护客户个人隐私的前提下，向客户主动推送与其位置或常用路线相关的路径上的实时或一小时内交通信息。系统支持多种定位设备和信息发布渠道。

4）智能公交管理

智能公交管理系统和公交线网优化解决方案通过对多种信息的综合分析为公交管理部门和运营公司提供科学决策和动态优化的手段，可以协助公交公司提高运营绩效，改善服务质量。智能公共交通系统是一套实时公交线路监控和调度管理系统。该系统建立在城市业务分析平台（CitBAT）上，具有高效，可配置，易扩展的特性；系统为不同的数据源提供统一的接入方式，保障不同资源之间的双向交互和实时更新；支持多种 GIS 引擎；支持预定义应急事件流程配置和管理。该系统的公交调度模块可以实现如下功能：

① 动态调度：基于公交线路实时的运行情况生成动态的调度指令。

② 调整车辆时间表：车辆优化调度知识库，支持多种车辆调度模型，优化日常的公交运营。

③ 公交运营数据分析：提供了为车辆运营数据定义关键业绩指标，特别是车辆运营和调度数据，实现对公交服务水平的评估。

5）公交线网评估与优化系统

公交线网评估与优化系统打破了依靠经验人工对单条线路进行调整的传统模式，利用票务和其他客流信息，掌握公交客流的时空变化规律，结合实地勘查，建立城市或园区中短期公交线网评估优化决策支持系统。该方案支持对线网合理性主动预警，多粒度（点、线、面、网）分析调整，和调整后的评估，通过对公交数据多层次的挖掘，在全面掌握公交出行的时空需求基础上对线网做出调整,使调整后方案更加切实可行,公交线网在整体上得到优化。该模块支持量化的线网评估指标体系,将传统线网调整方法中定性分析转化为定量分析,使线网调整更加科学合理。线网优化工具可以根据数据变化,"主动发现"不合理的线路,支持滚动式调整优化。

◇ 参 ◇ 考 ◇ 文 ◇ 献 ◇

［1］　日本运输政策研究机构. 都市交通年报［R］. 2006.

［2］　日本国土交通省. 2007年调查报告第二版［集计·解析内容的深度化(1)］［R］. 2008.

［3］　日本国土交通省. 2010年大城市交通普查首都圈报告书［R］. 2012.

［4］　C. Lnclan, GC. Tiao. Use of Cumulative Sums of Squares for Retrospective Detection of Changes of Variance［J］. Journal of the American Statistical Association, 1994, 427: 913 - 923.

［5］　魏华. 城市公交服务质量与可靠性评价研究［D］. 西安:长安大学,2005.

［6］　宋晓梅. 常规公交网络运行可靠性多层次评价模型与算法［D］. 北京:北京交通大学, 2010.

第9章

展望

通过前文的介绍,相信读者已经对城市交通大数据有了一个大致的了解。城市交通大数据并不是一个全新的领域,它是交通信息化和城市交通管理发展到一定程度的必然产物,是城市交通信息化发展过程中的必经之路。大数据带给人们一个很美好的愿景,提供了认识世界的新途径,提高了人们的决策能力。城市交通大数据作为大数据在城市交通规划、管理和应用领域的具体实践,有许多吸引人的地方,其中不乏让人耳目一新的内容。但同时也应看到,大数据技术也不是万能技术,城市交通大数据也不是城市交通信息化的终点,更不可能解决所有城市交通问题。

自 2012 年美国提出大数据战略以来,大数据技术和应用服务还处在发展成熟的过程中,因此城市交通大数据也会随着大数据技术和应用服务的发展而发展,甚至未来会随着新兴信息技术的出现,产生跳跃式的发展。当把关注点从信息技术移回城市交通信息化需求本身,可以洞察到一些城市交通信息化未来的发展方向。

1) 交通政策和管理的精细化决策支持

利用大数据等信息技术,针对重大交通政策、措施的出台,重大交通规划的编制,重大交通工程的立项等不同的应用对象,通过对大量历史的交通信息数据及与交通相关联的土地、人口、经济等相关领域数据,甚至还可以包括公众舆论等数据,加以综合分析,建立相应的精细化决策支持,使每一项重大交通决策的出台,都经过科学评价、论证,保障重大交通决策的科学性。其中,精细化体现在决策不再仅仅依靠抽样的数据或以往的经验,而是真正做到以实际情况(数据)为依据,以全面的分析为手段,兼顾考虑显式的直接作用和隐式的间接影响,可以从不同角度多方位地进行考量,最后形成科学准确的决策。通俗地讲,利用城市交通大数据,决策的效果将不再像以前那样完全依赖决策者的能力和经验。

城市交通大数据对城市交通精细化决策支持的另一方面表现在针对重大交通决策实施后的效益,可以有一套有效的推演和预测方法,基于全面、准确的城市交通大数据,以及建立在这些数据基础上成熟的分析模型和模拟系统,可以利用计算机预先对重大交通决策实施后的社会效益、经济效益作出合理科学的评价,为重大交通政策的实施或修订等提供技术支撑。

精细化决策支持还体现在重大交通决策过程的新机制。在每一项重大交通决策过程中,除了在决策前建立相应的决策支持模型外,还能在机制上保证决策的整个流程中让交通信息化真正发挥作用,包括在重大交通决策过程中,在各相关部门的审核流程各环节中,都能利用城市交通大数据提供的服务,发挥数据分析的作用,真正做到依据实际情况(数据)决策,依据实际情况(数据)审核和监督,避免因不同部门掌握的数据程度不一而导致审核流于形式,或是周期过长。

2) 交通设施规划和建设的优化辅助设计

通过信息化、大数据等技术手段的辅助作用,未来道路等交通设施将实现全市域路网整体协同控制与运行。通过实时、精确、符合个性化出行路径的道路交通拥堵指数、里程指数、跨路网指数、停车指数、安全指数、油耗指数、旅行费用指数、生态指数、舒适指数、景观指数、旅行时间等一系列交通综合信息的发布,跨不同路网的信号等综合控制,有效诱导、控制车流高效运行,做到诱导与控制相结合、显示与预测相结合、效能与安全相结合,使快速路与地面道路、主干道路与支路、快速路与区域、省际交通走廊等不同复杂路网的交通流量均衡分布,使复杂的、整体的路网运行效率达到最优,充分发挥有限交通资源的效能。

通过信息化技术手段的辅助作用,未来道路等交通设施将更智能。地面下的有效感应线圈,检测每个车道交通流量、车速、车型等信息,传输至管理中心集中处理和应用。路侧具有信息接收和交换装置,接收来自周边车辆提供的各类车速、安全、事件、视频等检测信息、位置信息,通过光纤或无线通信方式,传输至管理中心,进行大数据挖掘分析,处理成交通管理部门所需的管理信息和社会公众需要的出行信息,并通过路侧信息接收和交换装置,反馈至相关区域道路两侧的车辆,诱导车辆避开拥堵和事件发生区域,提示车辆安全驾驶。也可通过路边计算处理装置,就地处理成管理者和出行者需要的各类交通信息,向周边区域相关车辆发送有关拥堵、事件信息,真正实现车车联网、车路协同,辅助道路交通组织管理、决策科学化,使道路通行能力达到高效和最优。

通过信息化技术手段的辅助作用,未来道路等交通设施的运行将与市场机制相结合,通过收费等经济杠杆措施的应用,来调节道路交通流量的分布,减缓区域道路的拥堵。这种收费机制将随道路拥堵状态而实时调整,包括收费区域、收费时段、收费标准等,这些信息都将在相关车辆即将驶入时,通过无线通信和车载终端以语音和终端显示提示,提示车辆将进入收费区域、收费标准,以及不进入收费区域的替代路径等,来调节拥堵区域的交通流量,实现交通流量均衡调节目标。

与此同时,也要清醒地认识到大数据并非万能,尤其是在具体的交通设施建设工程中,并不一定能比传统设计方法提供更好的效果,相反地,代价可能更大。这主要源于大数据技术侧重在总体数据上进行分析挖掘,发现潜在的规律和关联。类似于统计分析方法,在某种意义上说,大数据技术是无法直接预测或获得个体的精确结果。在具体的建设工程中,大数据反而容易因数据量过少、数据过于片面或不完整,而导致计算偏差。因此,比较可行的方法是先利用城市交通大数据在区域范围内进行大致的分析挖掘计算,制定出交通设施规划建设的设计原则和策略,然后再用传统方法逐个进行精细化设计,确定具体参数,以兼顾整体效果和局部细节。

3) 基于智能车辆和道路技术的智能化交通协同

智能车辆和智能道路技术代表了未来车、路智能化的发展方向,可以在提高车辆安全性能、实现半自动或自动驾驶、推广动态公众信息服务等各方面发挥重要的引领作用。智能车辆基于高度传感、智能辨识、通信等技术,通过驾驶行为分析、环境感知、车辆交互通信、主动安全等系统,实现车辆的高度自动化与生态化,为驾乘人员提供预警信号、避障防撞、智能导航、辅助驾驶、自动驾驶等各项服务。智能道路在车路联网的技术基础上,以先进的通信设施汇集车辆发送的各种交通信息,实现道路与车辆的高度协调,提供不停车缴费、个性化诱导、分类信息查询、最佳路径选择等服务,保障行车的安全和畅达。

通过智能车辆和智能道路技术,结合移动智能设备使车辆之间、交通设施、驾驶员和乘客使用的移动设备之间建立安全、可互操作的无线连接。通过建立有效的驾驶员预警技术,提高行驶信息,降低驾驶员注意力分散,共同为驾驶安全、高效、环保的目标提供支持;车辆和道路之间的相互反馈,实现车辆和道路之间可以相互交换信息,以降低发生车祸或者交通阻塞的概率。此外,还能在节约客货运成本、治理车辆尾气排放与交通环境问题、主动式交通管理、边境跨境运输等方面提供支持。

未来汽车将成为物联网、车联网中名副其实的一个节点,集成了车辆定位、计算机、无线通信、移动互联网、无线传感、视频检测分析等技术。汽车是交通信息传感者,通过车辆能采集交通状态、前后两侧车辆间距、交通事件、驾车习惯、车辆状态等信息,并将这些信息实时传输给周边相关车辆和管理中心,感知实时的道路交通状态、车辆行驶安全距离、车辆行驶偏离车道影响安全的状态、车道障碍物、驾车者的危险行为、车辆车况信息等,并保持这些信息与周边相关车辆的交互、共享;管理中心通过扩大信息服务对象,决定传播范围和内容,确保每辆车都在车联网中发挥作用,成为移动的交通传感器,并使交通碳排放最低化,汽车生态化;同时,汽车又是海量交通综合信息的享用者,接收来自周边车辆和管理中心有关交通事件、安全、路况等信息,能及时修正自己的驾驶行为、驾驶路径,使交通拥堵得到缓解,道路通行效率不断提高,交通安全水平不断提升。

4) 客货运交通快速集散和多式联运的高效化服务

在城市交通大数据的基础上,进行货运信息采集、整合和共享,建设货运信息公共平台,建立对外交通枢纽客流采集和信息服务,提高货运集疏运效能和物流配送能力,保障航运水路畅通,提升对外客运枢纽客流便捷、安全的集散和综合信息服务能力,为区域联动经济发展,提高物流效率,降低物流成本提供支撑服务。

采集以对外交通枢纽为主的货运量、集疏运结构、方向,以及水上航运状态等信息,掌握货运枢纽、场站、通道分布,分析货物运输对道路交通、水上交通运行影响的规律,掌握航运、航空、铁路等对外交通枢纽的集装箱吞吐量、散货吞吐量、集疏运体系货物转运、联运等信息,分析货运对道路交通带来的影响,为优化调整集疏运结构、提高航运资源配置能力、降低货运对道路交通运行的压力等提供辅助信息支撑。在电子口岸平台、口岸物流企业信息系统和集疏运信息系统基础上,建立跨部门、跨行业的综合信息平台,整合和共享港航运、铁路、机场的货运信息数据,提高航运信息服务能力,促进集疏运多式联运整体效率不断提升。实现口岸监管、口岸物流、集疏运、航运服务等的信息化应用,能够有效推进物流运行与电子商务结合进程。

适应不断发展的电子商务等城市物流配送需求,强化信息技术在优化物流配送组织方式、提高城市物流配送效率的作用。加强以信息化带动物流现代化,促进物流以更加智能的方式运行,推动基于信息系统的物流配送网络建设,构建低成本、广覆盖的系统配送网络,提高电子商务配送的满意度。推进大宗商品物流运行与电子商务紧密结合,整合各地区大宗商品物流资源,促进大宗商品物流有序流动,促进全社会物流资源供需的有效对接。

满足对外交通客运枢纽多方式换乘信息、客流疏导等需求,保障对外客运交通枢纽客流集散安全和高效。加强对外客运交通方式的客流信息、运行信息采集和数据共享,实现区域多方式客流联运。发展枢纽协同管理和运输服务体系,实在各种运输方式的管理主体协同管理、联合调度,各种运输服务的有效衔接。提升枢纽交通综合信息服务水平。采用视频检测、红外感应等多种技术,统计分析客运枢纽的客流密度与客流集散分布,实时掌握客流分布及其周期性集散规律与分布规律,提供精细化的动态客流引导和信息服务。在综合客运枢纽提供室内行人定位和导行服务。

5) 公众出行全过程交通信息的便捷、个性化服务

人(出行者)是交通需求产生者、交通状态影响者、交通结果承受者,是一切交通行为产生的本源。出行者在整个交通过程中,主导交通需求的产生,决定交通设施设备的结构和容量,享用交通运行所产生的最终成果,是交通的核心和本源。虽然出行者决定着交通行为的一切,但会随信息技术的发展而使出行者在交通过程中的地位和结果发生微妙的变化,使出行者的交通需求改变而选择更为合理的交通设备工具和路径,降低出行频度,提高交通设施设备的效能,最终使出行者的交通结果达到最优。

个性便捷的公众综合交通信息服务目标是让出行者能随时随地掌握动态交通信息,在出行全过程中能运用手机、广播、移动导航终端等多种方式获取综合性、个性化交通信息,满足公众出行便捷、有效、安全、舒适的要求。公众出行信息服务贯穿公众出行过程中,分为出行前,出行中和到达后三个阶段。

(1) 出行前　出行者可以在家中或者单位,通过互联网、手机应用程序或拨打交通查询电话等方式,查询交通状况、出行路径等实时信息,以及未来几天交通状况预测(例如小长假出城高峰时段、返程高峰时段预测等),得到推荐的出行路径、出行时段等建议信息。不同类型的出行者可以获得不同类型的到达目的地的信息(如路径选择、换乘方案、票价、预计的出行时间等),所有交通方式的交通信息均可通过网站"一站式"服务获得。

使用城市公共交通、铁路、公路长途客运、航空、水运的乘客,可以查询到从上海、长三角或国内任何出发地到达目的地的交通路径,有多种方案可供选择,出行者可以根据费用、时间、远近、舒适程度等因素综合考虑,选择合理的出行方案。自驾车出行者,可以通过网站和热线电话获得建议行驶路径、停车换乘的路线、沿途收费信息、停车场位置等信息,可以查询当前道路交通状况实时信息和目的地停车场的空满状况。长途旅行的出行者可以通过综合查询,获得最佳的交通工具组合和换乘指南,例如要从上海出发到廊坊市,几点出门选择乘坐哪路公交车然后换乘地铁到达机场,再搭乘航班到达北京,然后换乘几点的火车到达廊坊市,再搭乘当地的地铁、公交车或乘坐出租车到达目的地等。这种综合性的规划能够实现"门到门"的个性化路径规划,并能自动规划最合理的换乘方式,尤其使长途出行者在转换交通工具时不必忙于奔波或是漫长等待。

（2）在途中　乘坐公共交通的出行者，在出行过程中，可以通过手机上网、发短信或手机电视、车内广播等方式，也可以通过电话问讯，获得最新的交通信息。乘客在地铁换乘站可以在车站大型显示屏上看到从当前位置到达目的地的交通引导信息。乘坐公交的乘客可以在公交专线车站电子站牌、车内电子显示屏、车内广播告之车辆所在位置。自驾车乘客，有市域道路交通联动诱导系统告知前方道路拥堵信息，有停车诱导系统指路停车，还有车载导航仪和手机导航为其服务，还可以获得实时最佳行车路径服务。

外地出行者乘坐火车、长途汽车、飞机和船舶抵达后，有大型信息显示屏、触摸屏等方式为其提供周边交通信息，通过手机还能实时获得从当前位置到达目的地的交通状况。外地自驾车出行者，在高速公路上可以通过区域联动诱导的可变情报板得到目的地城市的交通状况。进入目的地城市后，在市域道路交通联动诱导和停车诱导系统引导下，将车辆停进目的地停车场，同时还可以通过手机应用程序和导航系统获得实时交通路况及动态规划的最佳路径。

（3）到达后　出行者到达目的地后，出行者可以通过互联网、手机应用程序、导航终端等方式获得回程的交通信息，查询回程的交通状况，包括回程路线、拟搭乘的交通工具的等候人数和等候时间等，方便规划回程（或下一目的地）的行程安排。还可以和其他的应用服务互动，提供当前位置实景环境图，订票服务，周边餐饮、娱乐、商场打折等动态信息及交通路线，在为出行者提供交通服务的同时也提供便捷的生活服务，使交通信息服务更全面、更实用。同时还能引导更多企业参与和提供交通信息及相关服务，形成产业化、规模化，降低服务成本，扩大交通信息服务受众面，使交通信息服务成为社会公众生活资讯的重要组成部分。

6）基于非结构化数据分析的短时交通状况预警化服务

在现有技术的基础上，融合视频图像识别、红外感应、雷达感应等技术，对监控视频和来自公众互动提供的图片、语音、微博、微信等非结构化数据进行识别和分析，更直接准确地判断道路交通状况是拥堵还是畅通，提高预警的准确性，降低预报与实际出行感受之间的差异。通过对监控视频中的车辆进行识别，对比计算出相应路段的车辆平均行驶速度，以及该路段的车流饱和程度，参照道路设计的参数，就能够推算出该路段在未来时刻是否会发生拥堵，如果会发生拥堵，则可以提前进行疏导。结合硬件、传感器网络、移动互联网等技术，可以制造出车载交通状况预警监测设备，能够方便地在没有实现布设交通控制系统设施的地方进行临时监控，采集数据，实时分析。一方面可以成为已有固定设施的补充，另一方面也可以用来验证已有固定设施及相应的交通控制策略的合理性和有效性。利用视频图像识别和分析，还能为追查车辆行驶轨迹、自动识别危险驾驶行为、发现事故逃逸行为等提供技术支持，自动将相关视频片段摘出，剔除大量无关的视频片段，大幅降低目前通过人工查看比对的工作量，极大提高效率。

展望未来，包括车间互联（Vehicle-to-Vehicle，V2V）、汽车与基础设施互联（Vehicle-to-Infrastructure，V2I）、汽车与中央服务器互联（Vehicle-to-Central server，V2C）在内的车联

网技术、高精度位置导航服务、北斗卫星定位、移动互联网、视频识别与分析、信息技术及大数据技术等得到大规模推广应用,自动驾驶和辅助驾驶技术逐步成熟,智能交通系统的不断完善和发展,交通信息化将形成庞大的产业链,成为国家战略性新兴产业。交通信息化的发展借助于信息技术、城市交通大数据的广泛应用,将实现以信息化为纽带的人(出行者)、车(出行设备)、路(出行设施)协同目标,出行者高度享受交通信息服务带来的便利,通过信息辅助使出行变得舒适和安全,交通工具变得更智能,并与交通设施高度和谐,使有限的交通资源发挥最大效益。

城市交通综合信息平台简介

上海市交通综合信息平台(以下简称"交通综合信息平台"或"平台")于 2008 年 3 月建成,由上海市改革和发展委员会立项,上海市城乡建设和交通委、上海市科学技术委员会支持,上海市交通信息中心(现为"上海市城乡建设和交通发展研究院上海交通信息中心")组织建设并负责运行维护,是目前全国规模最大,全面、实时整合、处理全市道路交通、公共交通、对外交通领域车流、客流、交通设施等多源异构基础信息数据资源,实现跨行业交通信息资源整合、共享和交换,为交通管理相关部门进行交通组织管理和社会公众进行交通综合信息服务提供基础信息支持的信息集成系统之一。

交通综合信息平台建成以来,已经为政府交通管理部门进行日常交通组织管理、重大交通决策、重大社会活动,为社会公众日常出行提供了信息服务支撑,产生了良好的社会、经济效应。特别是在世博会期间,通过建设以交通综合信息平台为核心的世博交通信息服务保障系统,为世博交通管理部门提供了决策参考依据,也为世博游客提供了观博出行引导信息,从而为保障全市日常交通和世博交通的平稳、有序、安全运行做出了重大贡献。

1. 建设背景

随着上海经济的持续快速增长,机动车数量急剧上升,道路交通设施容量日益凸显不足。依托科技创新,积极开展交通信息化建设,最大限度地发挥现有交通设施的能力,是解决这一问题的重要举措。

"十五"期间,上海相继建成上海市中心区道路交通信息采集系统工程等交通信息化基础工程,在全国率先实现中心城区快速路交通流等数据采集和视频监控的全覆盖,地面主干道路交通流等数据采集和视频监控的基本覆盖,以及上述范围内道路通行状态实时信息的提供与发布,同时配套建立了交警监控中心信息系统、快速路监控中心信息系统。但这些交通流数据,以及相应的信息系统分属不同交通管理部门,互不交换和共享信息资源,形成了严重的"信息孤岛"现象,迫切需要在顶层建设一个能统一整合、交换共享来自不同交通信息系统、统一对外提供和发布交通信息的综合平台,提升交通信息资源利用率和上海交通信息化整体水平。

2010 年上海世博会成功与否,交通保障是关键。充分运用信息化手段,实时展示进入上海市域和世博周边主要道路运行状态,实现园区内、外信息联动、部门之间信息协同来科学合理地组织世博交通和日常交通正常运行,也迫切需要建设一个交通综合信息平台。

为此,上海市政府领导高度重视,明确要求加快交通综合信息平台建设,并通过立项开展道路交通建设,提高交通管理服务水平,推进交通领域信息产业迅速发展,实现对各交通行业信息整合、系统互联和信息共享目标,全面、有力地推进了交通综合信息平台建设进程。

2. 指导思想和目标

交通综合信息平台建设以"掌握现状、找出规律、科学诱导、有效指挥"为指导思想,以城市道路交通、公共交通、对外交通领域动、静态信息数据为主要对象,在相应标准的规范下,通过汇集、整合、处理本市车流、客流、交通设施等多源异构基础信息数据资源,实现跨行业交通信息资源整合、共享和交换,为交通管理部门进行交通组织管理和社会公众获取交通综合信息服务提供基础信息支持,推进上海市交通信息化建设进程。

3. 系统总体构架

交通综合信息平台系统是一个分级、跨行业汇聚、处理、共享和交换交通综合信息的集成系统。一级平台即上海市交通综合信息平台,是全市交通综合信息集成、共享、交换和发布的核心主体。二级平台是行业交通信息汇聚、交换的信息系统,并承担着连接一级平台和三级应用系统的重任。三级应用系统是交通综合信息平台数据采集基础层和平台综合信息的具体应用层。其总体构架如附图 1 所示。

交通综合信息平台主体由通信网络系统、数据库服务和数据存储系统、数据处理系统、运行保障系统、视频系统及应用展示等系统组成,通过万兆双环自愈以太环网连接路政局、交警总队、交通委(原交港局)、铁路、机场、浦东新区等部门,如附图 2 所示。在相应数据接口标准规范下,由计算机系统完成数据整合处理等,实现交通综合信息平台的相应功能。

交通综合信息平台系统另一重要组成部分为移动前端交通信息处理系统,主要接入、处理浮动车 GPS 数据、中国移动手机信令数据,由 GPS 接入通信系统、GPS 道路交通信息处理系统、GSM 信令接入通信系统、手机信令交通信息处理系统四部分组成,并通过专网将移动前端交通信息处理系统处理后的数据传输到交通综合信息平台。

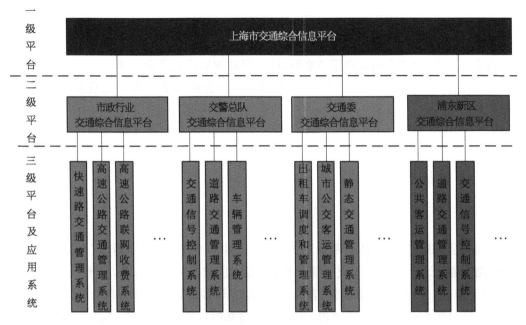

附图 1　上海市交通综合信息平台总体构架

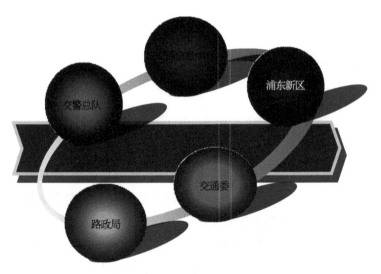

附图 2　上海市交通综合信息平台系统网络节点示意图

4. 主要服务对象

交通综合信息平台的服务对象,主要是政府交通管理部门、社会公众和科研机构、大学,以及交通信息服务企业等。针对不同的服务对象,向用户提供不同的信息服务内容。

面向政府交通管理部门,主要以提供经交通综合信息平台综合处理后的实时交通数据、交通状态展示、视频监控图像和应用分析结果为主,以实时的交通信息和视频,以及量化的应用分析,支撑交通管理部门决策和交通组织管理。

面向社会公众,主要通过网站、电台、电视台、路边可变信息标志、车载导航设备、移动互联网 APP 软件等形式,向用户提供实时道路交通状态、动态停车泊位、交通拥堵指数等交通信息服务。

面向交通信息服务企业,主要提供实时交通信息数据,由交通信息服务企业对数据进一步细分、加工,开展面向用户的交通信息服务。

面向科研机构、大学,主要提供历史数据,内容以各类交通原始数据为主,帮助研究人员运用丰富的交通信息数据,开展课题研究、交通模型开发、基础理论研究等分析研究工作。

5. 主要功能

1) 实现交通行业信息汇聚整合和交换共享

交通综合信息平台目前汇聚了来自上海市路政局、交警总队、交通委(原交港局)、机场、铁路、码头等交通管理行业的道路交通、公共交通、对外交通各类交通信息数据共 230 多项,其中包括道路交通数据、公共交通数据、对外交通数据等。这些数据来自 5.8 万组感应线圈、2.5 万辆 GPS 浮动车、300 余组车牌识别断面、中国移动手机用户等动态交通数据采集装置,以及对 1 000 多条公交线路、14 条轨道交通线路、700 多个社会停车场库、2 个国际机场、3 座铁路客运站的线路分布、实时泊位、航班等动静态数据的采集,数据范围覆盖全市域三张路网、公共交通、对外交通等重要交通枢纽和公交线路等。

交通综合信息平台所汇聚整合的数据种类多样。包括:通过感应线圈采集的流量、车速数据;通过浮动车 GPS 设备采集的坐标数据;通过高清摄像机采集的车牌识别数据等结构化数据;也包括交通监控摄像机产生的视频数据等非结构化数据;上海地面道路 110 报警信息生成的半结构化数据。因此,交通综合信息平台所汇聚整合的数据是符合大数据数据类型多样特征的。

交通综合信息平台汇聚整合的数据来源多样。来源于:道路交通运行、管理活动中所产生的数据,如来自交警总队管理的交通信号控制系统电感线圈所获取的流量数据;交通企业营运过程中产生的数据,如出租车、集装箱货运车营运过程中实时产生的 GPS 数据;移动手机用户在通话过程中产生的手机信令数据等。这些形成形成覆盖道路交通、公共交通、对外交通领域的交通数据集。

交通综合信息平台汇聚整合的数据量巨大。交通综合信息平台移动前端交通信息处理系统每天存储的手机信令、GPS 数据量为 150 GB,交通综合信息平台每天存储的结果数据量为 30 GB,交通综合信息平台系统的二级行业平台,如交警、路政局二级平台每天存储的视频信息数据量为 450 TB,整个交通综合信息平台系统所汇聚整合的数据,形成大而复杂的数据集,是目前全国规模最大的交通综合信息平台之一。

交通综合信息平台实现了各交通管理行业平台和业务系统之间的信息交换和共享。通过交通综合信息平台,可使交警、路政等原信息互不相通的交通管理部门,通过交通综合信息平台,实现各自数据、视频图像等信息的交换、共享。交通综合信息平台成为交通信息交换共享的枢纽,提高了交通信息资源的利用率和业务管理效率,加强了交通管理的协同性,成为现代交通管理的重要手段之一。

2) 实现道路交通、公共交通和对外交通等信息的实时展示

通过对交通综合信息平台汇聚整合数据的综合处理,基于 GIS 城市地理信息技术,交通综合信息平台以"一机三屏"形式,实现道路交通、公共交通、对外交通等实时交通信息的展示,为交通管理部门提供直观、实时的信息支撑。主要展示信息包括:

(1) 道路交通实时状态信息　如附图 3 所示,交通综合信息平台可展示全市干线公路、快速路、地面道路三张路网的实时交通状态信息。这些信息分别应用线圈、出租车 GPS、手机等不同技术、方式采集,并经交通综合信息平台综合处理,以红、黄、绿三种颜色,展示三张路网中双向路段堵塞、拥挤、畅通等运行状态,使交通管理部门与社会公众能直观地实时掌握全市道路交通运行状态信息,为交通管理部门采取交通管理措施、公众出行选择合理路径等提供支撑。

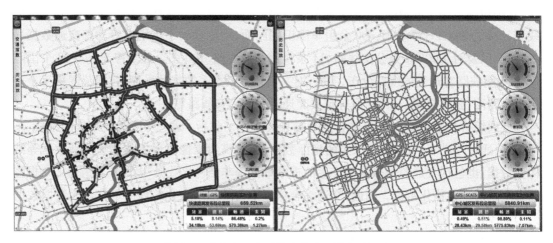

附图 3　道路交通实时状态信息(彩图见插页)

(2) 道路交通视频信息　如附图 4 所示,通过接入分布在干线公路、快速路和地面道路的 3 000 多台监控摄像机信息,交通综合信息平台可以展示覆盖干线公路、快速路和地面道路主要路段和路口的视频图像信息,这些视频图像信息可以清晰地反映道路交通运行实时的现场画面,使交通管理部门相关管理人员直观地了解道路交通运行状态、流量、密度、交通事故等情况,也可对道路交通状态的判别模型进行校验,有效进行交通指挥管理,提高道

附图 4　道路交通视频图像

路交通状态判别水平。

（3）道路交通可变信息标志信息　如附图 5 所示，交通综合信息平台可展示设置在干线公路、快速路、地面道路的路边可变信息标志实时信息。通过交通综合信息平台展示界面所展示的可变信息标志信息，与对应现场位置可变信息标志发布的路况信息是同步的。可以使交通管理人员在交通综合信息平台内场，就能及时掌握外场道路可变信息标志信息传输的状态，及时排除可变信息标志信息发布故障。

附图 5　道路交通可变信息标志信息

（4）道路交通事件实时信息　如附图6所示，交通综合信息平台可实时展示全市道路交通事件信息发生的地点、发生时间、恢复时间、事件的性质、影响车道数、在一定时间段。通过交通综合信息平台展示界面，可以展示道路交通事件内的交通事件发生的累计数量等信息，并可调取离交通事件发生地点最近的视频画面，用于监控交通事件发生后的现场情况、处理进展状态、评估交通事件影响范围，协助交通管理部门及时采取相应措施，尽快处理交通事件，将交通事件影响范围、程度降到最低。这些信息也可作为交通管理人员对交通事件进行统计分析的重要依据，也可作为向公众发布道路交通事件的主要信息来源之一。

附图6　快速路交通事件分布和事件现场图像

（5）道路交通掘路、养护信息　如附图7所示，交通综合信息平台可展示影响道路交通运行的相关掘路、养护信息。如道路计划掘路信息，可展示道路掘路的地址、对应电子地图的具体位置、掘路长度、宽度、影响面积和封闭车道数，掘路开、竣工日期、施工时间等；可展示快速路养护信息，包括快速路名称、养护路段范围、对应电子地图的具体方位等。这些信息可作为分析影响道路交通正常运行的依据，也可为向公众发布相关信息提供信息支撑。

（6）道路交通车辆号牌识别系统和交叉口信号自适应控制系统（SCATS）路口机信息　如附图8所示，交通综合信息平台可展示布设在道路断面的车辆号牌识别系统实时监控信息。通过点击交通综合信息平台电子地图中车辆号牌识别系统所布设的道路断面位

附图 7　道路交通掘路信息

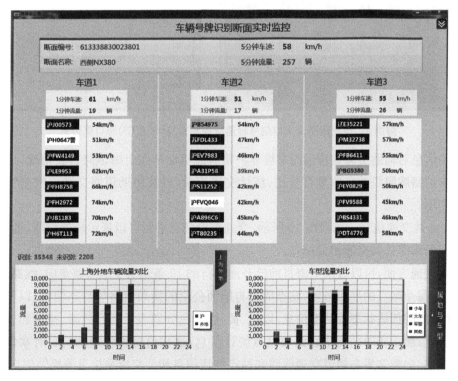

附图 8　车辆号牌识别断面实时监控分析图

置,可滚动展示通过该道路断面各个车道的车辆号牌,显示的车辆号牌与车辆真实号牌信息一致,包括文字和车辆号牌颜色。还可展示通过该道路断面的 5 min 流量和 5 min 平均车速,通过道路断面各个车道每辆车的瞬时车速等信息。

交通综合信息平台可展示布设于地面道路交叉口信号自适应控制系统(SCATS)路口机信息,包括该路口机布设的位置、路口机所处交叉口当前的相位及其示意图等信息,如附图 9 所示。

附图 9　地面道路交叉口信号自适应控制系统(SCATS)路口机信息

上述信息对辅助交通管理部门掌握非沪籍牌照机动车在上海道路行驶情况,分析上海牌照与非沪籍牌照机动车数量百分比、统计交通流量,以及协助道路交叉口控制管理等具有重要作用。

(7) 公共交通信息　如附图 10 所示,交通综合信息平台可以展示轨道交通、地面公交、社会停车场库等公共交通相关信息。

轨道交通方面,可以展示上海目前已开通运行的 13 条轨道交通线路走向、线路站点数、线路总长、每个站点的平面布置、站点周边与地面公交的换乘线路等静态信息,以及每条线路、各个站点的拥堵状态等动态信息,以红、黄、绿三色分别表示运行故障、拥堵和客流正常等实时信息,展示实时的拥堵线路和站点统计信息,这些信息为管理部门实时掌握轨道交通运行状态、向乘客发布轨道交通线路和站点拥堵信息和公交换乘信息等提供信息支撑。

地面公交方面,可以展示上海 1 000 多条地面公交线路走向、线路站点数和站点分布、行驶里程、首末班车发车时间等信息,以及根据公交卡刷卡数据统计的每条公交线路刷卡客流量、出车数等信息,可为分析地面公交运能效率等提供数据依据。

附图 10　公交线路走向、站点信息

交通综合信息平台还可展示全市范围 700 多个公共停车场库的相关信息,包括公共停车场库的位置、出入口位置、总泊位数、空余泊位数等静、动态信息,为驾车出行者掌握实时停车泊位空余情况、开展社会停车场库动态泊位信息发布服务提供有力的技术支撑,如附图 11 所示。

(8) 对外交通信息。如附图 12 所示,交通综合信息平台可以展示机场、铁路、码头、长途客运等对外交通枢纽的相关信息。展示包括浦东国际机场和虹桥国际机场 2 个机场,上海站、上海南站、铁路虹桥站 3 个铁路站,芦潮港客运站、上海港国际客运中心、上海港吴淞客运中心、洋山深水港 4 个客运码头的地理位置、公交换乘线路及位置等静态信息,以及机场、铁路站的动态航班、班次信息,还可展示机场、铁路站、30 多个长途客运站的入沪、出沪客流量统计信息,30 多个与江苏、浙江省交界陆路道口的入沪、出沪车流量,以及通过陆路道口统计江苏、浙江省方向入沪、出沪的客流量信息。这些信息为掌握入沪、出沪客流量信息,分析上海在国际、国内宏观背景下的客流运行规律提供了重要依据。

3) 实现辅助综合交通决策、管理的应用分析

交通综合信息平台初步具备辅助综合交通决策、管理的应用分析功能。通过对交通综合信息平台汇聚的数据进行处理、挖掘,形成面向政府的辅助交通决策、管理应用分析功

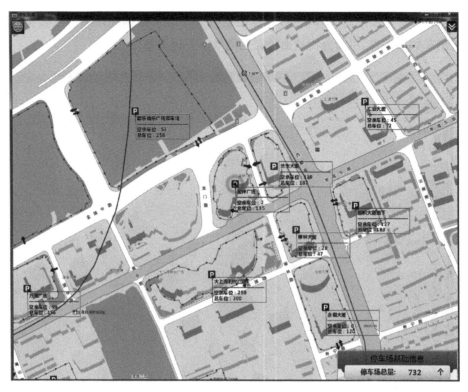

附图 11　公共停车场库实时泊位信息

附图 12　对外交通客流量统计信息

能,使交通综合信息平台在辅助日常交通管理、重大交通决策和综合交通规划编制、重大活动交通信息服务保障等工作中真正发挥应有的作用。

目前,已经开发了交通辅助决策专题分析系统,对道路交通拥堵、公共交通客流等进行分析,辅助道路交通规划宏观模型建模。内容涵盖道路交通运行状态指数、交通拥堵时空分布、轨道交通客流量与客流状态、地面公交运能运力匹配、道路交通规划宏观模型建模与用地性质关系等,为政府交通决策和日常交通管理、掌握交通运行规律、进一步优化道路交通宏观模型等提供有力的数据支撑。

(1)道路交通运行状态指数分析 应用交通综合信息平台的道路路段平均车速为主要参数,建立交通指数模型,开发了道路交通运行状态指数分析系统。道路交通运行状态指数是一种结合指定空间范围内道路平均车速和人们对道路交通拥堵程度的感受、综合量化反映道路交通运行状态的方法。它是用量化刻度对应表达道路交通运行拥堵程度的相对数值,是道路交通状态的数字化表达,类似用温度表达天气冷热程度,能宏观、准确地反映快速路、地面道路整体路网,以及区域道路交通拥堵程度。

道路交通运行状态指数用 0~100 数值表达,数值越大,表明道路交通越拥堵。并用道路交通指数数值范围,对应表达人们对道路交通拥堵四种程度的习惯感受。其中,指数值 0~30,对应表达道路交通运行畅通;指数值 30~50,对应表达道路交通运行基本畅通;指数值 50~70,对应表达道路交通运行拥挤;指数值 70~100,对应表达道路交通运行阻塞。

借助道路交通运行状态指数分析系统,可以实时反映、量化分析城市快速路网、地面道路网整体运行状态,以及快速路不同区段、地面道路不同区域的道路交通运行情况。可对上海市 42 个快速路区段和 63 个地面道路小区的拥堵情况,按指数值大小进行排行,帮助交通管理部门实时掌握当前最拥堵路段和区域,采取措施及时缓解拥堵状况。同时可通过当前指数值与历史同时刻年平均指数值同比,分析出它们之间的差值,从而评判交通运行状态的变化趋势。道路交通运行状态指数分析如附图 13 所示。

(2)道路交通长时间大面积拥堵分析 如附图 14 所示,应用累积的历史道路交通运行状态指数,可按对应的阻塞指数值和持续时间进行条件查询,系统会对保持这一指数值的路段或区域,按连续出现堵塞时间的长短进行排序,从而确定出现长时间、大面积拥堵的路段、区域、影响的程度,为交通管理部门掌握易产生堵塞的路段和区域提供数据依据。

(3)轨道交通运行状态分析 如附图 15 所示,根据对轨道交通运行状态数据分析,可以精确统计轨道交通各条线路运行区间和站点的拥堵情况,包括每条线路在一天统计时段内所发生拥堵的运行区间、站点及其数量、以持续 5 min 拥堵为统计单位的拥堵次数,并以此计算各条线路运行区间、站点所发生拥堵次数的占比。这些分析信息可为轨道交通规划、运行管理部门调整、优化运能运力匹配、线路规划方案等提供重要依据。

(4)轨道交通客流量分析 如附图 16 所示,通过对历史轨道交通客流量数据的挖掘分析,可以得出轨道交通各条线路各个站点进、出站客流量的排行,并通过曲线图清晰表达按年、季度、月为参考时间段的每天客流量的变化,为分析一定时间段内客流量的峰值及

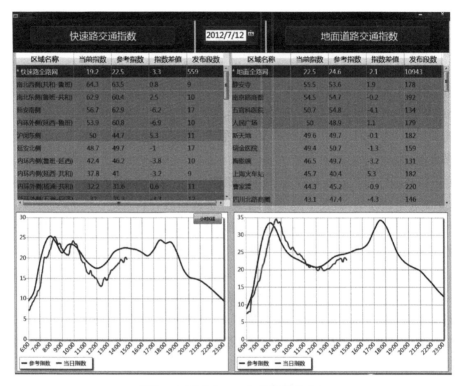

附图 13　道路交通运行状态指数分析

长时间大面积拥堵分析

区域名称	堵塞时间	堵塞次数
南北东侧(鲁班-共和)	7542分钟	71
内环内侧(鲁班-延西)	1768分钟	17
南北西侧(共和-鲁班)	1660分钟	21
延安南侧	794分钟	9
延安北侧	790分钟	6
外环外侧(沪渝-济阳)	424分钟	3
五洲南侧	258分钟	1
外环外侧(沪嘉-沪渝)	244分钟	3
南北西侧(蕰川-共和)	198分钟	2
南北东侧(济阳-鲁班)	184分钟	2
外环内侧(济阳-沪渝)	180分钟	2
沪闵东侧	118分钟	1
中环内侧(济阳-仙霞)	98分钟	1
外环外侧(同济-沪嘉)	72分钟	1
逸仙东侧	70分钟	1
南北东侧(共和-蕰川)	70分钟	1
内环内侧(延西-共和)	68分钟	1
外环内侧(沪渝-沪嘉)	64分钟	1

附图 14　快速路长时间大面积拥堵分析

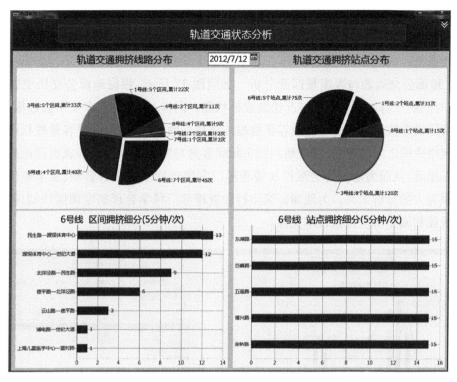

附图 15 轨道交通运行状态分析

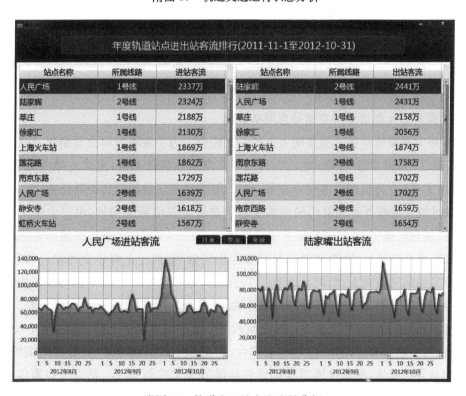

附图 16 轨道交通站点客流量分析

其出现的时间、站点,从而掌握客流在整个轨道交通网络中的时空分布等提供有力的数据支撑,对加强轨道交通客流管理、预警和采取措施疏散大客流、保障轨道交通安全运行等都具有重要意义。

（5）地面公交运能与客流量匹配分析　如附图17所示,根据地面公交历史客流量数据,可按时间顺序将客流量变动情况绘制成柱状图。同样,根据公交车发车数数据,可将对应时刻实际发车数所形成的理论载客量数据绘成包络曲线,通过实际载客量柱状图与理论载客量包络曲线之间的比对,直观地判别实际载客量与实际发车数所形成的理论载客能力之间的匹配度,从而为地面公交运行和管理部门掌握运能供应是否合理、发车频度是否科学等提供有力的分析工具。为地面公交运行和管理部门科学合理制定调度计划、提高公交车运载效能和服务水平提供技术支撑。

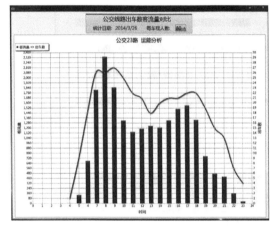 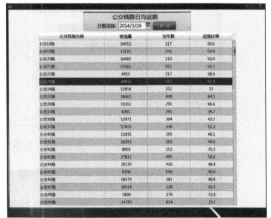

附图17　地面公交运能与客流量匹配分析

4）实现对超大型活动的交通信息服务保障

2010年上海世博会是人类文明史上的一次盛会。为了保障世博交通畅通,交通综合信息平台开辟了"世博交通"专题,建设世博交通信息服务保障系统,重点支撑世博交通保障工作,保障了7300万世博游客安全集散、出行,圆满完成了世博交通保障任务。

面向世博交通指挥管理部门的世博交通信息服务保障系统构架,由三个层次（基础信息采集层、信息汇集交换处理层、服务信息发布层）和三个平台（上海市交通综合信息平台、世博园区交通信息平台、世博交通信息服务应用平台）组成。上海市交通综合信息平台实现了全市交通信息的接入、汇聚与处理,世博园区交通信息平台整合了世博园区内公交、轮渡和轨道交通的线路、站点、实时客流、运行状况、运能配置,以及相关统计等信息。两个平台实时互联,实现了园内外交通信息的交换和共享。世博交通信息应用服务平台支撑世博交通网、世博交通服务咨询热线、电台电视台、手机和车载移动终端、触摸屏查询终端等多种交通信息发布载体,面向世博游客提供包括世博公交线路、班次、站点及换乘信息查询,航空、铁路和长途客运的班次、线路等交通信息服务,以及动态实时的世博客流信息和道路交通状态信息。

世博交通信息服务保障系统与世博安保指挥部指挥中心、世博园区运营指挥中心、世博交通协调保障组调度指挥中心等八个世博交通指挥管理部门形成网络互联,通过远程终端等方式向这些世博指挥管理部门实时提供世博交通信息数据和视频图像,形成了一个完整、高效、多层次、分布式、高集成的世博交通信息服务与保障体系构架,如附图 18 所示。

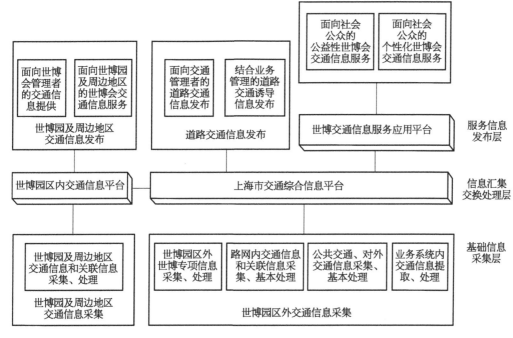

附图 18 世博交通信息服务保障系统框架

世博交通信息服务保障系统服务内容,主要包括对世博热点区域交通实时监控和世博客流预测预警两部分。

世博热点区域交通实时监控,主要针对世博交通关键通道、热点区域的交通运行状况、世博停车场库泊位动态情况进行状态监控和视频监控。如附图 19 所示,包括 11 个主要入沪道口的车流量、世博引导区关键通道、黄浦江越江交通设施、世博园区管控区主要道路交通的运行状态监控,以红、黄、绿三色道路交通状态信息展示这些道路交通运行状态,提示世博交通管理部门采取措施及时解决交通拥堵问题。在 184 天世博会举办期间内,按早、晚高峰处理生成世博园区周边道路车辆行驶的平均车速,与世博会召开前历史数据环比,监控世博会期间世博园区周边道路平均车速变化情况,环比差超过 ±15% 即视为异常,使世博交通指挥管理部门能实时、精准判断园区周边道路交通运行状态,量化对比世博会召开前、后道路拥堵变化情况,及时预警和实施交通管理措施。同时实时监控世博 P+R 停车场、世博园区停车场和世博临时停车场动态泊位信息。为世博交通指挥管理部门实时掌控入沪道口、越江设施、世博园区周边道路运行状态、实施进入市域车辆控制、调节平衡浦东

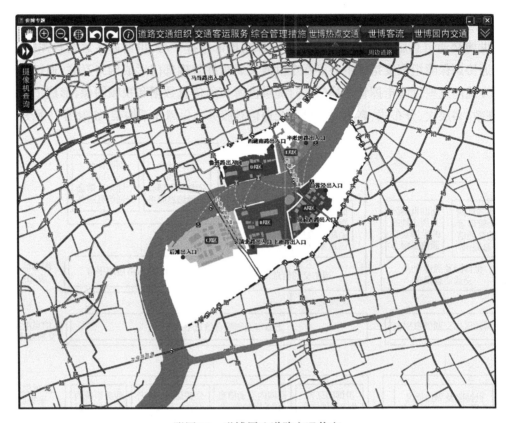

附图 19　世博周边道路交通状态

浦西交通流量、实施园区周边道路交通控制管理措施等提供信息支撑和决策依据。

实时动态掌握和发布世博客流信息,为世博交通指挥管理部门开展合理的运能调度,为世博游客选择最佳出行时间与路线等提供信息支撑,是世博交通信息服务保障系统的关键环节之一。

世博客流预测预警,主要通过对世博客流采集、提取、分析,完成对世博在途客流和入园客流的预测。通过比对世博会开幕前后客流增量变化、开发手机报送平台等方法,分别采集涉博轨道交通在途客流,世博直达专线、世博公交线、常规公交线的在途客流,世博专属出租车在途客流和世博预约大巴在途客流等各项分量,开发和运行世博在途客流测算软件,预测预报在 7:00～12:00 时间段内,间隔 15 min 世博在途客流的总量,并以图形方式显示,如附图 20 所示。

通过全面分析世博园票务数据及相关票务政策、天气等对于世博客流的影响,结合进入市域客流与在途客流的采集分析结果,建立了多影响因素条件下的多尺度世博客流预测技术方案,开发和运行相应软件,成功地预测每天入园客流。经世博会 184 天的实际运行验证,世博在途客流预测日均精度 90％以上,全天入园客流预测精度达到 96％以上。

在上述基础上,开展世博客流预警。充分利用在途客流、园区外排队等候人数和园区出入口客流叠加数据,绘制大客流预警曲线。如附图 21 所示,通过曲线可以清晰地了解

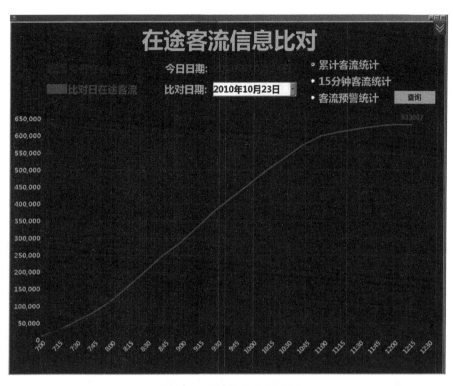

附图 20　世博在途客流预测

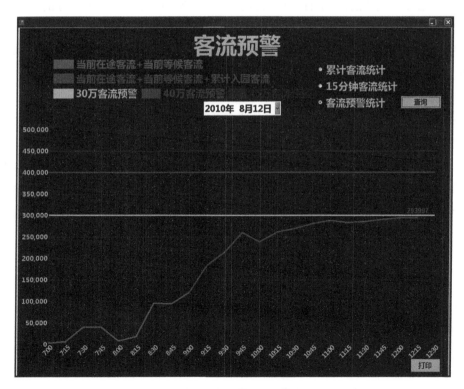

附图 21　世博客流预警

可能产生的入园大客流趋势，为世博交通指挥管理部门掌握当天世博客流变化趋势、预警大客流产生、及时采取措施防范大客流可能产生的冲击、调整客流运力结构等提供了可靠的依据。

面向世博游客的世博交通信息服务系统，主要是依托世博交通信息服务应用平台，开发了七种世博交通信息服务方式，即上海世博交通网、世博交通指南、电台电视台、世博交通服务咨询热线、可变信息标志、手机与车载导航等移动终端、触摸屏查询终端等，向世博游客提供世博公共交通换乘、世博园区入园客流动态等世博交通信息和日常交通信息服务，引导世博会游客选择合适的出行方式、出行路径、换乘方案，保障了世博会游客安全、便捷抵离世博会园区，引导市民避开车流、客流集中区域，缓解世博会对日常交通的冲突和影响。据统计，世博会期间，世博交通网点击访问数量为 348.3 万次，设置在 400 余家酒店的触摸屏查询终端总计访问 19.2 万次，访客遍及国内外。12319 世博交通服务咨询热线接受问询共 7.8 万次。设置在 4 000 辆世博专属出租车上的导航终端、上海交通广播电台和上海综合新闻台、全市 300 多块可变信息标志等也为世博游客获取世博交通信息发挥了重要的作用。

通过世博会实践证明，上海世博交通信息服务保障系统对世博交通保障成功起到关键性作用，改善了世博会期间的交通管理水平，提高了出行者的出行质量，降低了出行时间与成本，保障了上海世博会客流的高效集散，支撑全市交通系统 184 天正常运行，经受了 24 次日超 50 万人次大客流和最高单日 103 万人次超大客流的考验，取得了良好的社会经济效益，受到世博交通指挥管理部门和世博游客的高度评价。荣获中共中央、国务院"上海世博会先进集体"、交通部"世博交通运输保障先进集体"和中共上海市委、上海市人民政府"上海世博工作优秀集体"光荣称号。

5）支撑交通信息发布服务

上海市交通综合信息平台还支撑面向社会公众的交通信息发布服务。利用交通综合信息平台汇聚、处理的各项数据，通过交通信息应用服务平台，运用上海交通出行网、电台电视台、手机应用 APP 软件、可变信息标志、手机与车载导航设备等，面向社会公众发布道路交通状态、道路交通运行状态指数、交通事故事件、公共交通换乘、轨道交通运行状态、公共交通车辆运行位置预告和到站时间预测等交通信息服务，极大地方便了公众在出行全过程中及时获取动态交通信息服务，提高了出行效率和信息服务水平。

6. 技术创新特色

交通综合信息平台涉及交通、电子、通信、计算机、自动化等多学科，是典型的高新技术交叉的创新性项目。在交通综合信息平台建设过程中，针对交通决策、管理和公众信息服务需求,创新研发了多源交通信息采集与系统集成技术、基于道路编码体系的设施设备编码方法、道路交通数据质量监控和回馈技术、基于多源数据融合的道路交通状态判别技术、基于海量道路交通信息的数据挖掘技术、基于 GIS 的交通视频监控,以及预制位管理技术等多项关键技术,为交通综合信息平台的成功建设和运行起到了关键作用。这些关键技术经检索分析,达到国际先进、国内领先水平。

7. 未来发展

随着大数据时代的到来,以及智慧城市建设步伐的加快,交通综合信息平台在城市交通决策、规划、日常管理和公众交通信息服务领域发挥的作用将越来越重要。同时,面对严峻的交通拥堵难题,交通综合信息平台也面临着新的挑战,需要在现有基础上不断完善、创新、发展,跟上时代步伐。主要体现在以下方面:

(1) 交通综合信息平台数据采集的地域范围需要进一步扩展 以上海市交通综合信息平台为例,需要在原有中心城区道路和郊区干线公路范围数据采集的基础上,扩展至郊区新城、新镇的道路,重要交通枢纽如虹桥枢纽内道路,以及中心城区行政区所辖和管理的次干道和支路的信息数据采集。从建设长三角世界级城市群、突出上海核心城市的功能要求来看,更需要从长三角一体化的角度,扩展采集、交互共享长三角主要城市的交通信息数据、城际间交通信息数据,构建城乡一体化、长三角联动化的交通信息服务体系,适应长三角区域经济发展对交通信息服务的崭新需求。

(2) 交通综合信息平台的数据来源需要不断扩充 要进一步完善交通行业内交通信息数据的采集,如地面公交运行车车辆的动态客流量数据,货运交通相关数据的采集等。同时,更要注重与交通相关行业与领域的信息数据的采集,如气象、人口分布与迁徙、土地利用、城市规划、经济等,通过对这些与交通相关行业和领域的数据的采集、挖掘和分析,找出产生交通拥堵等问题的成因,从而从根本上化解交通拥堵等难题。

(3) 交通综合信息平台的数据种类需要进一步丰富 除了采集、汇聚交通流量、客流量、浮动车 GPS 数据、手机信令数据等格式化数据以外,还需要进一步开展对视频等非格式化数据的挖掘、分析,把现有交通综合信息二级平台存储的丰富的视频数据充分利用起来,补充分析、解决格式化数据所不能解决的问题。探索公众通过声讯热线留存的语音、微信和微博提供的相关交通运行图片等非格式化数据的采集,研究对这些非格式化交通信息数据挖掘、分析应用技术,建立城市交通大数据分析、应用系统,使城市交通大数据真正发挥其应有的作用。

(4) 交通综合信息平台的存储、处理分析技术需要不断更新 随着交通综合信息平台所汇聚整合的交通信息数据地域覆盖范围、来源、种类等不断扩展,面临存储、处理的数据量更为庞大、数据种类更为复杂的形势，需要更为高效的存储、处理技术支撑。因此，需要探索应用 Hadoop 分布式系统技术来提高数据存储能力，降低数据存储、处理成本，同时，又要结合城市交通大数据图形处理、逻辑运算等特点，研究将 Hadoop 分布式系统与关系型数据库结合的城市交通大数据挖掘、分析技术，不断提升城市交通大数据应用服务水平。

缩略语表

附表 3-1 缩略语表

缩略词	英 文 全 称	中 文 名 称
AGM	Abnormal Group Mining	特异群组挖掘
Amazon S3	Amazon Simple Storage Service	亚马逊简单存储服务
BP 神经网络	Back Propagation Neural Network	反向传播神经网络
CAN	Controller Area Network	控制器局域网络
CBD	Central Business District	中央商务区
CTI	Computer Telecommunication Integration	计算机电信集成
DAS	Direct-Attached Storage	直连式存储
DCMI	Dublin Core Metadata Initiative	都柏林核心元数据倡议组织
DLs	Description Logics	描述逻辑
ETC	Electronic Toll Collection System	不停车收费系统
FCD	Floating Car Data	浮动车数据
GDP	Gross Domestic Product	国内生产总值
GFS	Google File System	谷歌文件系统
GIS	Geographic Information System	地理信息系统
GM	Gray Model	灰色系统模型
GP	Gradient Projection	梯度投影
GPRS	General Packet Radio Service	通用分组无线服务
GPS	Global Positioning System	全球定位系统
GRA	Grey Relational Analysis	灰色关联分析
HDFS	Hadoop Distributed File System	基于 Hadoop 的分布式文件系统
HTML	HyperText Markup Language	超文本标记语言
ITS	Intelligent Transportation System	智能交通系统
k-NN算法	k-Nearest Neighbor algorithm	K 最近邻算法
LBS	Location Based Service	基于位置服务
LCD	Liquid Crystal Display	液晶显示屏
LED	Light Emitting Diode	发光二极管
MDP	Markov Decision Process	马尔科夫决策过程
MPE	Mean Percentage Error	平均百分比误差

（续表）

缩略词	英 文 全 称	中 文 名 称
NAS	Network Attached Storage	网络附加存储
NNTM-SP	Neural Network Traffic Modeling-Speed Prediction	基于神经网络的车速预测模型
OD Pair, OD 对	Origin Destination Pair	起讫点对
OLAP	On-Line Analytical Processing	在线分析处理
OWL	Web Ontology Language	网络本体语言
P+R	Park and Ride	停车换乘
PAYD 车险	Pay-As-You-Drive Insurance	"按里程付费"汽车保险车险
POI	Point of Interest	兴趣点
RAID	Redundant Array of Independent Disks	独立硬盘冗余阵列
RDF	Resource Description Framework	资源描述框架
RF	Random Forest	随机森林
RFID	Radio Frequency Identification	射频标识
ROC 曲线	Receiver Operating Characteristic Curve	接收者操作特征曲线
SAN	Storage Area Network	存储区域网络
SARIMA	Seasonal Autoregressive Integrated Moving Average	季节性差分自回归滑动平均模型
SCATS	Sydney Coordinated Adaptive Traffic System	悉尼自适应交通控制系统
SCOOT	Split, Cycle & Offset Optimization Technique	绿信比、周期、相位差优化技术
SGB	Stochastic Gradient Boosting	随机梯度推进
SIFT	Scale Invariant Feature Transforms	尺度不变特征转换算法
SMO	Sequential Minimal Optimization	序贯最小优化方法
SSA	Singular Spectrum Analysis	奇异谱分析技术
SSD	Solid State Disk	固态硬盘
SVM	Support Vector Machine	支持向量机
TDG	Transport Data Gateway	交通数据网关
TDM	Transportation/Travel /Traffic Demand Management	交通需求管理
V2C	Vehicle-to-Central server	汽车与中央服务器互联
V2I	Vehicle-to-Infrastructure	汽车与基础设施互联
V2V	Vehicle to Vehicle	车间互联
VMS	Variable Message Signs	可变信息交通标志
W3C	World Wide Web Consortium	万维网联盟，又称 W3C 理事会
XML	eXtensible Markup Language	可扩展标记语言

索引

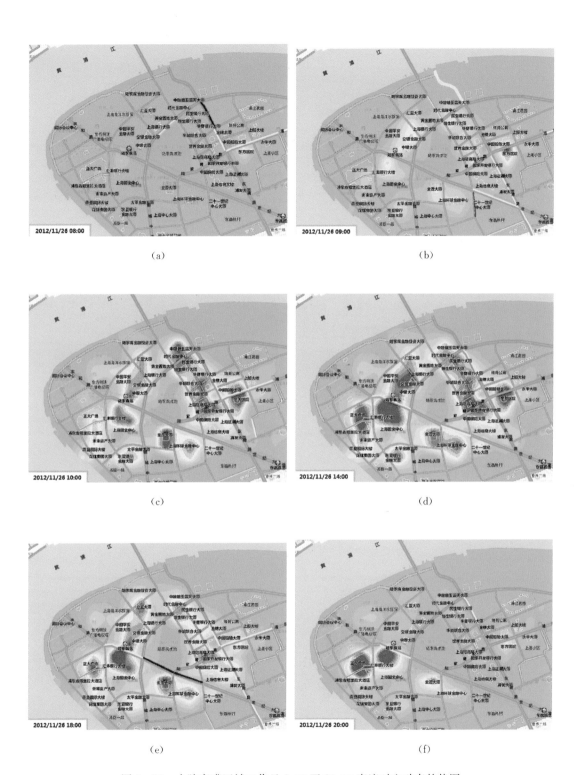

图 7-72　小陆家嘴区域工作日 8:00 至 20:00 客流时空动态趋势图

(a) 8:00；(b) 9:00；(c) 10:00；(d) 14:00；(e) 18:00 ；(f) 20:00

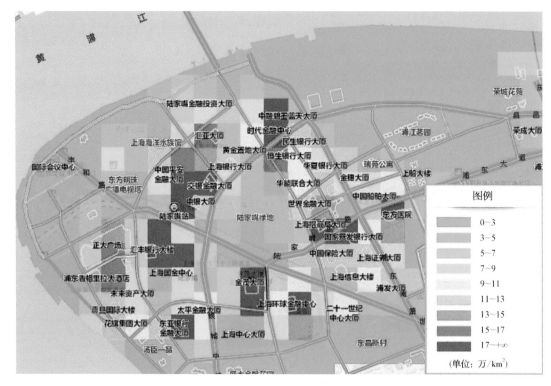

图 7-44 基于网格的小陆家嘴区域细分子区域客流密度空间分布示意图

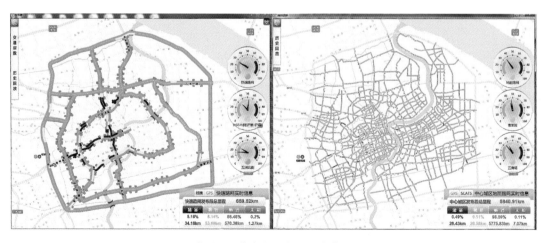

附图 3 道路交通实时状态信息